知識ゼロからの

天気予報学入門

天達武史
気象予報士
Takeshi Amatatsu

幻冬舎

「天気の達人」を目指す僕、天達武史が天気の魅力をお伝えします

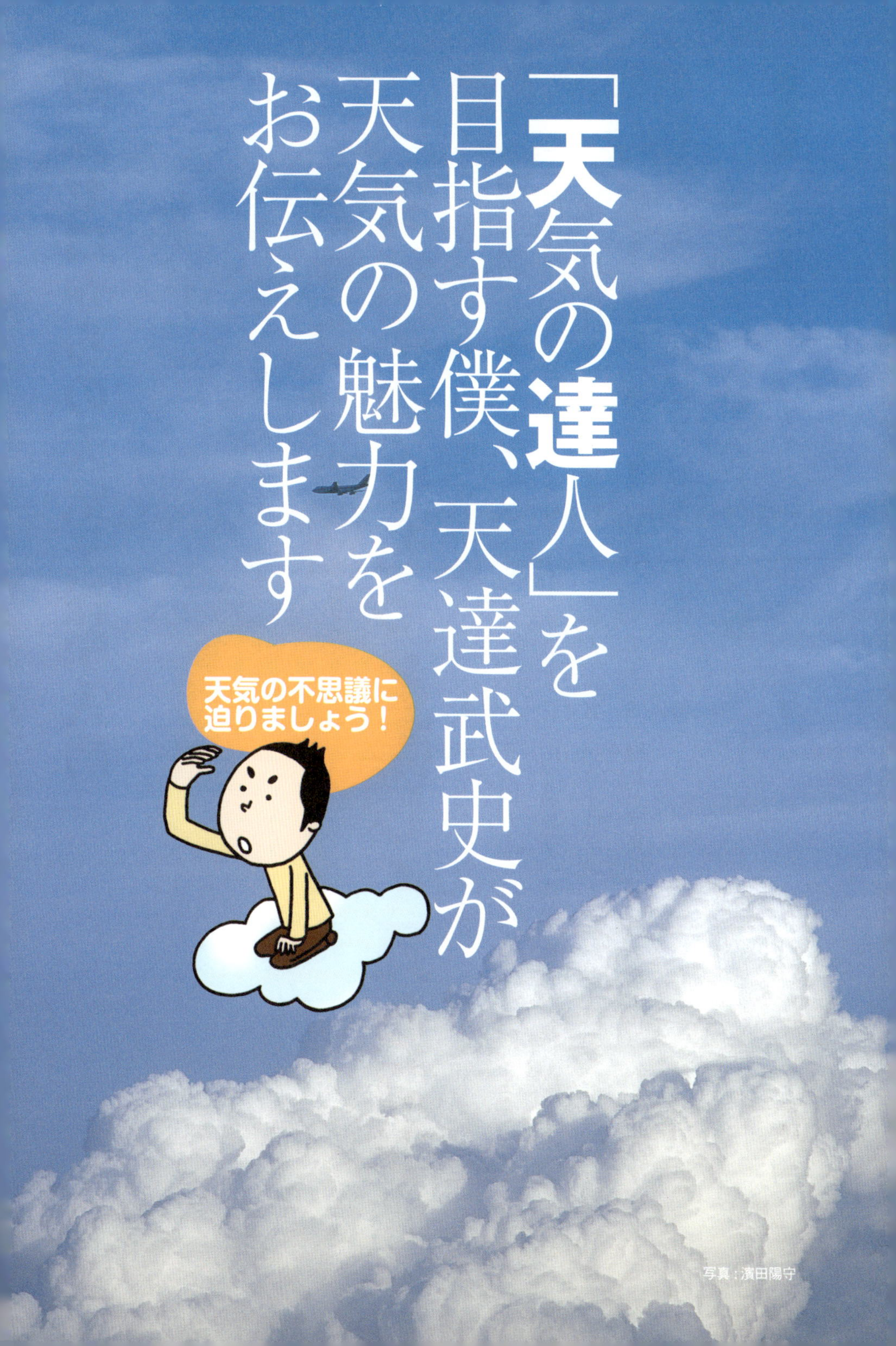
天気の不思議に迫りましょう！

写真：濱田陽守

知識ゼロからの天気予報学入門

もくじ

はじめに／監修者紹介……6

第1章
アマタツ直伝！天気予報をもっと楽しく見るコツ

「一時」ってどれくらいの間のこと？……8
空に9割以上雲があれば「くもり」……10
「降水確率100％」はどしゃ降り？……12
風速6mの風で洗濯物が飛ばされる……14
地域によって違う注意報・警報の基準……16
「ところにより」の「ところ」はどこのこと？……18
半年先も予報するさまざまな天気予報……20
天気図がわかれば天気も予測できる……22
山でお菓子の袋がふくらむわけ……24
高気圧は傘いらず 低気圧は悪天候……26
暖気と寒気の間に「前線」あり……28

コラム 「だから天気はおもしろい！」1
僕が気象予報士になったわけ……30

第2章 天気予報はどうやってできる？

天気予報は誰がどうやって発表する？……32
いまの天気予報はどれくらい当たる？……34
アメダスは気温も風速も測っている……36
気温や湿度・気圧はどうやって測る？……38
風力や雨・雪の量はどうやって測る？……40
地球の雲の動きを観測する気象衛星……42
雨・雪の降る位置をとらえる気象レーダー……44
上空の様子を調べるさまざまな観測機器……46
海の状態はどうやって観測する？……48
天気予報はいつ誰のために始まった？……50

コラム「だから天気はおもしろい！」2

これは当たる！　ピックアップ観天望気……52

第3章 季節を知れば天気予報がもっとよくわかる

春～夏の天気の特徴と季節を示す二十四節気……54
秋～冬の天気の特徴と季節を示す二十四節気……56
なぜ春の天気は変わりやすい？……58
春を運ぶ「春一番」と北上する「サクラ前線」……60
新緑もえる「五月晴れ」と春の嵐「メイストーム」……62
「梅雨前線」はどうやってできるの？……64

梅雨の始まりと終わりはどう違う？ 66
なぜ日本の夏は蒸し暑いの？ 68
冷夏になる場合と猛暑になる場合の違い 70
夏の名残「残暑」と日焼けの原因「紫外線」 72
秋に降る雨はなぜ長く続くの？ 74
澄んだ空の「秋晴れ」と秋の北風「木枯らし」 76
移動性高気圧で変わる「秋冷え」と「小春日和」 78
なぜ冬は乾燥しているの？ 80
冬を届ける「初雪」と寒気が南下する「寒波」 82
日本海側の雪の降り方「山雪型」と「里雪型」 84

コラム 「だから天気はおもしろい！」③

生物季節で四季の変化を感じよう！ 86

第4章 空を見るのが楽しくなる雲や風のしくみ

なぜ空の色は青や赤になるの？ 88
雲はどうやってできるの？ 90
高さが変わると雲のカタチが違う？ 92
風はどこから吹いてくる？ 94
雨はどうやって降ってくる？ 96
雪の結晶にはどんな種類がある？ 98
雷はどうやって発生する？ 100
虹はどうやってできる？ 102
飛行機が生む雲 温度差が生む蜃気楼 104
積乱雲が起こす竜巻と雲と同じしくみの霧 106
台風の中ではなにが起こっているの？ 108
台風の進路予報図はあてになるの？ 110

コラム 「だから天気はおもしろい！」4

アマタツが行く！ ニッポン自然現象の旅……112

第5章 地球は大丈夫？ 世界の気象と異常気象に迫る！

地球の空気は循環している？……114
日本と同じ気候の国はどこ？……116
なぜ地球が暖かくなっているの？……118
オゾン層破壊の原因はなに？……120
どうして雨が酸性になってしまうの？……122
都市化は局地的豪雨のもと？……124
都市の気温が上がっている？……126
光化学スモッグはなぜ夏の都市に集中するの？……128
エルニーニョ現象で世界中が大混乱？……130

付録 気象なるほどデータ

気象記録なんでもNo.1～日本編～……132
気象記録なんでもNo.1～世界編～……134
天気に関する情報はココでチェック！……136
気象・天気用語集……138
索引……142

はじめに

旅行、イベント、運動会など、天気予報は子どもから大人まで気になる情報のひとつですよね。

しかし天気予報の用語の中には「これってどういう意味？」という言葉がときどき出てくると思います。

そんな用語を詳しく、そしてやさしくマンガなどを交えて紹介していきます。

また、季節ごとによく現れる天気現象や、覚えておくと役に立つ天気の知識も満載です。

ぜひ手にとって、気になるページから眺めていただき、
少しでも天気に興味を持っていただけたらうれしいです。


（財）日本気象協会所属　気象予報士　天達武史

監修者紹介

天達武史（あまたつたけし）

1975年神奈川県横須賀市生まれ。気象予報士、天気キャスター。約9年間レストランに勤めるかたわら、2002年に気象予報士資格を取得。2004年（財）日本気象協会に所属。現在フジテレビ系列「情報プレゼンターとくダネ！」の天気コーナーに出演中。

第1章

アマタツ直伝！
天気予報をもっと楽しく見るコツ

日々テレビや新聞などで目にしている天気予報。
あいまいに聞こえる用語の意味やポイントをおさえれば、
天気予報を見るのが、いまよりもっと楽しくなります

時間に関する天気の言葉

「一時」ってどれくらいの間のこと？

天気予報で使われる用語はあいまいに聞こえますが、利用者に誤解を招かないよう、はっきりとした意味が定められています

時間経過の用語の違い

一時 雨

0〜24時までの24時間予報の場合、24時間のどこかで6時間よりも短い時間に雨が降り続くこと

0
6
12
18
24（時）

ときどき 雨

0〜24時までの24時間予報の場合、雨が降ったり止んだりし、雨の降る時間の合計が12時間より短いこと

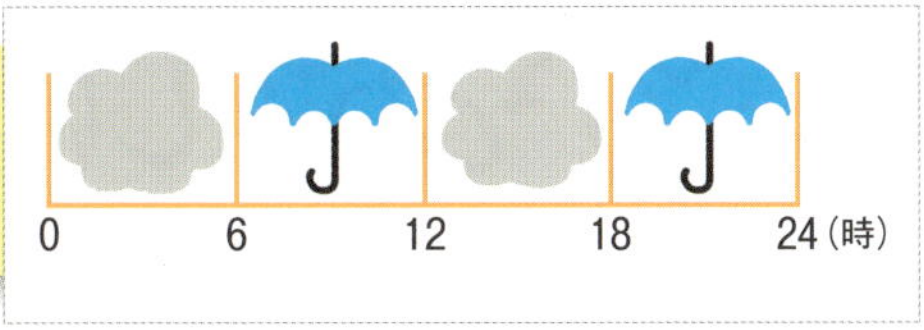
0
6
12
18
24（時）

のち 雨

0〜24時までの24時間予報の場合、12時以降に雨が降ること。予報期間の前後で天気が異なるときに使う

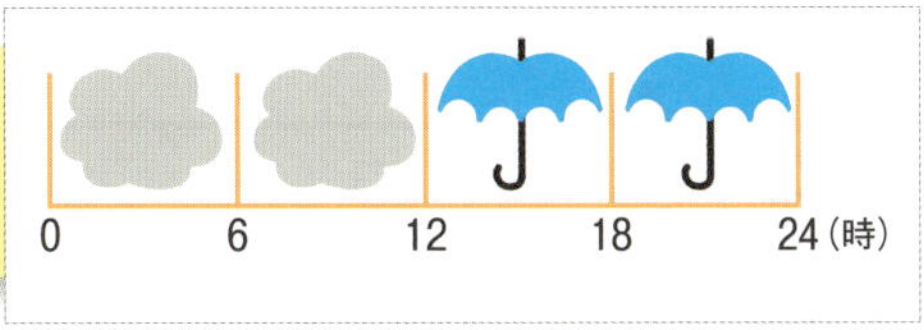
0
6
12
18
24（時）

天気予報の1日の時間区分

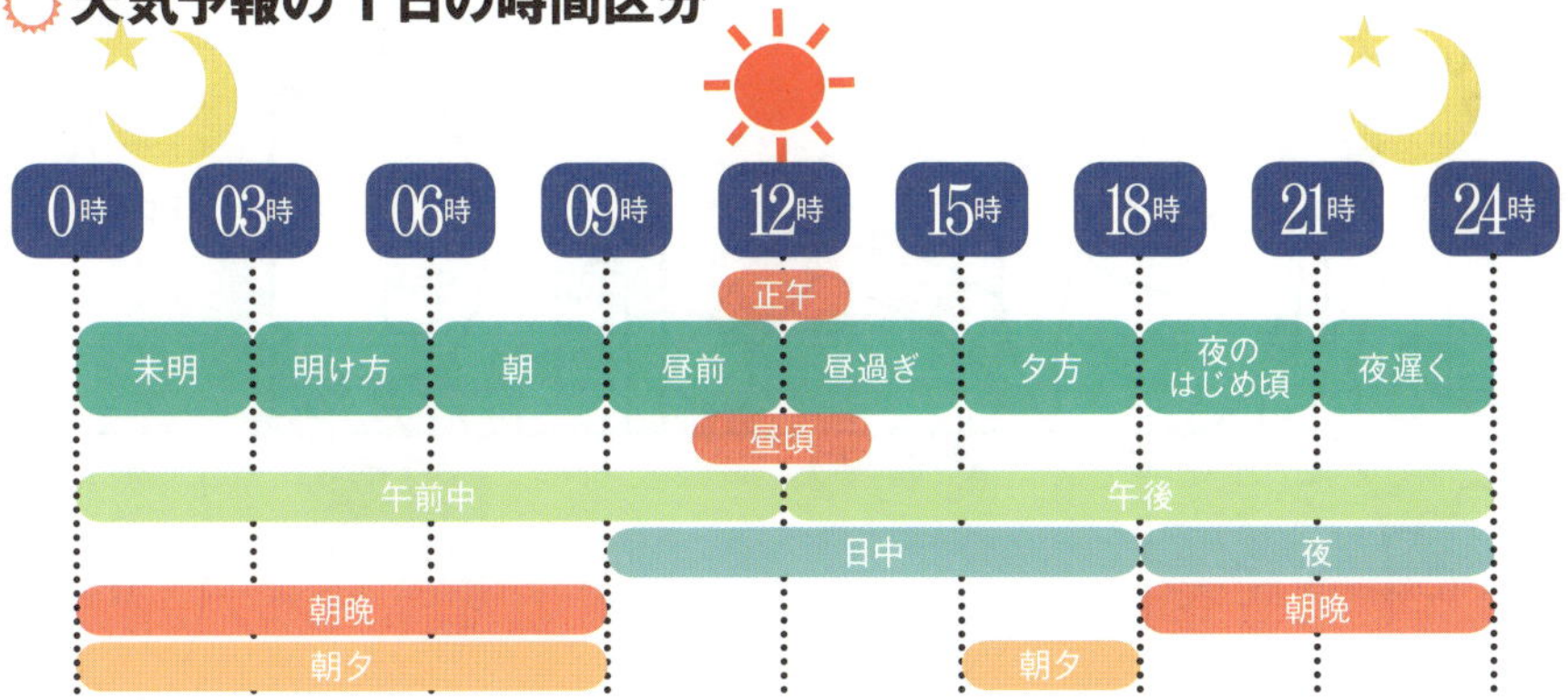
0時
03時
06時
09時
12時
15時
18時
21時
24時
正午
未明
明け方
朝
昼前
昼過ぎ
夕方
夜のはじめ頃
夜遅く
昼頃
午前中
午後
日中
夜
朝晩
朝晩
朝夕
朝夕

出典：気象庁 HP

「未明」も「夜遅く」も時間が区切られている

天気予報ではおなじみの「一時」や「未明」などの言葉ですが、その意味や違いをきちんと説明できる人は少ないのではないでしょうか。

例えば「いま」という言葉は現時点での状況を指すときに使いますが、「現在」という言葉になると「17時現在」のように使い、過去の時点での状況を示します。そのほか、「数日」は今日を含めた4〜5日、「しばらく」は2〜3日以上で1週間以内の期間を指すと決められています。

このように、同じように感じられる天気の言葉でも、天気予報の利用者が混乱しないよう意味が使い分けられているのです。

天気の変化や気温の言葉

空に9割以上雲があれば「くもり」

「晴れ」と「くもり」の分け方や天気の変化を表す言葉も、
天気予報の世界でははっきりとした使い分けがされています

天気とその変化に関する主な用語

さわやかな天気	秋に空気が乾燥し、気温も快適な晴天の場合に用いることが多い
ぐずついた天気	くもりや雨(雪)が2～3日以上続く天気
変わりやすい天気	晴れが続かず、すぐにくもったり雨(雪)が降ったりする天気
荒れた天気	雨または雪を伴い、注意報基準を超える風が予想される天気
大荒れ	暴風警報級の強い風が吹き、一般には雨または雪などを伴った状態
天気が下り坂	晴れからくもり、またはくもりから雨(雪)に変わる天気の傾向
天気が崩れる	雨または雪などの降水を伴う天気になること
天気は数日の周期で変わる	3～4日の周期的に天気が変わると予想されること
晴れ間が広がる	雲の多い状態の中で、雲のすき間が多くなってくること
日が射す	雲量が9以上で青空が見える状態
薄曇り	雲量が9以上であって、降水現象がない状態
薄雲が広がる	上層雲が広がってくる状態。密度の薄い中層雲を含んでいてもよい

気温・湿度に関する用語

寒波	広い地域に2～3日、またはそれ以上にわたって寒気が到来すること
寒気の吹き出し	冬型の気圧配置に伴い、強い寒気が南下して来ること
寒の戻り	3～4月に再び寒くなること
冷え込む	日中の暖かさに対し、朝や晩の気温の下がりが大きいこと
残暑が厳しい	主に立秋(8/8頃)から秋分(9/23頃)までの間に気温が「高い」こと
大気の状態が不安定	局地的な対流活動が起こりやすいこと。雷雨や突風を伴うことがある
湿潤な(湿った)空気	湿度が高い空気で、目安として湿度がおよそ80%以上の状態をいう
乾燥した(乾いた)空気	湿度が低い空気で、目安として湿度がおよそ50%未満の状態をいう

参考：すべて気象庁HP

天気を表す用語は定義が決まっている

「さわやかな天気」といわれて、どのような天気をイメージするでしょうか？　太陽がまぶしい夏の青空を想像する人がいるかもしれませんね。「さわやかな天気」という言葉は、空気が乾燥して気温も快適なときを指します。そのため春や秋に使われ、暑かったり寒かったりする夏や冬は原則使われません。

また、「ぐずついた天気」という言葉はくもりや雨（雪）が2～3日以上続くときに使われます。天候が悪くても、数時間や1日程度の場合は使われない言葉なのです。一見あいまいな言葉でも、予報用語としてきちんと意味が決められているんですね。

降水確率とは

「降水確率100%」はどしゃ降り?

降水確率が高ければ高いほど、強い雨が降る？　いえいえ、降水確率は「雨が降るか降らないか」の確率を示しているんです

降水確率の3つのポイント

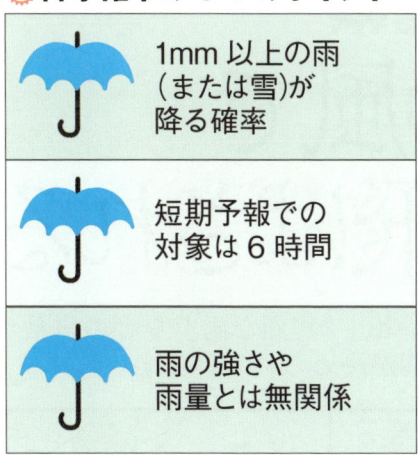

- 1mm以上の雨（または雪）が降る確率
- 短期予報での対象は6時間
- 雨の強さや雨量とは無関係

降水確率の考え方

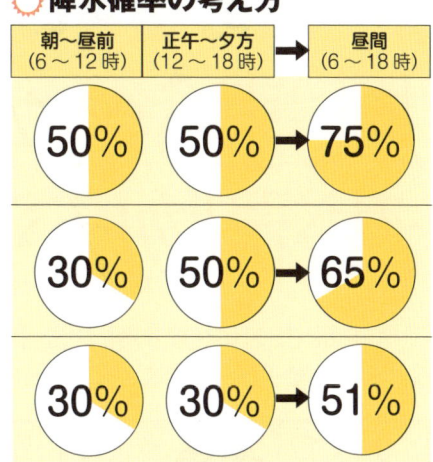

朝〜昼前（6〜12時）	正午〜夕方（12〜18時）	→	昼間（6〜18時）
50%	50%	→	75%
30%	50%	→	65%
30%	30%	→	51%

午前と午後で分けると低めの降水確率も、人がよく行動する6〜18時で区切ると高くなる

降水確率100%のときの雲の様子

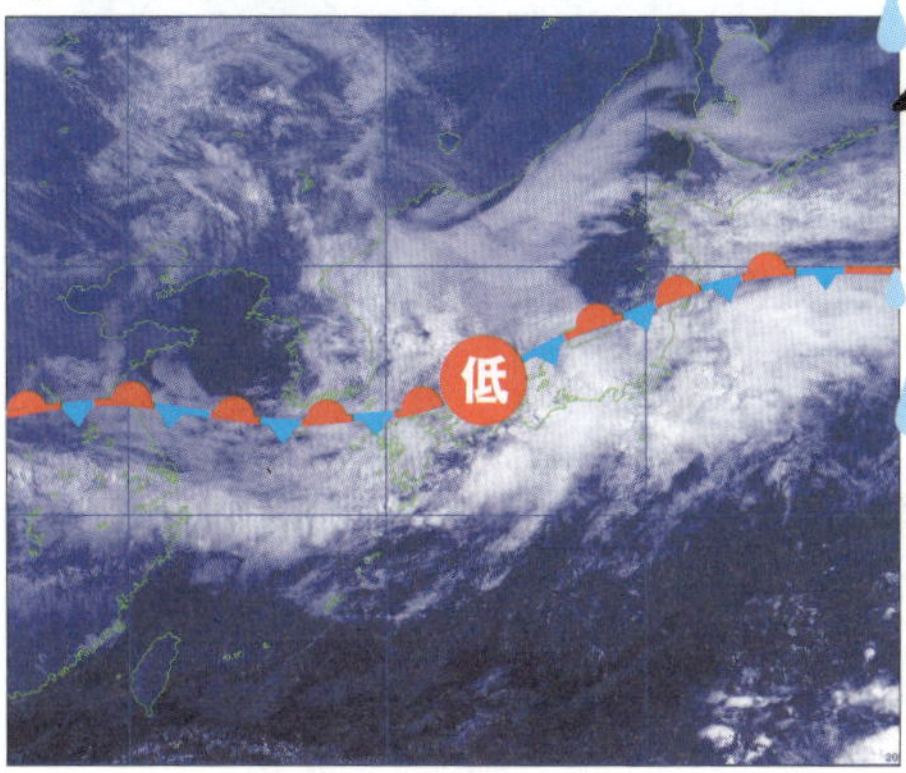
低

この日は各地で降水確率100%の予報が出ました

2008年6月22日の雲の様子。このように前線を伴う低気圧が雨を降らせる場合、降水確率が高くなりやすい

「1㎜未満の雨の場合は降水確率0％」

降水確率とは、雨の量や強さではなく、1㎜以上の雨（雪）が降る可能性を確率で表した予報です。降水確率が30％と予報された場合、「過去の同じ時間の、同じような気象条件のデータを集めたとき、100回のうち30回は雨（雪）が降った」ということです。降水確率10％でどしゃ降りになることもあるのです。

降水確率でもうひとつ注意しておきたいのは、「1㎜以上の雨（雪）」だということです。数分程度パラパラと雨が降ったとしても、降水量が1㎜未満であれば雨としてカウントされません。降水確率0％でも、雨が降ることがあるのです。

雨・風の強さの言葉

風速6mの風で洗濯物が飛ばされる

天気予報では雨や風の強さに「強い風」「猛烈な雨」などの言葉を使い、風速・雨量ごとに使う言葉が決められています

天達天気予報です
今日の関東地方では
やや強い風が…
「やや強い」くらいの風だったら、きっと洗濯物は飛ばされないわよね
ひゅーん
奥さん！
あ…天達さん⁉
「やや強い風」を甘く見ていませんか？
やや強い風＝最大で時速50km
車といっしょ！
傘がさせないくらいの風なんですよ！
えぇーそんなに？
じゃあ、どれくらい強い風だったら洗濯物が飛ばされちゃうの？
うーーーん…
はっきりというのは難しいですが…
風速5.5～7.9m／秒
なので、風速6mくらいからは注意が必要ですね
砂ぼこりが立ち
樹木が揺れる
アラ おじいちゃんのフンドシが…
バサッ
あ

風の強さと状況

予報用語	平均風速（m/秒）	おおよその時速とめやす	人への影響	屋外の様子	建造物の被害
やや強い風	10以上 15未満	～50km 一般道路の自動車	風に向かって歩きにくくなる。傘がさせない	樹木全体が揺れる。電線が鳴る	取り付けの不完全な看板やトタン板が飛び始める
強い風	15以上 20未満	～70km 高速道路の自動車	風に向かって歩けない。転倒する人もでる	小枝が折れる	ビニールハウスが壊れ始める
非常に強い風	20以上 25未満	～90km 高速道路の自動車	しっかりと身体を確保しないと転倒する		鋼製シャッターが壊れ始める。 風で飛ばされた物で窓ガラスが割れる
	25以上 30未満	～110km 高速道路の自動車	立っていられない。屋外での行動は危険	樹木が根こそぎ倒れ始める	ブロック塀が壊れ、取り付けの不完全な屋外外装材がはがれ、飛び始める
猛烈な風	30以上	110km～ 特急列車			屋根が飛ばされたり、 木造住宅の全壊が始まる

雨の強さと状況

予報用語	1時間雨量（mm）	人の受けるイメージ	人への影響	屋外の様子	災害発生状況
やや強い雨	10以上 20未満	ザーザーと降る	地面からのはね返りで足元が濡れる	地面一面に水たまりができる	この程度の雨でも長く続く時は注意が必要
強い雨	20以上 30未満	どしゃ降り	傘をさしていても濡れる		側溝や下水、小さな川があふれ、 小規模の崖崩れが始まる
激しい雨	30以上 50未満	バケツをひっくり返したように降る		道路が川のようになる	山崩れ・崖崩れが起きやすくなり危険地帯では避難の準備が必要。都市では下水管から雨水があふれる
非常に激しい雨	50以上 80未満	滝のように降る	傘は全く役に立たなくなる	水しぶきであたり一面が白っぽくなり、視界が悪くなる	都市部では地下室や地下街に雨水が流れ込む場合がある。土石流が起こりやすい
猛烈な雨	80以上	圧迫感があり恐怖を感じる			雨による大規模な災害の発生する恐れが強く、厳重な警戒が必要

参考：すべて気象庁 HP

何mという数値ではなく決まった言葉で表現

毎日の天気予報で「今日の関東地方の風速は5m／秒、雨量は10㎜です」などのような発表をされても、その強さはなかなかイメージしにくいですよね。

そのため天気予報では、雨の強さを「やや強い雨」「激しい雨」などの5段階、風の強さを「強い風」「猛烈な風」などの4段階に分けて表現しています。これをまとめたものが上の表です。木々の様子、道路の様子など周囲の状況からも大体の雨・風の強さを推測できます。

なお、雨の表の「災害発生状況」はその強さの雨が1時間続いた場合のものです。雨量は㎜、風はm／秒という単位を使います。

注意報・警報とは

地域によって違う注意報・警報の基準

気象に関する災害の被害をくい止めるため、発表される注意報や警報。それぞれ地域に合わせた基準が決められています

注意報・警報の発表されるタイミング（大雨の場合）

大雨の可能性が高くなる（約1日前）↓	**大雨に関する気象情報** 警報・注意報に先立ち発表
	大雨注意報 警報になる可能性がある場合はそのことを予告
大雨が始まり強さが増す（半日〜数時間前）↓	**大雨に関する気象情報** 雨の状況や予想を適宜発表
（数時間〜約1、2時間前）↓	**大雨警報** 大雨の期間や予想雨量、警戒を要する事項などを示す
大雨が一層激しくなる↓	**大雨に関する気象情報** 刻一刻と変化する大雨の状況を発表
記録的な大雨の出現 →	**記録的短時間大雨情報** 数年に一度の猛烈な雨が観測された場合に発表
被害の拡大が懸念される →	**土砂災害警戒情報** 土砂災害の危険度がさらに高まった場合に発表

出典：気象庁 HP

大雪注意報・警報の基準例

	新潟県（山沿い）	東京都	沖縄県
注意報	60cm	5cm	なし
警報	100cm	20cm	なし

※ 24時間降雪の深さ

雪があまり降らない場所では、足首程度の雪でも生活に影響するため警報が出る。奄美や沖縄は雪が降らないことから、基準そのものがない

注意報・警報の種類

注意報16種

大雨注意報／洪水注意報／大雪注意報／強風注意報／風雪注意報／波浪注意報／高潮注意報／濃霧注意報／雷注意報／乾燥注意報／なだれ注意報／着氷注意報／着雪注意報／融雪注意報／霜注意報／低温注意報

警報7種

大雨警報／洪水警報／大雪警報／暴風警報／暴風雪警報／波浪警報／高潮警報

災害による被害から身を守るための予報

天気の影響で災害の危険があるとき、被害を最小限にするため、「防災気象情報」という情報が発表されます。なかでも注意や警戒が特に必要なときは「注意報」「警報」が出されます。

この情報は注意報16種、警報7種に分けられていて、発表区域も374もの数に分けられています。注意報・警報が発表される基準はエリアによって異なり、例えば雪がよく降る地域では、大雪注意報の基準が高めです。新潟県などで雪が積もるたびに注意報が出ることはありませんよね。逆に雪の少ない東京では基準が低いため、少しの雪でも注意報が発表されるのです。

地域や季節に関する言葉

「ところにより」の「ところ」はどこのこと？

「ところにより」は現象が起こっている地域を大まかに指す言葉ですが、場所や時期をはっきり分けている言葉もあります

東京地方ではところにより、雷を伴う強い雨が降るでしょう
「ところにより」ってこの辺も含まれるの？
「ところにより」を使うのは…
東京の例
その発現域の合計面積が対象予報区全体の50%未満であること
じゃあ、半分近くのエリアが含まれることもあるのか…微妙だなぁ
明日のゴルフどうかなー
キュッ
キュッ
ちょっと！あなた、このクラブいつ買ったのよ！
ぐいっ
わー
あなたって人はいっつもいっつも‼
ゴロゴロゴロゴロ
これって「局地的」ってやつですよね…
ドーン
「局地的」はごく限られた範囲のことですね

地域に関する用語

北日本	北海道、東北地方
北日本日本海側	北海道の日本海側とオホーツク海側の一部、東北日本海側
北日本太平洋側	北海道の太平洋側とオホーツク海側の一部、東北太平洋側
東日本	関東甲信、北陸、東海地方
東日本日本海側	北陸地方
東日本太平洋側	関東甲信、東海地方
西日本	近畿、中国、四国、九州北部地方、九州南部
西日本日本海側	近畿日本海側、山陰、九州北部地方
西日本太平洋側	近畿太平洋側、山陽、四国、九州南部
沖縄・奄美	鹿児島県奄美地方、沖縄地方
本州付近	東北地方、東日本、西日本とその周辺海域
中部地方	甲信、北陸、東海地方

季節の区切り

3月
4月
5月
6月
7月
8月
9月
10月
11月
12月
1月
2月
寒候期
暖候期
寒候期
春
夏
秋
冬

季節予報で「春」は３～５月と決められていて、以後３か月ごとに夏～冬に区切られている。また、「暖候期」「寒候期」という区切りもあり、それぞれ４～９月、10～３月に区切られている

出典：すべて気象庁 HP

9月に真夏の暑さでも天気予報では「秋」

　天気予報の用語は、利用者が誤解しないよう意味が定められているということは、8ページでもお話ししましたね。地域や季節に関する言葉も同じです。例えば「東日本の日本海側」といった場合、新潟県、富山県などの北陸地方を指します。

　しかし天気はとても複雑！どの地域で現象が起こるかを明言できない場合もあります。「どこかはわからないが、予報する地域の半分より狭い場所で現象が起こるだろう」というときには「ところにより」、「どこかのごくごく限られた範囲で現象が起こるだろう」という場合は「局地的」という言葉を使います。

半年先も予報する さまざまな天気予報

天気予報が予報する期間は、6時間先から半年先までさまざま。日々の生活や農林水産業など、目的に応じて利用されています

短期予報

(/:のち, |:時々または一時)

東京地方	地域時系列予報へ	降水確率		気温予報
今日 11日 /	南東の風 後 南の風 晴れ 夜 くもり 波 0.5メートル	00-06 06-12 12-18 18-24	--% --% 0% 10%	日中の最高 東京 27度
明日12日 /	北東の風 後 南の風 23区西部 では 後 南の風 やや強く くもり 昼過ぎ から 雨 波 0.5メートル 後 1メートル	00-06 06-12 12-18 18-24	30% 40% 60% 50%	朝の最低 日中の最高 東京 20度 22度
明後日13日 |	南西の風 後 北西の風 くもり 時々 晴れ 波 0.5メートル	週間天気予報へ		

今日から明後日までの天気予報。風の推移や波の高さ、6時間ごとの降水確率、最高気温と最低気温を細かく予報するもので、もっともよく利用される予報

テレビでよく見る
天気予報は「短期予報」
とも呼ばれています

天気予報の予報期間

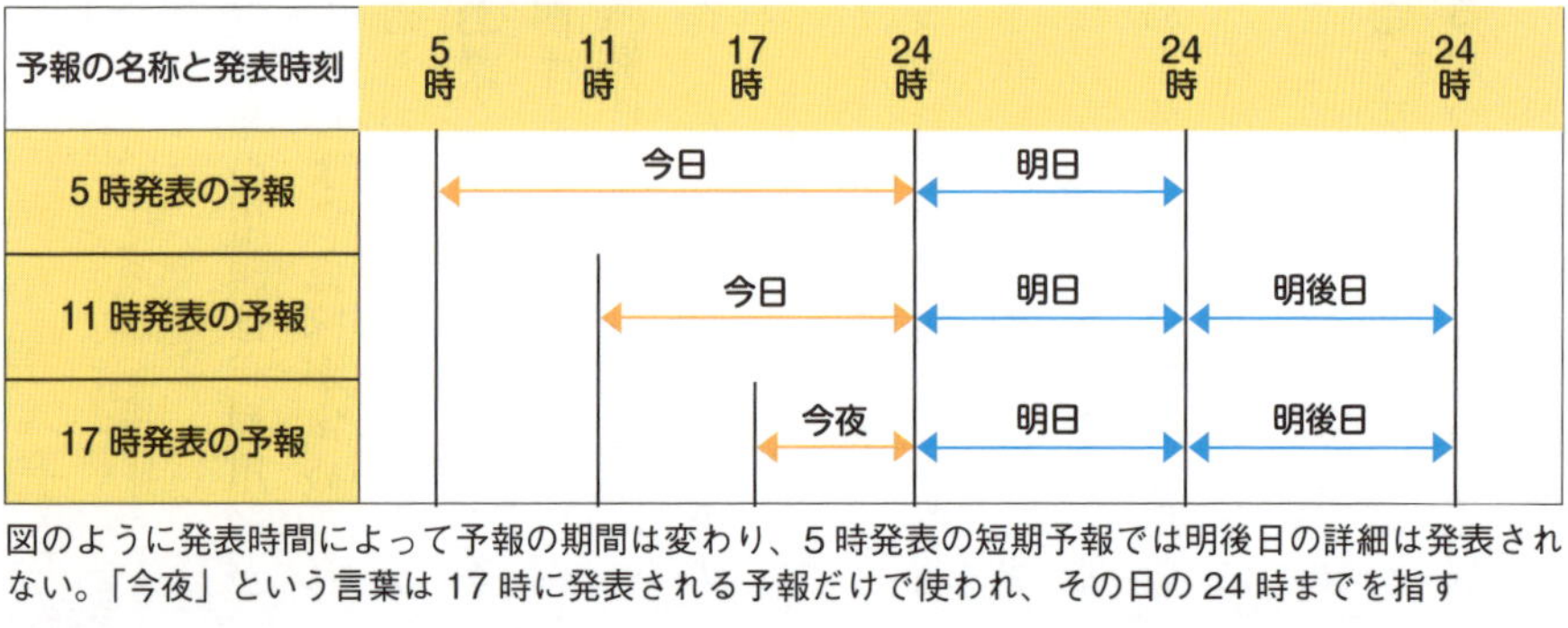
予報の名称と発表時刻
5時
11時
17時
24時
24時
24時
5時発表の予報
11時発表の予報
17時発表の予報
今日
明日
今日
明日
明後日
今夜
明日
明後日

図のように発表時間によって予報の期間は変わり、5時発表の短期予報では明後日の詳細は発表されない。「今夜」という言葉は17時に発表される予報だけで使われ、その日の24時までを指す

長期予報

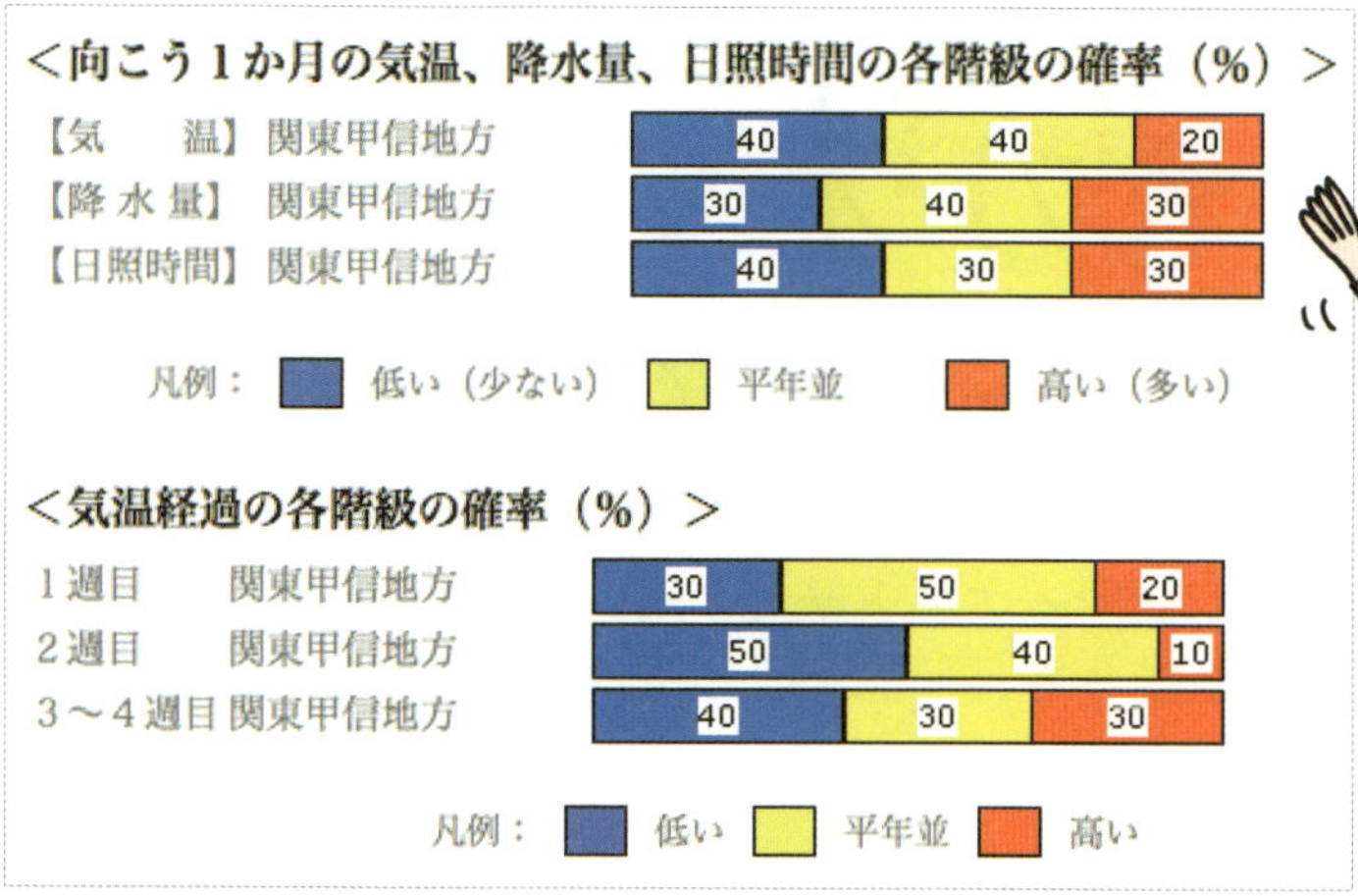

＜向こう1か月の気温、降水量、日照時間の各階級の確率（%）＞
【気　温】関東甲信地方 40 40 20
【降水量】関東甲信地方 30 40 30
【日照時間】関東甲信地方 40 30 30
凡例：低い（少ない）　平年並　高い（多い）
＜気温経過の各階級の確率（%）＞
1週目　関東甲信地方 30 50 20
2週目　関東甲信地方 50 40 10
3～4週目　関東甲信地方 40 30 30
凡例：低い　平年並　高い

季節予報ともいいます

1か月のほか、3か月や暖候期、寒候期の予報。気温や降水量、日照時間を3階級に分け、それぞれの階級が現れる可能性を確率で発表する

時系列予報

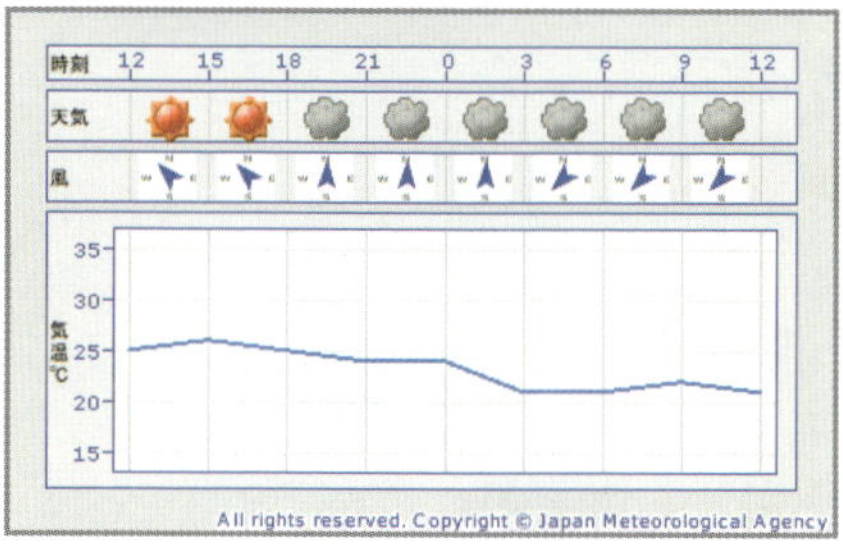

時刻 12 15 18 21 0 3 6 9 12
天気
風
気温℃
35 30 25 20 15
All rights reserved. Copyright © Japan Meteorological Agency

3時間単位で24時間先（17時発表は31時間先）までの天気や気温、風などを示す予報。全国の代表的な地点についての予報が発表される

分布予報

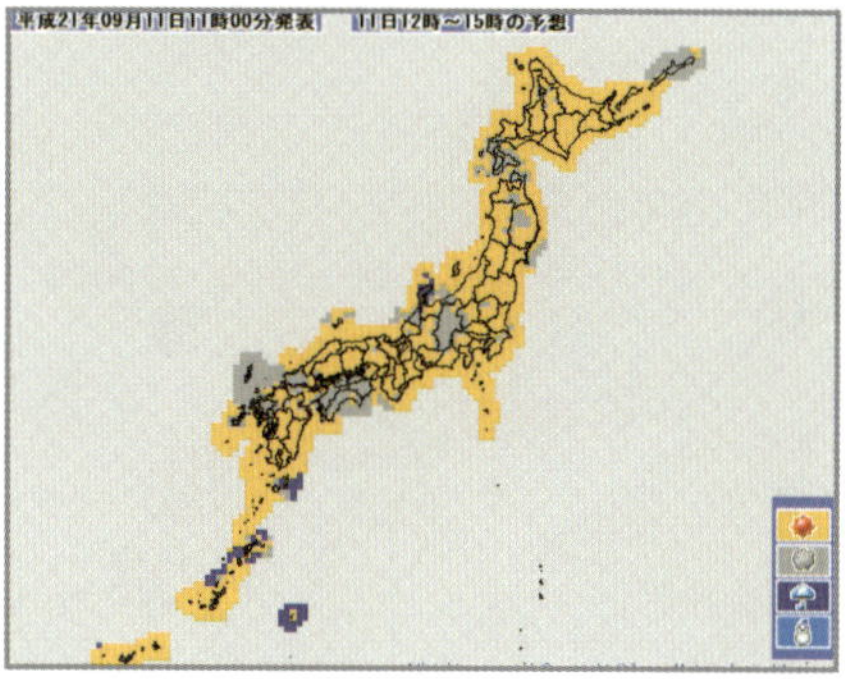

平成21年09月11日11時00分発表
11日12時～15時の予想

約20km格子で区切った地域ごとの天気予報。天気や気温、降水量などを、3時間ごとに24時間先（17時発表は31時間先）まで示す

出典：すべて気象庁HP

数時間先、半年先など天気予報を使い分け

テレビや新聞で天気予報といえば明日・明後日、1週間先など、ごく近い将来の予報が多いですが、気象庁では実は半年先のことまで予報しています。予報は期間によって3種類あり、明後日までの天気予報を「短期予報」といいます。

3～7日先までの予報を「中期予報」といい、全国58地域に対して天気、気温、降水確率を予報する週間天気予報がこれにあたります。

さらに先の予報が「長期予報」。1か月先、3か月先、夏（6～8月）、冬（12～2月）を大まかに予報する季節予報などがあります。

天気図がわかれば天気も予測できる

天気の様子を、記号を使ってまとめたのが天気図。高気圧、低気圧の配置を読み取ることで、将来の天気の変化を予測できます

地上天気図の一例

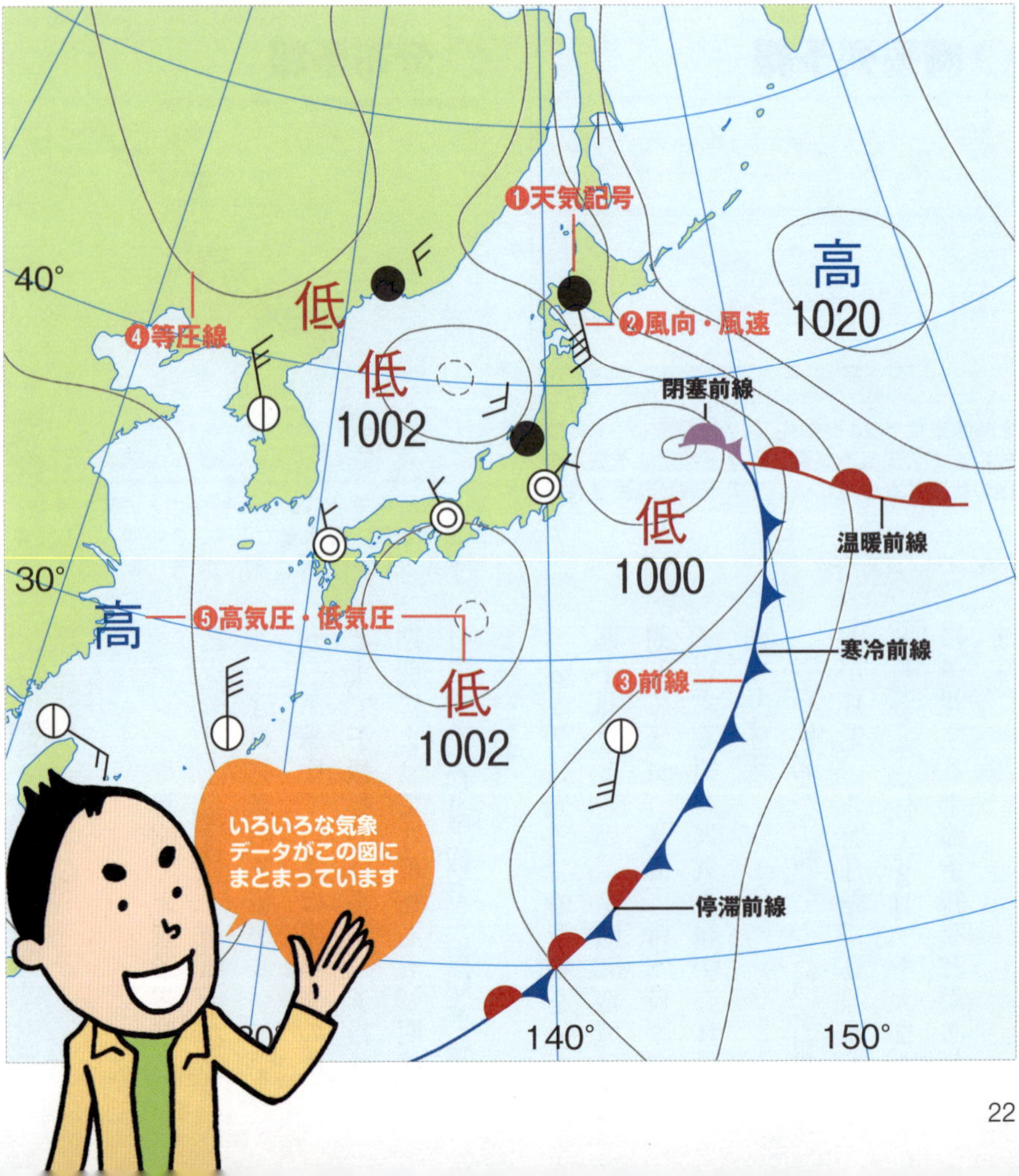

❶天気記号
❷風向・風速
❸前線
❹等圧線
❺高気圧・低気圧
閉塞前線
温暖前線
寒冷前線
停滞前線
高
1020
低
低
1002
低
1000
高
低
1002
40°
30°
140°
150°
いろいろな気象
データがこの図に
まとまっています

❶天気記号

快晴
雨強し
晴
みぞれ
くもり
にわか雨
砂じん風
雪
煙《えん》霧《む》
にわか雪
霧《きり》
霰《あられ》
霧《きり》雨《さめ》
雹《ひょう》
雨
雷《かみなり》

観測地点の天気を示す記号。国際式記号の場合は、雲の量別に約100種類もの細かな分類がされているが、日本ではこれを簡単にした、全21種類の日本式記号が使われている

❷風向・風速

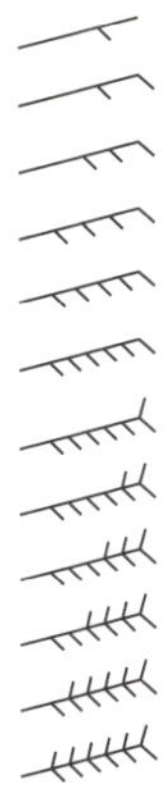

	風力記号	風速（m/秒）
0		0.0～0.2
1		0.3～1.5
2		1.6～3.3
3		3.4～5.4
4		5.5～7.9
5		8.0～10.7
6		10.8～13.8
7		13.9～17.1
8		17.2～20.7
9		20.8～24.4
10		24.5～28.4
11		28.5～32.6
12		32.7以上

「矢羽根」とも呼ばれる、天気記号の外側につく記号。羽の向きは風が吹いてくる方向、羽の数は風が吹く強さを示し、羽の数が増えるほど風が強い

天気記号の
ポイントを
つかんで
おきましょう

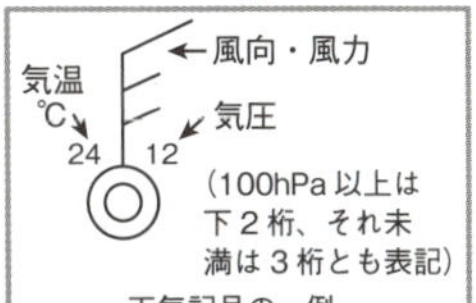
風向・風力
気温
℃
気圧
24
12
（100hPa以上は
下２桁、それ未
満は３桁とも表記）

天気記号の一例

この天気記号の例では観測地点が「北の風、風力3、天気くもり、気温24℃、気圧1012hPa」であったことを表している

❸前線

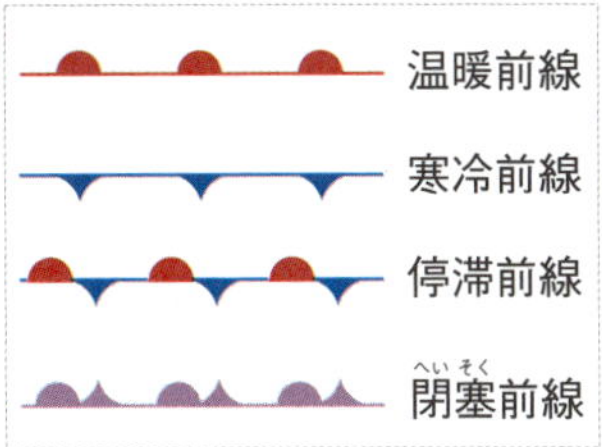
温暖前線
寒冷前線
停滞前線
閉塞《へいそく》前線

寒気と暖気がぶつかる境界線を示す。寒気と暖気どちらの勢力が強いかで、前線の種類が変わる。大気の状態がわかる重要な線（詳細は→P.28）

❹等圧線

気圧が同じ場所を結んだ線で、hPa（ヘクトパスカル）という単位で表す。4hPaごとに線が引かれ、2hPaごとの等圧線は点線、20hPaごとの等圧線は太い線になっている

❺高気圧・低気圧

気圧の中心。高気圧は「高」や「H」、低気圧は「低」や「L」と書かれ、その下に気圧が数字で表される。周辺の気圧と比べて気圧が高いか低いかで、高気圧か低気圧かが決まる

天気図の見方は気圧配置がポイント

天気図とは、観測した気象データをまとめた図のこと。気象庁が作成・発表しており、地上の観測結果に基づく「地上天気図」、上空の観測結果に基づく「高層天気図」、将来の気象状況を予測して描かれる「予想天気図」などがあります。

天気図には、うねうねと波打つ細い線がたくさん描かれていますが、これは「等圧線」。気圧が等しいところを結んだもので、線が密になっているところは、それだけ気圧の変化が大きいことを表します。高気圧と低気圧は「高（または「H」）」「低（または「L」）」で表し、中心部の気圧が数値で示されます。

気圧とは
山でお菓子の袋がふくらむわけ

高い山に登ると、スナック菓子の袋は地上にいるときよりもふくらみます。これは空気が物体を押す力「気圧」が関係しています

高度が変わると気圧も変わる

大気の柱
袋の中の気圧が外の気圧より高くなったんですね
Potato
気圧
低
気圧
高
Potato
富士山
(3776m)

高い場所では大気の柱が短い分、気圧が低い。そのため密閉された袋は中の圧力の方が高くなり、ふくらむ

富士山の頂上では、水が 90°C くらいで沸騰するんですよ

高度と気圧の関係

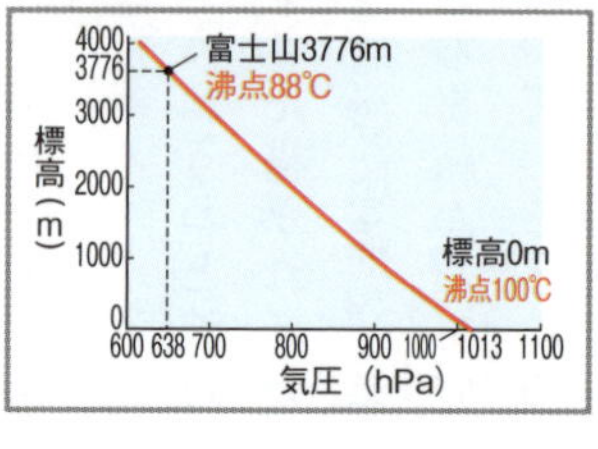

富士山3776m
沸点88℃
標高0m
沸点100℃
標高（m）
4000
3776
3000
2000
1000
0
600 638 700 800 900 1000 1013 1100
気圧（hPa）

高いところでは水面にかかる気圧が低くなるため、沸点が低くなり水が沸騰しやすくなる

気圧と大気の関係

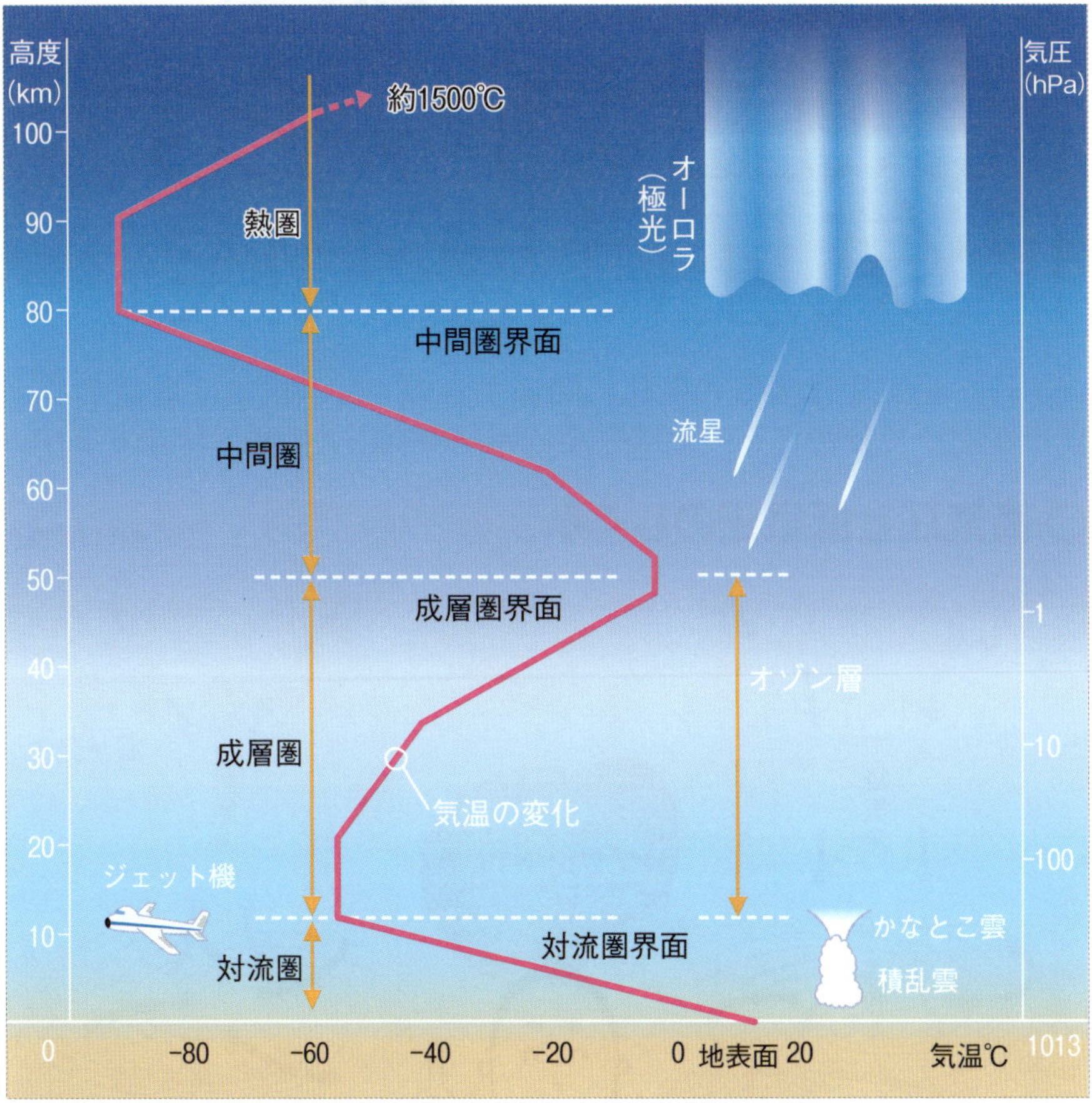

高度 (km)
100
90
80
70
60
50
40
30
20
10
0
約1500℃
熱圏
中間圏界面
中間圏
成層圏界面
成層圏
対流圏界面
対流圏
オーロラ（極光）
流星
オゾン層
気温の変化
ジェット機
かなとこ雲
積乱雲
気圧 (hPa)
1
10
100
1013
-80
-60
-40
-20
0
地表面
20
気温℃

地球を取り巻く空気がある範囲を「大気圏」という。気圧は約 15km の高さごとに 10 分の 1 の力になるため、大気圏の空気のほとんどが 15km 以下の高さにある。この範囲を「対流圏」といい、雲はこの範囲で発生する

参考：気象庁 HP

気圧とは、空気の重さが生み出した圧力のこと

地球は厚さ１００㎞程の大気の層（大気圏）に覆われています。水中の物体が水圧を受けるのと同様に、空気中の物体も周囲の空気から圧力を受けており、これを「気圧」といいます。地上０ｍの気圧は、１kg重／㎠です。

気圧は水圧と同じく〝深さ〟に応じて変化します。地上の高いところは大気圏の〝浅い〟位置にあたるので、そのぶん気圧は下がります。山でお菓子の袋がふくらむのは、気圧の〝浅い〟ところに行ったからなのです。中間圏では地上の約１万分の１、熱圏では約１００万分の１にまで気圧は下がります。

高気圧と低気圧の違い

高気圧は傘いらず 低気圧は悪天候

高気圧・低気圧は天気の変化に関係するので、予報では重要です。基準があって分かれるのではなく、周りの気圧との差で決まります

高気圧と低気圧のしくみ

※北半球の場合

〈高気圧〉
下降気流
高
風の方向
時計回りに吹き出す
〈低気圧〉
雲が発生
上昇気流
低
風の方向
反時計回りに吹き込む
その場所の気圧が周りより高ければ高気圧、低ければ低気圧です

高気圧の地上付近では、風が時計回りで中心から外へ吹き出す。中心では下降気流が起こり、雲ができにくい

地上付近では、風が反時計回りで中心に吹き込む。中心に集まった空気は上昇し、この上昇気流で雲が発生する

→ **温帯低気圧** (P.28)
→ **熱帯低気圧** (P.108)

温暖高気圧

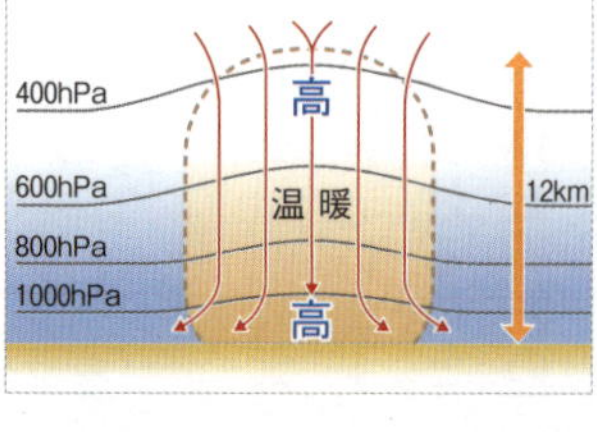
400hPa
600hPa
800hPa
1000hPa
高
温暖
高
12km

上空の空気が地上に降りてできる、暖かい高気圧。「背の高い高気圧」といわれ、小笠原高気圧などが代表的

寒冷高気圧

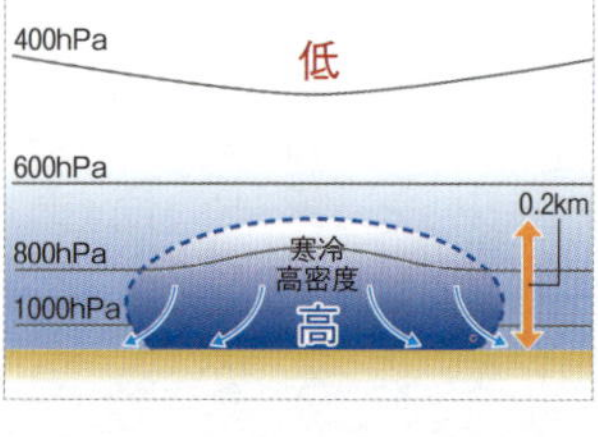
400hPa
600hPa
800hPa
1000hPa
低
寒冷
高密度
高
0.2km

地上付近の空気が冷やされ、重い空気が下にたまってできる「背の低い高気圧」。シベリア高気圧がこれ

日本周辺の気団

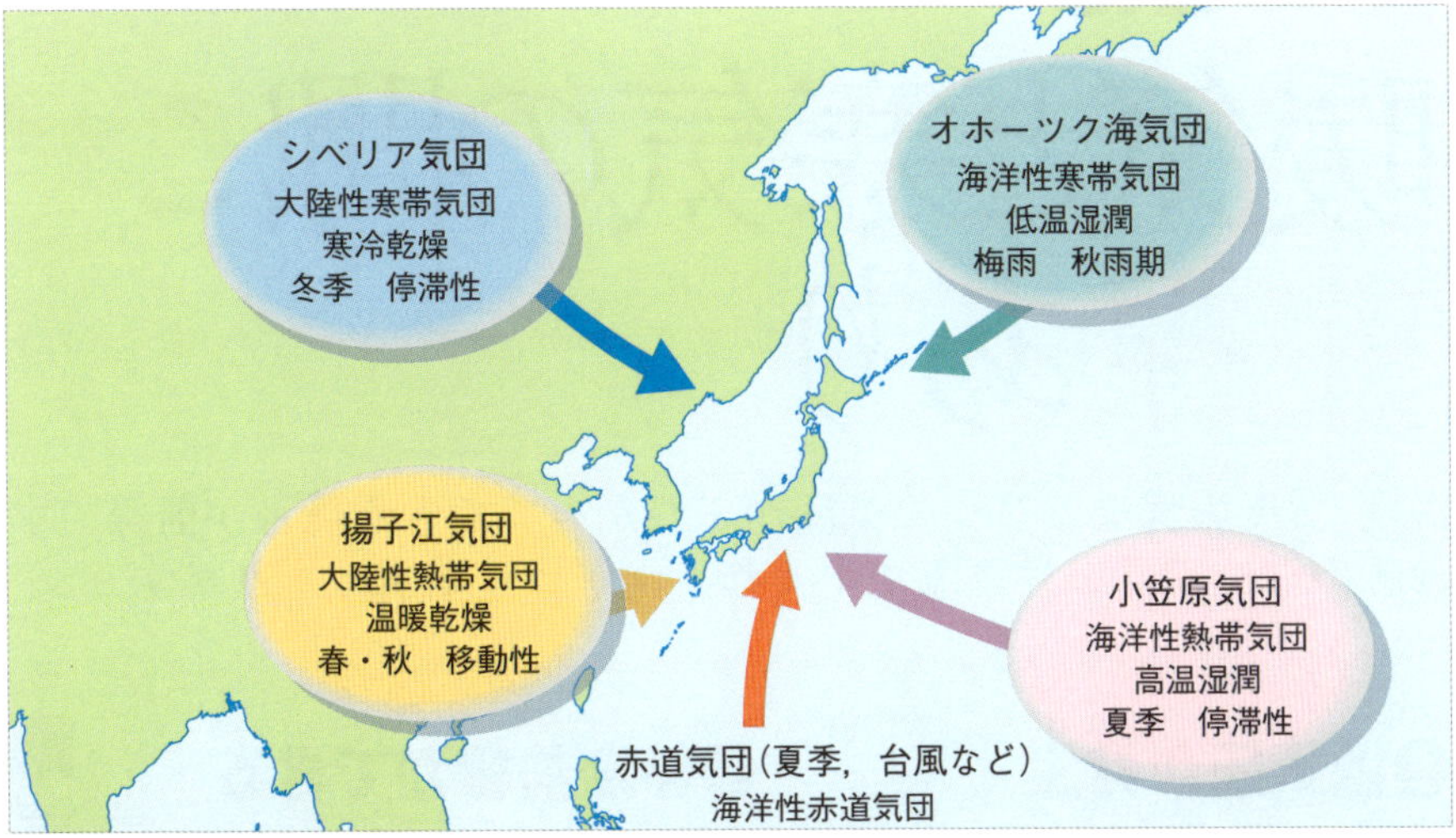
シベリア気団
大陸性寒帯気団
寒冷乾燥
冬季　停滞性
オホーツク海気団
海洋性寒帯気団
低温湿潤
梅雨　秋雨期
揚子江気団
大陸性熱帯気団
温暖乾燥
春・秋　移動性
小笠原気団
海洋性熱帯気団
高温湿潤
夏季　停滞性
赤道気団（夏季，台風など）
海洋性赤道気団

日本周辺には主に４つの気団があり、赤道気団を加えた５つが日本の気候に影響を与えている。それぞれの勢力が変わることで天気や季節の変化が起き、気団の性質が季節の特徴と関係している

気圧配置

等圧線の通る位置や、高気圧・低気圧がどこにあるかなどの気圧の位置関係を「気圧配置」という。気圧配置を読み取ることで、天気や季節がわかる

帯状高気圧

東西に広がっている、帯のような形の高気圧のこと。５月頃の帯状高気圧は、快適な五月晴れをもたらす

気圧の谷

高気圧と高気圧に挟まれ、周囲より気圧が低い場所。南北に細く伸びていて、トラフとも呼ばれる

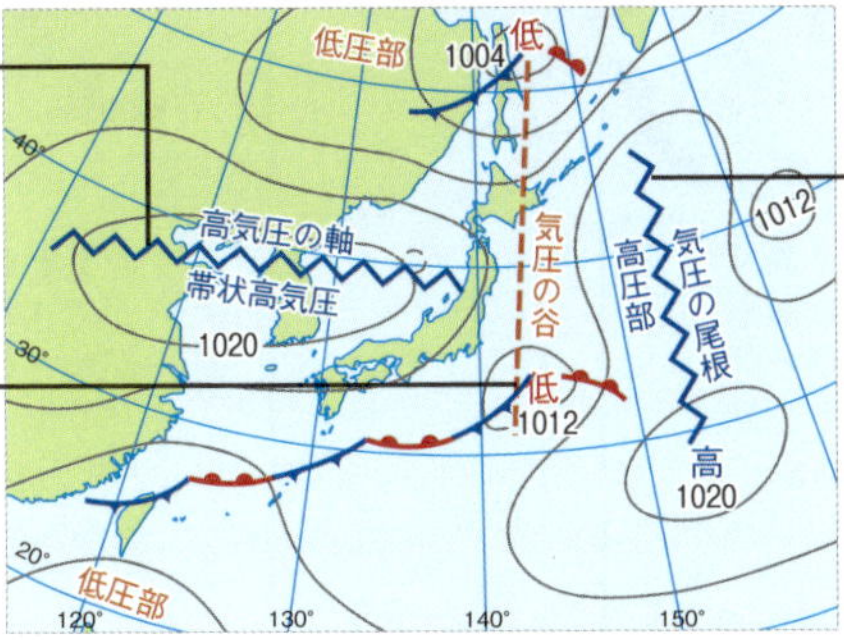
低圧部
1004
低
40°
高気圧の軸
帯状高気圧
1020
30°
気圧の谷
低
1012
高圧部
気圧の尾根
1012
高
1020
20°
低圧部
120°
130°
140°
150°

気圧の尾根

高気圧の中で等圧線が張り出している部分のこと。リッジともいわれ、高気圧の勢力が強い場所

周囲の気圧との関係で高気圧・低気圧が決まる

一般に、高気圧のところでは天気がよくなり、低気圧のところでは悪くなります。これは中心部の風向きが関係しています。

高気圧では地表付近の気圧が高く、中心部から風が吹き出しているので、雲ができにくく雨も降りにくくなります。反対に低気圧では、中心部で上昇気流が発生しているので雲ができやすく、雨が降りやすくなるのです。高気圧と低気圧には、それぞれ温暖／寒冷高気圧、温帯／熱帯低気圧があります。

高気圧や低気圧は温度、湿度などの性質が近い空気の固まり。広範囲で生じるこうした固まりを「気団」といいます。

前線とは

暖気と寒気の間に「前線」あり

温度・湿度の異なる２つの気団がぶつかってできる境目が前線です。
前線の近くでは上昇気流が生まれ、雨が降りやすくなります

■温帯低気圧のしくみ

❶停滞前線ができる

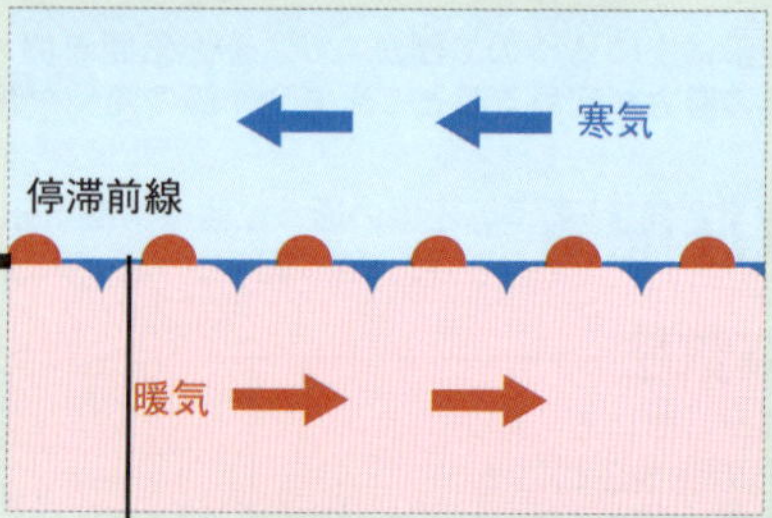

暖気と寒気の境界で停滞前線ができる。暖気が北へ、寒気が南へと動くことで前線面のバランスが崩れ、変形して回転の中心ができる

❷低気圧が発生

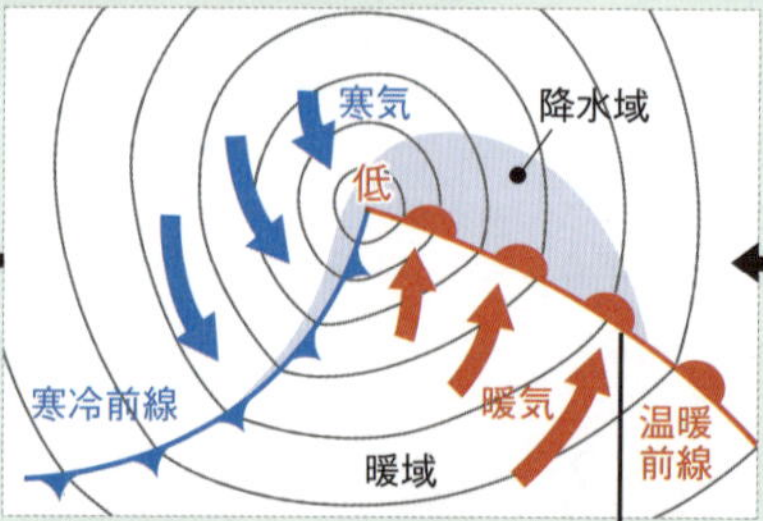

低気圧が発生して、渦を巻くように成長する。温暖前線と寒冷前線に囲まれた内側を暖域といい、暖域に覆われた地域は天気がよい

温暖前線

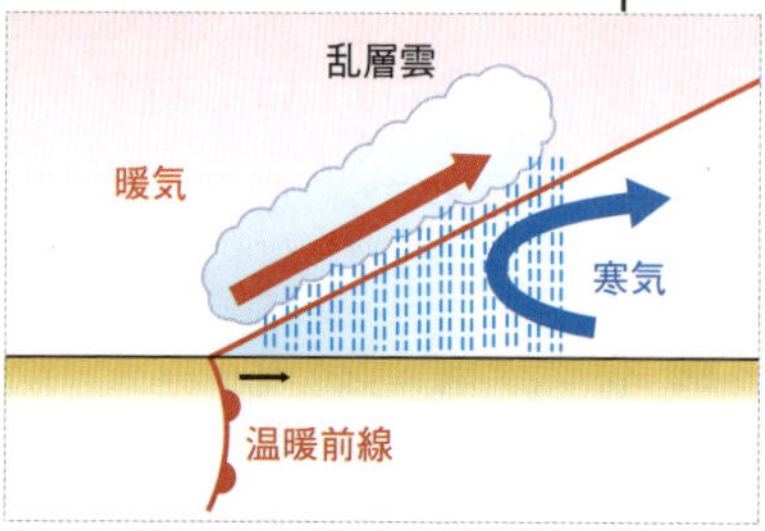

暖気が、寒気に乗り上げるように上昇してできる。乱層雲が広い範囲でできるため小雨が続き、通過後は気温が上がる

停滞前線

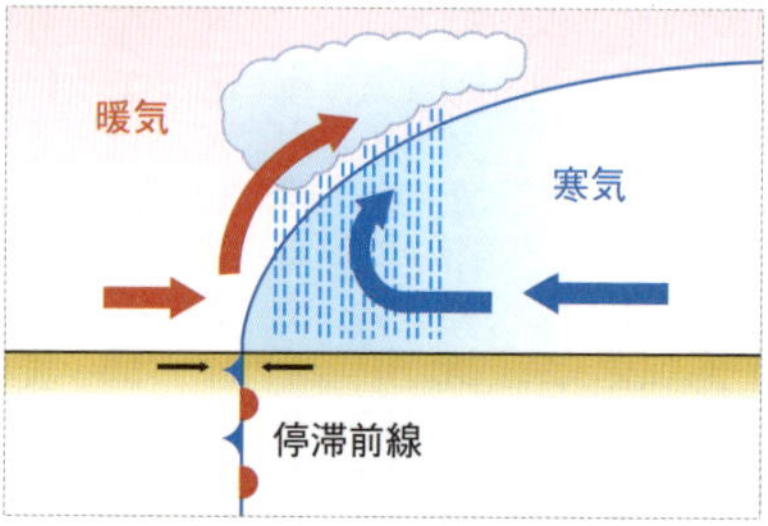

暖気と寒気がほとんど同じ勢力でぶつかったときにできる。あまり移動せず停滞し、梅雨や秋雨のような長雨をもたらす

閉塞前線

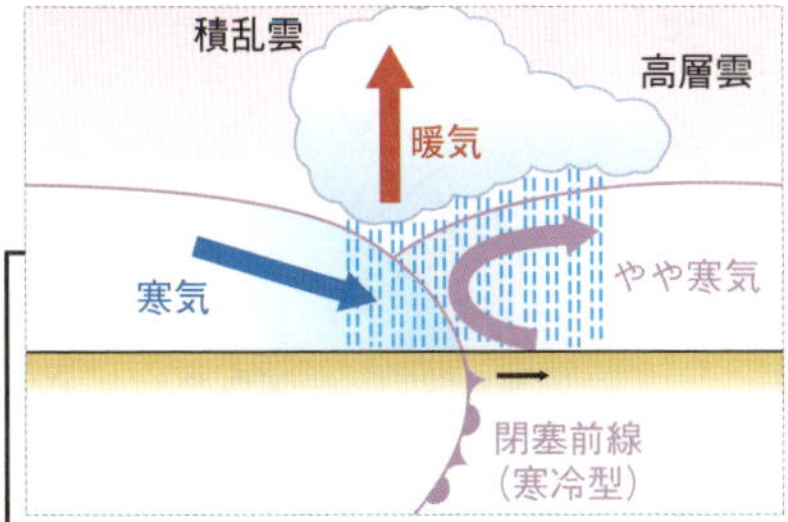

低気圧が発達して、温暖前線に寒冷前線が追いついてできる前線。「温暖型」と「寒冷型」があり、図は寒冷型の閉塞前線

寒冷前線

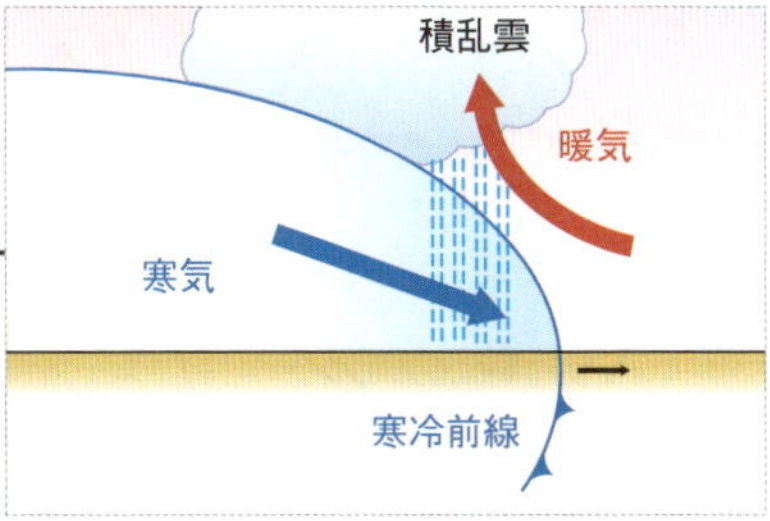

寒気が暖気の下にもぐりこんだもの。暖気の上昇気流で積乱雲ができ、短時間に強い雨が降る。通過後は気温が下がる

❸低気圧が発達

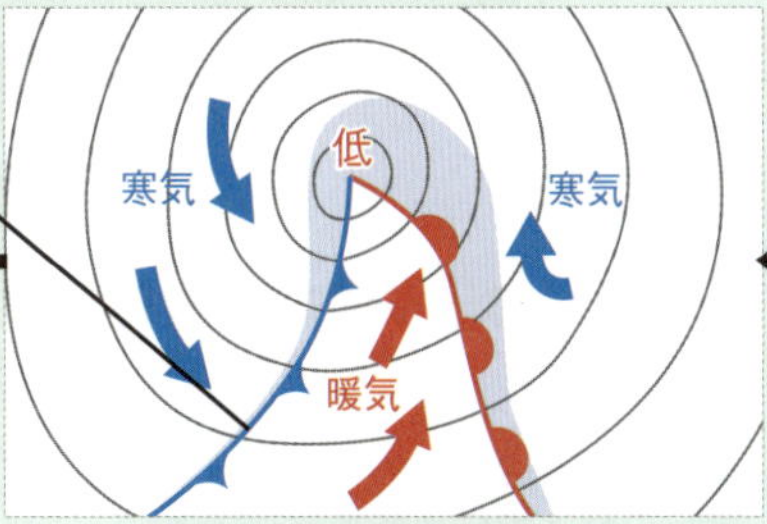

暖気は上昇し、寒気はもぐり込みながら低気圧を発達させ、中心の気圧を下げていく。前線付近では雨雲が発達し、雨や風が強まる

❹閉塞前線ができる

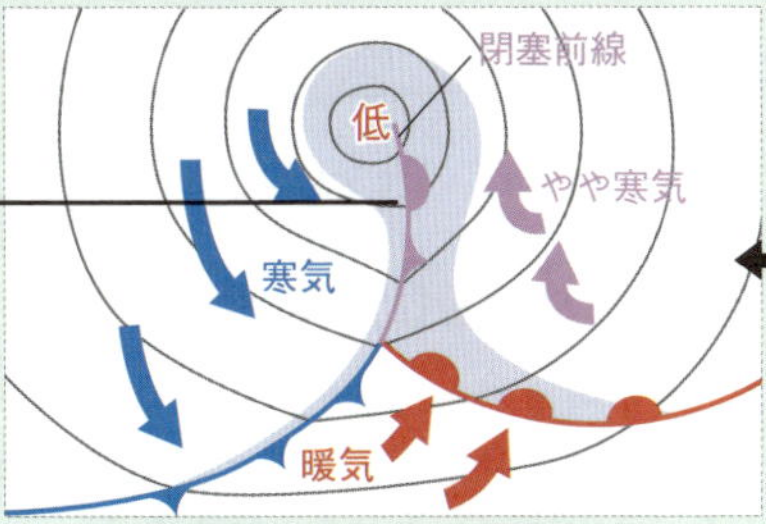

移動速度が速い寒冷前線が温暖前線に追いつき、閉塞前線ができる。暖気が上空に行くため地上は寒気に覆われ、低気圧は衰退する

前線の近くでは雲が発生し天気も悪化

気団がぶつかると、空気の境目が生まれます。この境目が地表に接している部分が「前線」。発生の仕方によって温暖前線、寒冷前線、停滞前線、閉塞前線の4種類があり、前線の種類は温帯低気圧の発生～発達（上図）を見ていくと、よくわかります。

前線では雲が生まれ、雨が降りやすくなります。乱層雲ができる温暖前線では長く弱い雨が、積乱雲ができる寒冷前線ではにわか雨や雷雨がよく降ります。

寒気団と暖気団がほぼ同じ勢いでぶつかるとできるのが停滞前線。渦を巻くように温帯低気圧が生まれ、勢いが弱まると前線は閉塞前線となります。

だから天気はおもしろい!!
イラスト・題字：天達武史

僕が気象予報士になったわけ

僕が気象予報士の勉強を始めたのは、当時やっていたファミリーレストランのアルバイトに役立てるため。それがきっかけとなって、いまの僕がいるのです

きっかけは仕事先での食材発注

僕が天気に興味を持ったのは、アルバイトをしていたファミリーレストランで、食材の発注を任されてからです。

飲食店は売上が天候に左右される業種。ひどいときは雨で売上が普段の 1/3 ほどになってしまうこともありました。そのため食材も天気予報を見て発注していたのですが、毎日のように変わる予報を見ているうち、自分で予報できないかと思うようになり始めました。それから約４年、計７回の試験に挑戦して、気象予報士の資格を取ったのです。

資格取得後は民間気象会社に転職し、ラジオの天気予報中継などを経験。現在はフジテレビ系列『とくダネ！』のお天気コーナーを担当しています。

目指すは 100% に近い予報

僕が担当する『とくダネ！』の天気予報中継は、必ず外でやると決めています。外の状況をそのまま伝えることで、いまの天候をよりリアルに理解してもらえますしね。しかも、中継する僕の服装を見て、その日どのぐらい着込むか、または薄着にするか決めている方もいるそうです。だから、毎日どんな服を着ようか頭を悩ませています。

もちろん本業の天気予報にも、頭を悩ませていますよ！ でも、天気予報のあたる確率を 100% にすることは不可能だといわれています。それは同じ空模様が２回としてないから。でもそれが天気の奥深さであり、おもしろいところ。僕がハマった理由でもあるのです。

第2章

天気予報はどうやってできる？

気温はどうやって測っているの？ 「アメダス」ってなに？
天気予報に関わる設備や観測の方法をひも解き、
天気予報がどこで役立っているのかなどを紹介します

提供：気象庁

天気予報の発表方法

天気予報は誰がどうやって発表する?

天気予報を作るのは、気象庁の仕事。気温、湿度、風向きなどさまざまな観測データを集めて解析することからスタートします

■天気予報が発表されるまで

❶気象状態を観測

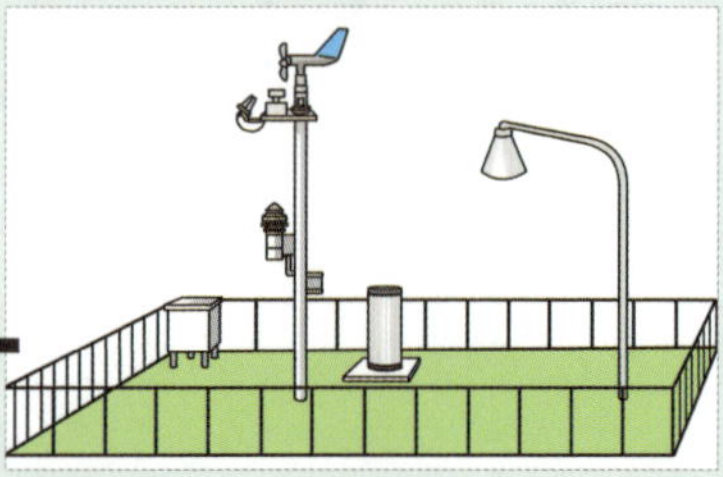

- ●アメダス(→ P.36)
- ●気象衛星(→ P.42)
- ●気象レーダー(→ P.44)
- ●高層気象観測(→ P.46)
- ●海洋・海上気象観測(→ P.48)など

さまざまな設備を使い、日本各地の気象データを集めるところから予報は始まる

❷気象データを処理

数値予報という方法で、天気図を作ります

集めたデータは気象庁へ。コンピュータで処理した結果を解析し、天気図を作る

全国の気象データを気象庁が分析・予報

天気予報は、どのようにして私たちに届けられるのでしょうか。天気予報はまず、気象衛星やアメダスなど、さまざまな設備で観測データを集めることから始まります。この観測データは気象庁に送られ、各種資料にまとめられます。同時に、スーパーコンピュータを使った数値予測で、世界中の観測データを解析して天気図が作られます。

これらの資料や天気図は全国の気象台に送られ、地域の事情を考えた細かい予報にまとめられます。これを気象庁が発表したものが天気予報です。メディアを通して知る天気情報も、これをもとにしています。

数値予報とは

数値予報によって、より
細かい予報ができるんです

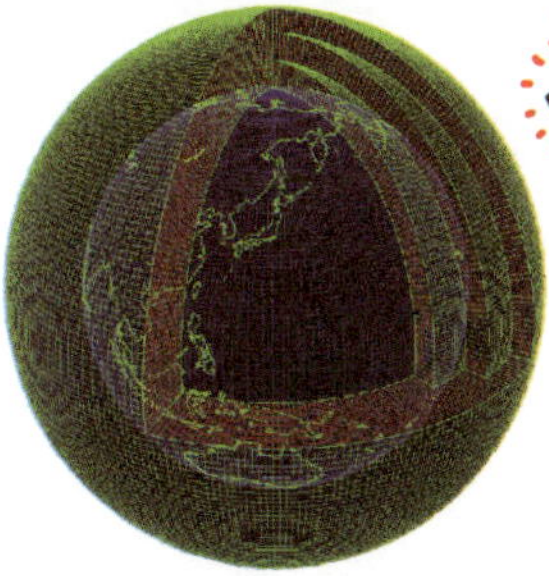

中央の青い球体が地球。大気を格子状に切り分け、大気の状態から、天気の変化を細かく計算する

参考・提供：気象庁

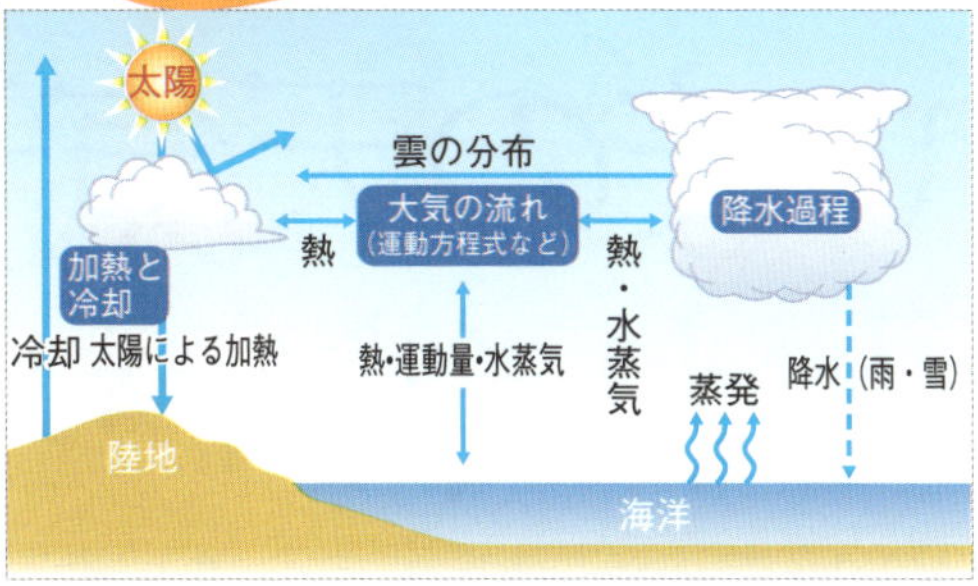
太陽
雲の分布
大気の流れ
（運動方程式など）
降水過程
加熱と
冷却
熱
熱・水蒸気
冷却 太陽による加熱
熱・運動量・水蒸気
蒸発
降水（雨・雪）
陸地
海洋

数値予報は、さまざまな条件による影響で、観測データにどんな変化があるのかを計算して、天気図を作る

❺気象庁が天気予報として発表する

毎日5時、11時、
17時と、3回
発表されます

気象庁のホームページで、一般の人も情報を得られる

❹資料から予報をまとめる

気象台の予報官が、地域の細かい事情に合わせて、天気予報を仕上げる。なお、注意報や警報なども整理する

❸データを資料にまとめる

処理・解析されたデータは全国の気象台へ。衛星画像、レーダー・アメダス解析雨量、天気図などにまとめる

気象予報士は
気象データを扱う
プロなんですよ

❼一般の人へ

テレビやラジオ、新聞、インターネットなどのメディアを通して、一般の人たちに情報として届けられる

❻天気予報の利用者へ

新聞

この場合の利用者は、各種報道機関などのこと。交通機関にも情報が伝達される

天気予報の適中率

いまの天気予報はどれくらい当たる?

傘を持たず雨に降られると「また予報がはずれた!」とぼやきたくなります。実際、雨の予報はどのくらい当たっているのでしょうか

天気予報の「はずれ」に種類がある?

見逃し率／7%

くもりっていってたのに…
ぶぅーーーん

見逃し率は「晴れやくもりの予報なのに雨が降った」割合のこと。悪い方にはずれた場合

空振り率／9%

ブンッ
雨っていったのにー

空振り率は「雨が降ると予報したのに空振りに終わってしまった」割合のこと。よい方にはずれた場合

※ 2008 年全国平均、5 時発表予報の場合

雨の予報の適中率は全国平均で80%くらい

毎日気になる雨の予報。その適中率は全国平均で約80%です。

適中率は、予報に対し「○か×か」という評価をするものではなく、雨の予報に対して、「何%の確率で当たったか」を表した結果です。例えばある地方の「雨が降る」という予報を10回出したうちの7回雨が降ったら、この予報の適中率は70%ということになります。

天気の変化には、地球全体の大気の変動が複雑に影響しています。人間の生活圏という狭い範囲でそれをぴたりと予報するのは非常に難しいのですが、予報技術は年々進歩し、適中率はここまで向上してきました。

雨の予報の当たりはずれの基準

雨がぱらつく程度では
"降水なし" になります

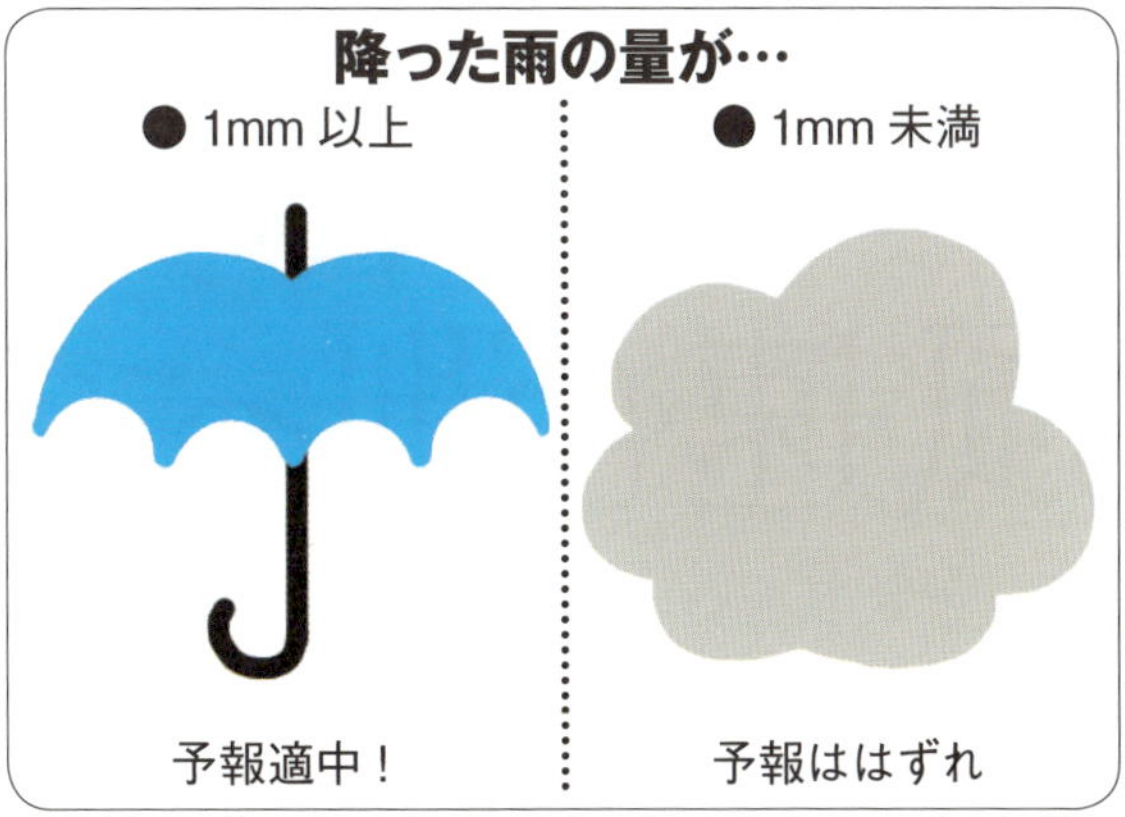
降った雨の量が…
● 1mm 以上
● 1mm 未満
予報適中！
予報ははずれ

東京地方の予報精度

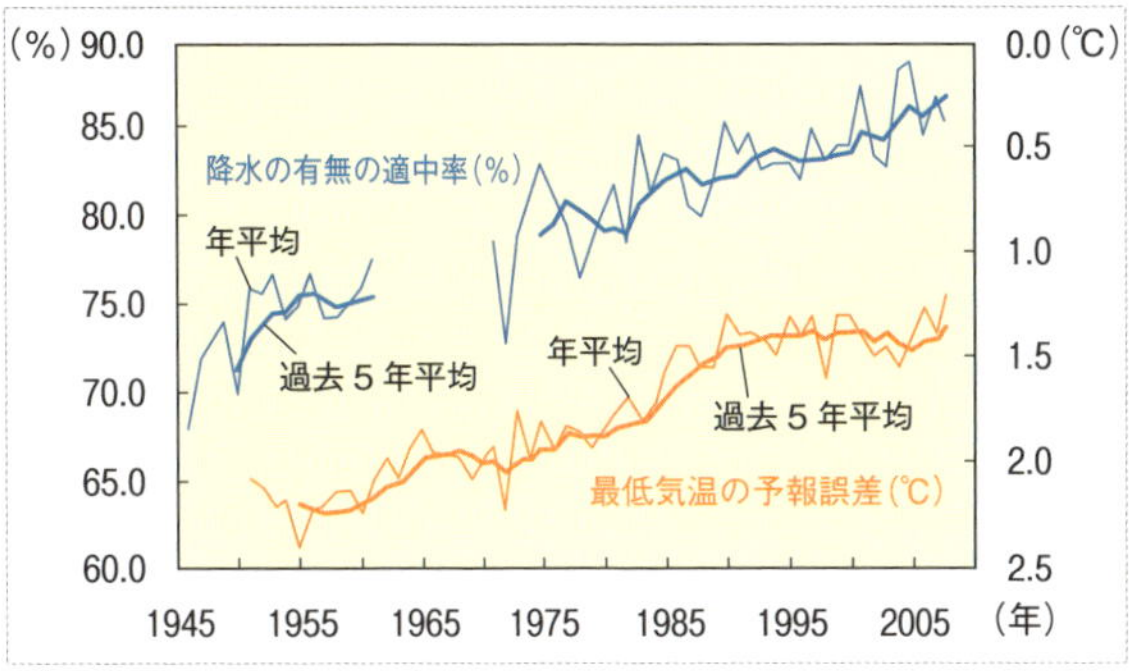
(%)
90.0
85.0
80.0
75.0
70.0
65.0
60.0
0.0 (℃)
0.5
1.0
1.5
2.0
2.5
降水の有無の適中率(%)
年平均
過去５年平均
年平均
過去５年平均
最低気温の予報誤差(℃)
1945
1955
1965
1975
1985
1995
2005
(年)

細い線は年平均、太い線は過去５年間平均の適中率を示す。
60 年前と比べると、70% から 80% まで適中率が上昇

出典：気象庁

少しずつですが、適中率が
上がっていますね！

column おもしろ天気コラム

01

北京で蝶がはばたくと ニューヨークで嵐が起こる!?

天気予報の世界では、このようなたとえが使われることがあります。普通なら無視してしまうような変化が、やがて予想もできない結果を引き起こすことがある、という意味です。地球上の大気は、世界中でつながっています。そのため、ごく小さな大気の変化でも、それが全く別の場所で大きな現象になることもあるのです。こういった奥深さがあるからこそ、天気を完璧に予想するのは難しいのです。

アメダスとは

アメダスは気温も風速も測っている

「アメダス」といっても、雨の観測だけをするわけではありません。日本全国でいろいろな気象データを日々、刻々と集めています

アメダスの設備の一例

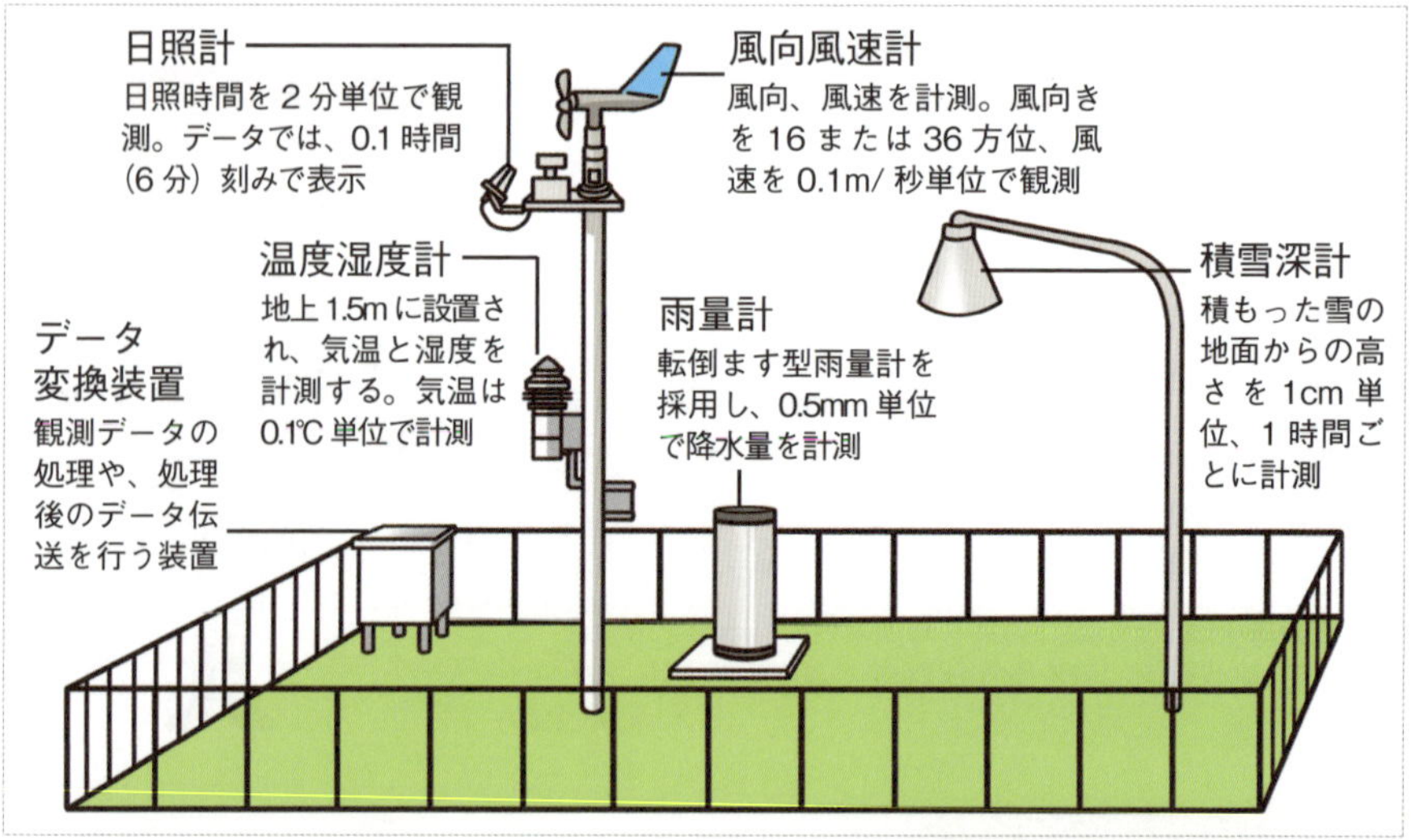

日照計
日照時間を２分単位で観測。データでは、0.1 時間（6 分）刻みで表示
風向風速計
風向、風速を計測。風向きを 16 または 36 方位、風速を 0.1m/ 秒単位で観測
温度湿度計
地上 1.5m に設置され、気温と湿度を計測する。気温は 0.1℃ 単位で計測
雨量計
転倒ます型雨量計を採用し、0.5mm 単位で降水量を計測
積雪深計
積もった雪の地面からの高さを 1cm 単位、1 時間ごとに計測
データ変換装置
観測データの処理や、処理後のデータ伝送を行う装置

全国各地に配置された無人の観測システム

テレビでもよく聞く「アメダス」は、集中豪雨など突然の天気の変化を知るため、気象庁が全国に配置した無人の観測施設。「地域気象観測システム（Automated Meteorological Data Acquisition System）」が正式名称です。

アメダスは雨以外にも、さまざまな気象データをほぼリアルタイムで観測します。1974年から運用されており、現在、観測地点は約1300。日本は地形が複雑なので、地域ごとの天気を正確に知るには、細かく観測を行う必要があるのです。観測結果は、大雨・大雪などの警報・注意報に役立てられます。

アメダス観測所の数

■全国の総数 約 1300 か所 （17km 四方に 1 か所の割合）
■降水の観測を行う地点 約 1300 か所
■気温・風向・風速・日照時間の観測を行う地点 約 850 か所
■積雪の観測を行う地点 約 290 か所

なんと 1300 か所！
細かい地域ごとの
データを得られます

アメダスの観測データ発表方法

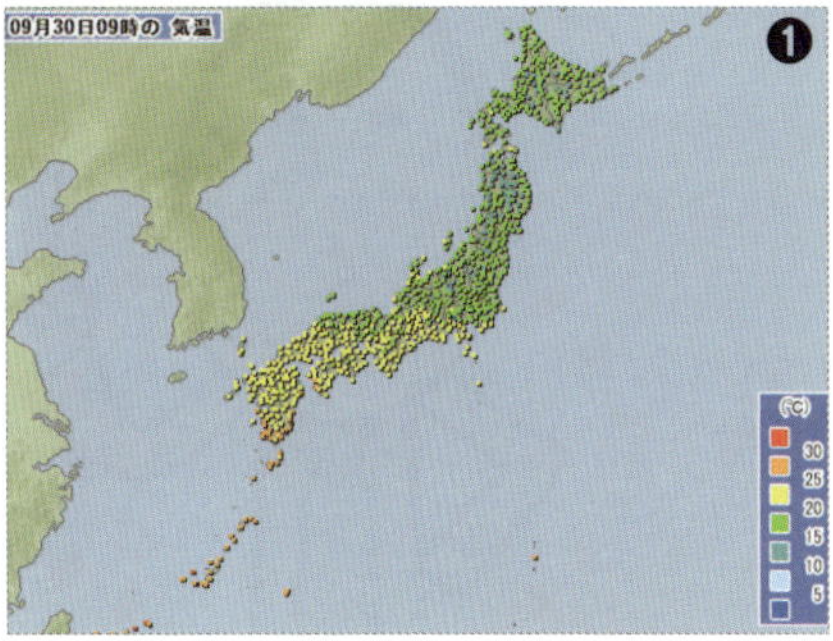
09月30日09時の 気温
❶
(℃)
30
25
20
15
10
5

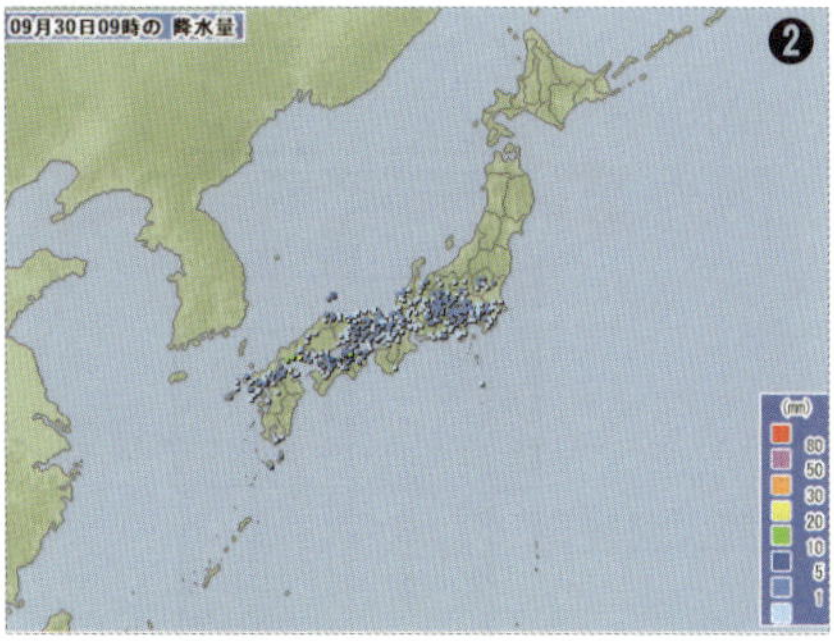
09月30日09時の 降水量
❷
(mm)
80
50
30
20
10
5
1

09月30日09時の 風向・風速
❸
群馬
栃木
茨城
埼玉
東京
神奈川
千葉
伊豆諸島
小笠原
(m/s)
25
20
15
10
5

地図形式のほか、
表形式での発表
もあります

❶気温データ。5°C ごとに色分けされる ❷降水量のデータ。発表されるデータは 1mm、5mm、10 〜 50mm までは 10mm ごとに色分けされる ❸観測前 10 分間の風向と風速を表すデータ

出典：気象庁 HP

気象データの観測方法❶
気温や湿度・気圧はどうやって測る？

気温・湿度・気圧を測るものといえば温度計、湿度計、気圧計。アメダスでは電気式の計測器を使って正確に記録しています

気温・湿度を測る設備

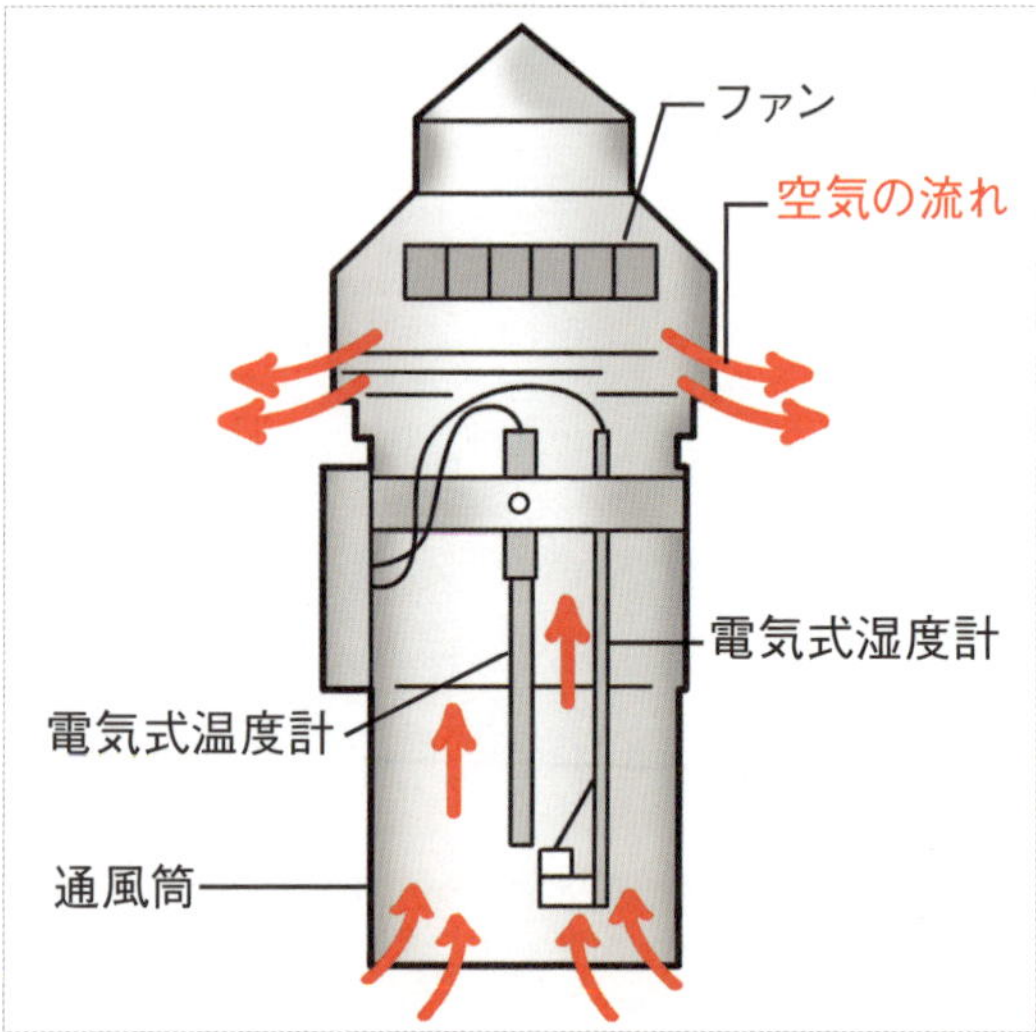
ファン
空気の流れ
電気式湿度計
電気式温度計
通風筒

近年のトレンドは液体式ではなく、電気式なんです

アメダスで使用されているのは、電気式温度湿度計。電気の性質を利用して温度や湿度を測る

白金と電気を利用した温度湿度計が主流

温度・湿度を測る道具といえば百葉箱を思い出しますが、アメダスでは、電気式温度計と電気式湿度計をひとつにした設備を利用しています。正確な観測のために、風通しがよく、直射日光が当たらない場所に1.5ｍの高さで設置します。中には弱い電流を流した白金があります。金属には温度や湿度の変化で電流の流れやすさが変化する性質があるので、それを利用して気温・湿度を計測するのです。

気圧の測定には電気式気圧計が使われます。内部の基盤に真空部分があって、そこを流れる電流が気圧によって変化することを利用して気圧を測定します。

大人と子どもで異なる体感温度

32°C
35°C
36°C
AMA

日射しが強い日は地面の熱の影響も受けるため、大人より子どもやペットの方が体感温度も高い。このような熱の影響を受けないよう、電気式温度湿度計は高い場所に設置される

海面更正の計算方法

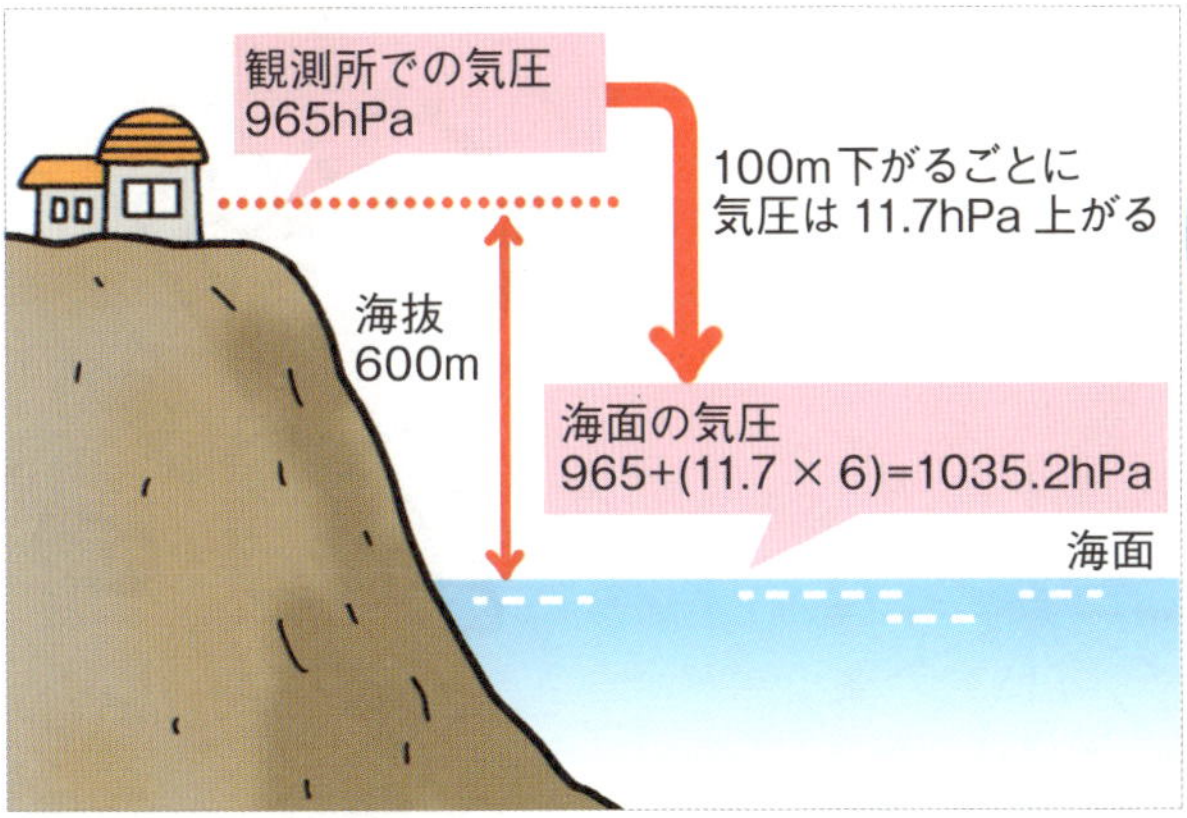
観測所での気圧
965hPa
100m下がるごとに
気圧は 11.7hPa 上がる
海抜
600m
海面の気圧
965+(11.7 × 6)=1035.2hPa
海面

天気予報には、計算が欠かせないんです

気圧は海抜高度によって変わる。海面更正とは、ある地点で求めた観測値を平均海面の値に換算すること

column おもしろ天気コラム

02

湿度はかつて髪の毛で測っていた!?

雨の日は髪がまとまらなくて困る、そんな経験はありませんか。髪の毛は湿度が高くなると伸び、乾燥すると縮むという性質を持っています。かつては、そんな髪の毛の性質を利用して、髪の毛の伸縮で湿度を測る「毛髪自記湿度計」を使用していました。かなり正確で、約15年前までは気象庁でも使用されていたのですよ。なかでも金髪が湿度計に向いているといわれています。

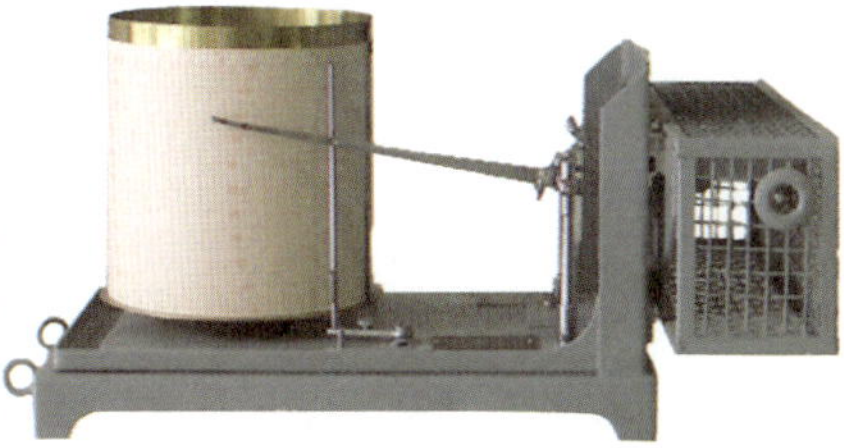

提供：気象庁

気象データの観測方法❷

風力や雨・雪の量はどうやって測る？

アメダスでは、風向き、雨の量、さらに地域によって雪の深さも計測しています。それぞれの観測設備のしくみを紹介しましょう

風向風速計と16方位

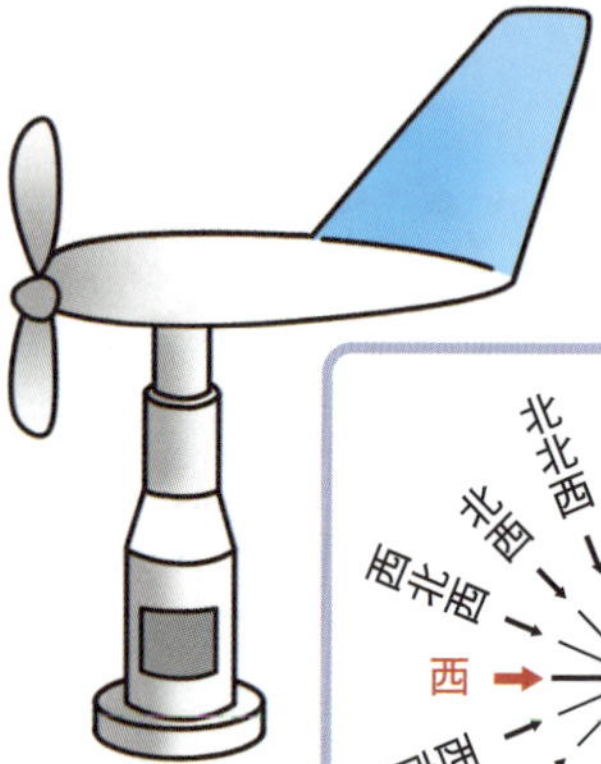

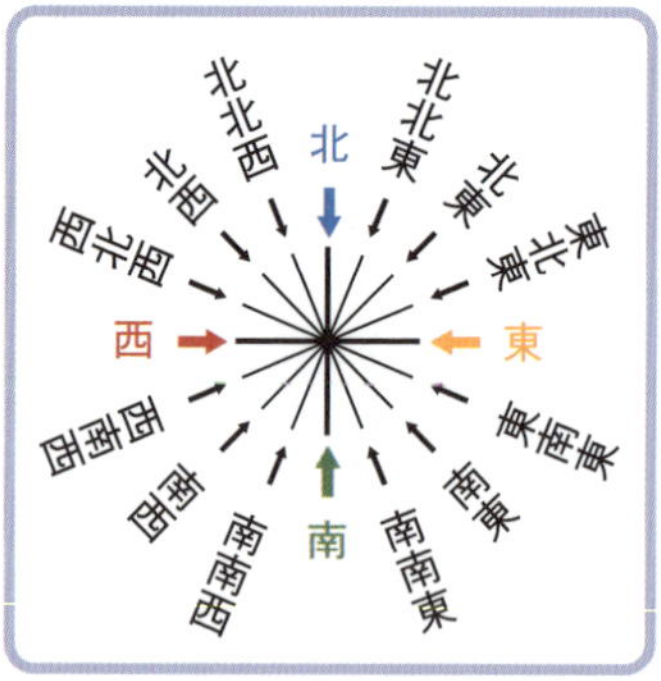

風速はプロペラの回転数によってわかる。16方位は風向を示すときに使う方角のことで、左図のような内容

ししおどしのしくみで雨の量を測る雨量計

風の様子は、風見鶏のように風向きによってくるくる回るしかけの風向風速計で観測します。前にはプロペラがついており、その回転数から風速を計測します。風速の単位はｍ／秒で表し、常に変化する風速は瞬間風速として記録されます。一方、風向きは、地形や建物で複雑に変化するので、10分間の平均を観測データに利用します。

雨の降る量は、ししおどしのようなしくみの観測設備で測ります。単位は㎜で、「10㎜の雨」は、1時間に10㎜の深さで容器に雨がたまる量です。

積雪の深さは、レーザー光や超音波を利用して計測します。

雨の量を測る設備

ひょうや雪は
溶かして
水にしてから
測ります

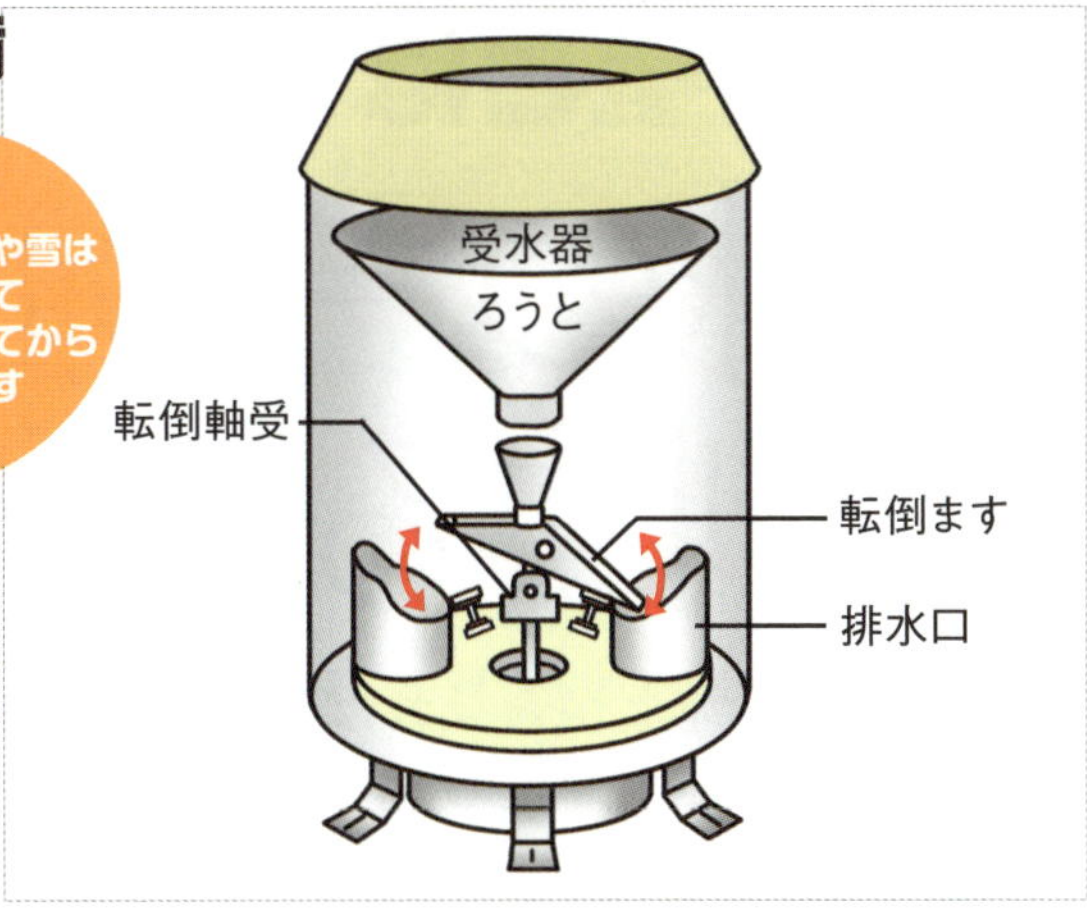
受水器
ろうと
転倒軸受
転倒ます
排水口

「転倒ます型雨量計」は、受水器からろうとを伝ってきた雨が 0.5mm 分たまると、ますが傾いてスイッチが入る

積雪を測る設備

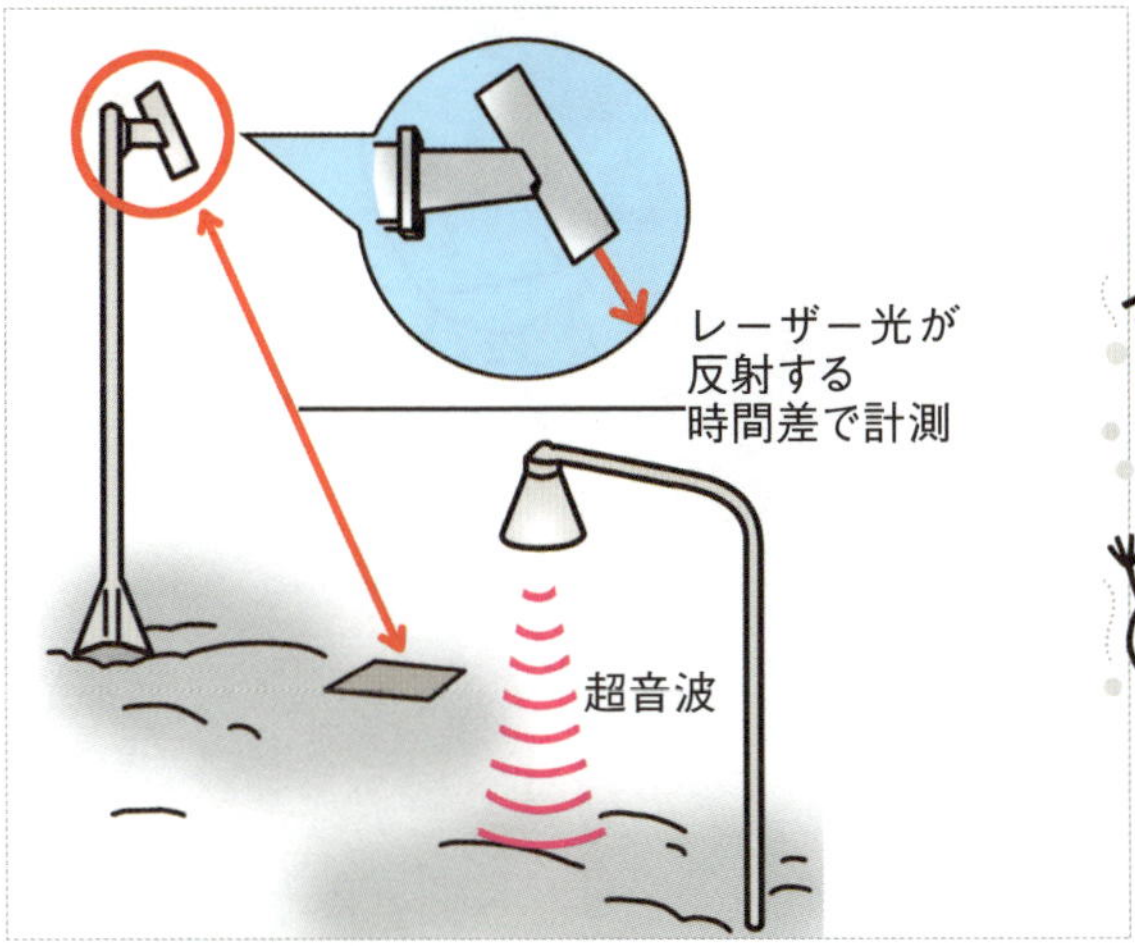
レーザー光が
反射する
時間差で計測
超音波

積雪量の観測には
主にレーザーが
使われています
さむっ

「光電式積雪計」はレーザー光がはね返ってくるまでの時間差で積雪量がわかる。超音波を使う「超音波式積雪計」もある

column おもしろ天気コラム 03

雨の単位が mm のワケ

雨量は、ある時間内に地表に達した雨の量のことをいいます。では、水量なのに「ml」ではなく「mm」で示されるのはなぜでしょう？ この場合、mm は水の深さを表します。雨量を水の深さで調べる場合、容器が大きなドラム缶でも小さなビーカーでも水の深さは同じになるので、測定装置が小さいもので済みます。体積（ml）で測定する場合は、大きい測定器が必要になるので効率が悪いのです。

雨がたまる深さは
入れ物の大きさが
違ってもほぼ同じ

気象衛星とは

地球の雲の動きを観測する気象衛星

雲の様子は、地上から見ればよくわかります。気象衛星は世界各国で打ち上げられ、分担して地球の気象状況を見守っています

日本の気象衛星

提供：気象庁

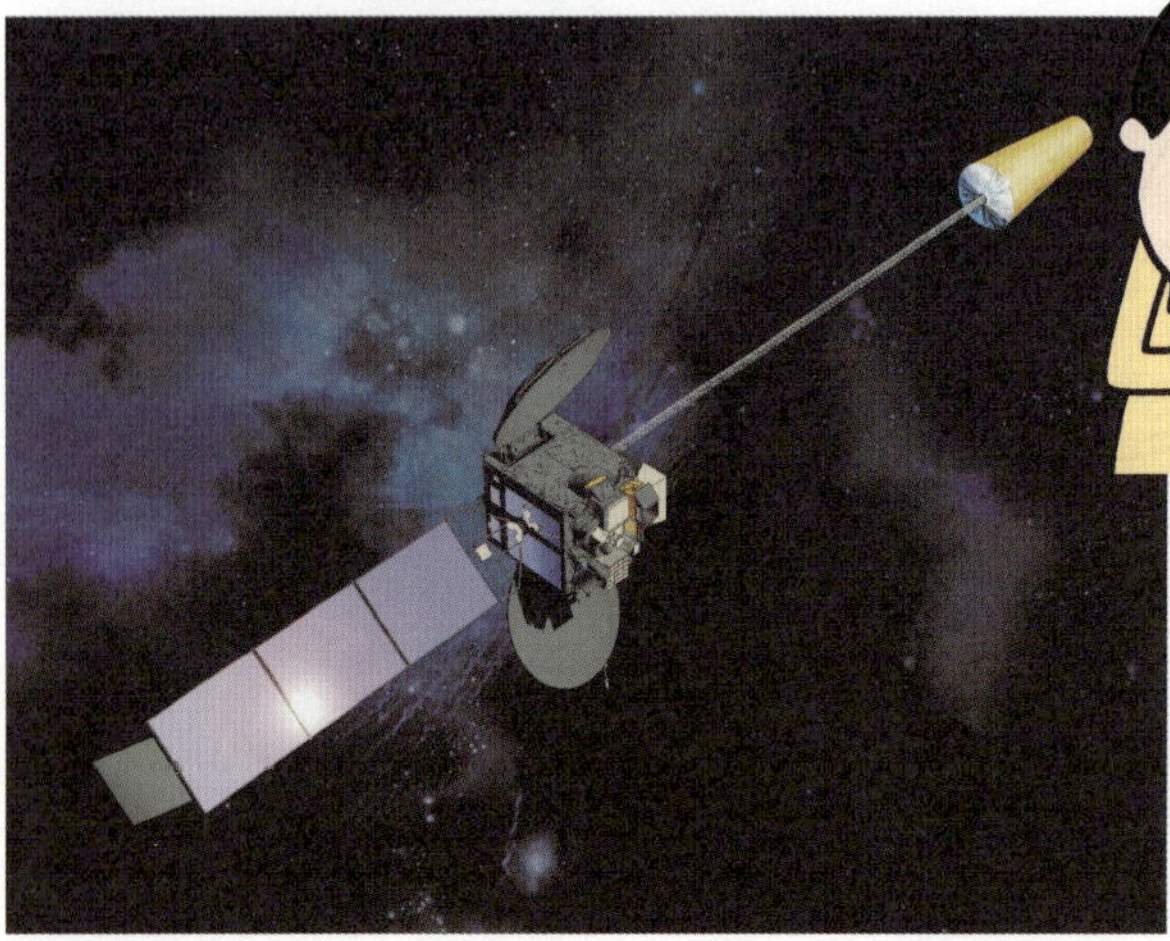

衛星画像から、
雲の動きなど
がわかります

2010 年頃まで本運用する予定の日本の気象衛星「ひまわり 6 号」。気象と航空管制の 2 つの役割を持つ

経線方向に回る衛星と自転とともに回る衛星

日本の気象衛星といえば、「ひまわり」。現在6号が運用中で、2010年頃からは7号が活躍する予定です。このひまわりは、赤道上空を地球の自転と同じ速さで回っていて、地上からは止まって見える「静止気象衛星」のひとつです。静止気象衛星は、地球の表面積の約4分の1にあたる半径6000㎞の範囲を1機で観測しています。また、気象衛星には、地球の周りを経線方向に回る極軌道衛星もあります。

気象衛星が撮影できる主な画像は3種類。この衛星画像は雲や気団の動きを追うのに役立つため、天気予報を支える重要な情報源になっています。

世界の気象衛星

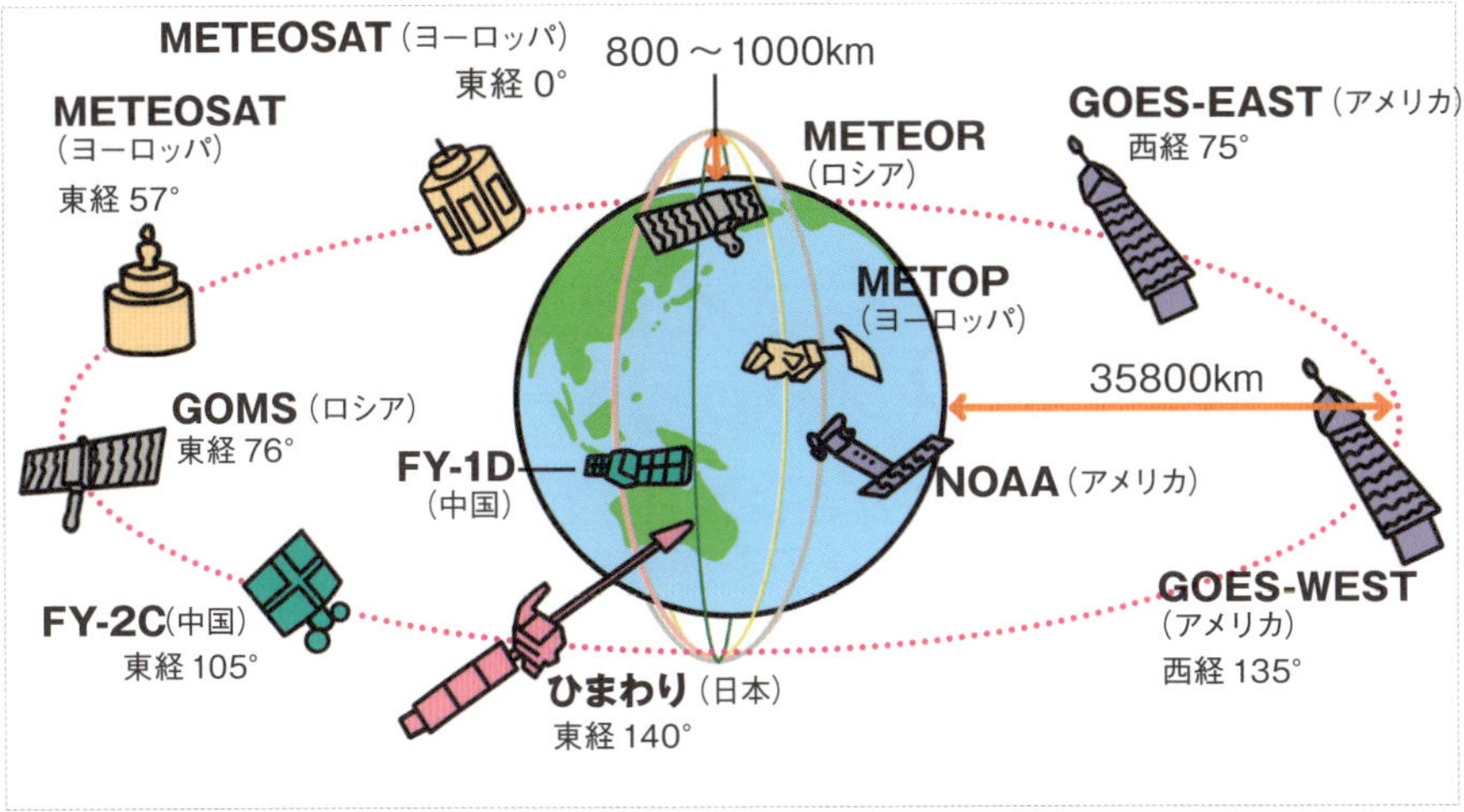
METEOSAT（ヨーロッパ）
東経 0°
800～1000km
METEOSAT
（ヨーロッパ）
東経 57°
METEOR
（ロシア）
GOES-EAST（アメリカ）
西経 75°
METOP
（ヨーロッパ）
35800km
GOMS（ロシア）
東経 76°
FY-1D
（中国）
NOAA（アメリカ）
GOES-WEST
（アメリカ）
西経 135°
FY-2C（中国）
東経 105°
ひまわり（日本）
東経 140°

地球の周りを取り囲んでいる気象衛星。日本では 1977 年以来、東経 140° の赤道上空を観測している

気象衛星画像の種類

可視画像

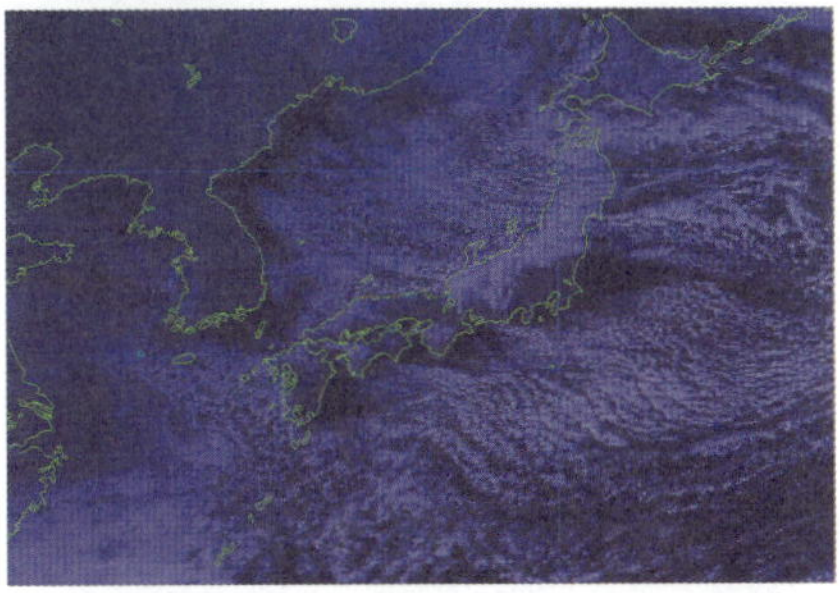

目に見える光を捉えた画像。太陽光の反射強度に応じ、濃淡がつく。一般の白黒写真とほぼ同じ

画像によって
雲の見え方が
全然違いますね

赤外画像

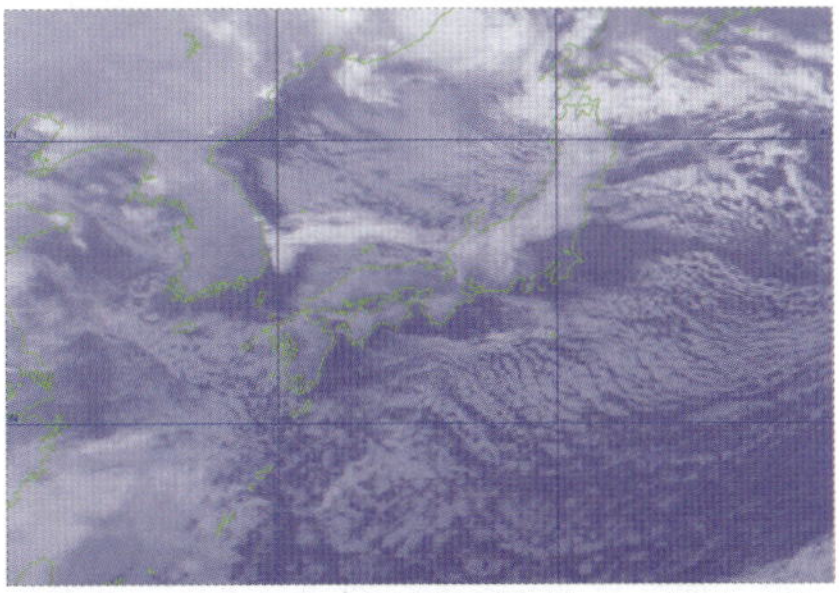

地球表面や雲からの赤外放射の強さに応じ、濃淡をつけた画像。気団の動きがわかりやすい

水蒸気画像

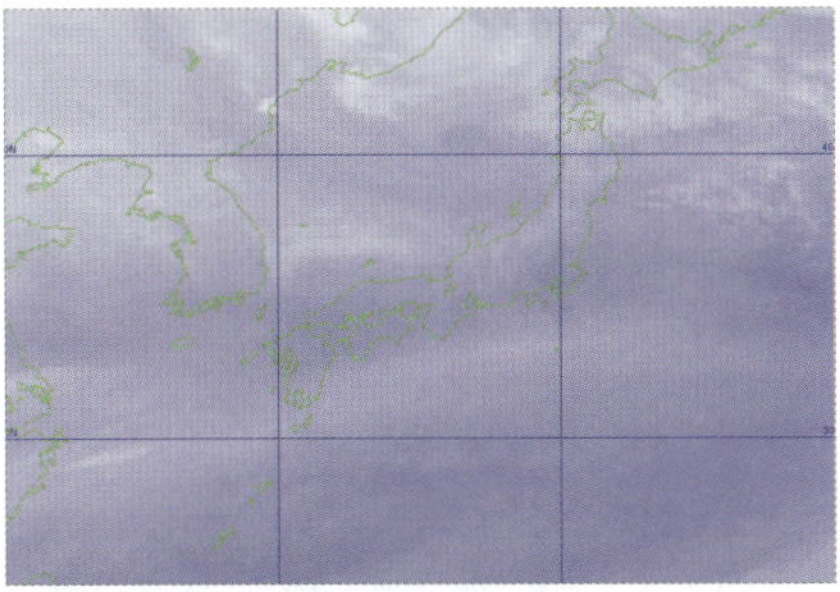

水蒸気の多少で明暗がついた画像。湿った部分は白く、乾燥した部分は黒く見える

気象レーダーとは

雨・雪の降る位置をとらえる気象レーダー

遠くの飛行機を見つけるために開発されたレーダー。現在は気象レーダーとして、雨・雪の様子を探るためにも使われています

気象レーダーのしくみ

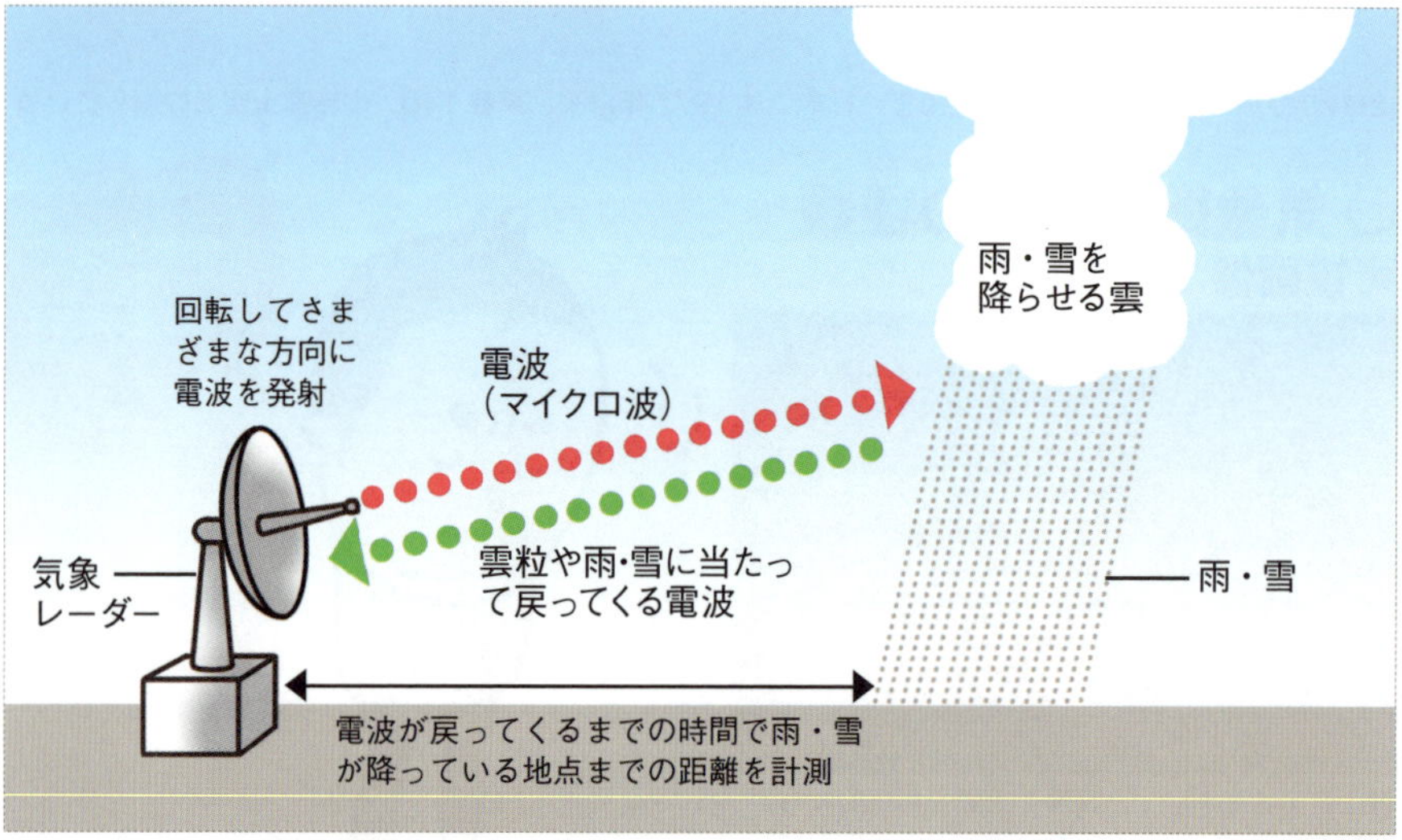
雨・雪を
降らせる雲
回転してさま
ざまな方向に
電波を発射
電波
(マイクロ波)
気象
レーダー
雲粒や雨・雪に当たっ
て戻ってくる電波
雨・雪
電波が戻ってくるまでの時間で雨・雪
が降っている地点までの距離を計測

広い範囲の気象状況をリアルタイムに観測

気象レーダーとは、アンテナから発射した電波が、雲の粒や雨・雪に反射して戻ってくる時間や方向によって、離れたところの天気を知るための設備です。

気象レーダーには、「気象ドップラーレーダー」という、電波が反射して戻ってくるときの周波数の変化を感知して、雲が移動する様子を細かく把握できるものもあります。

1台の気象レーダーが観測できる範囲は数百㎞と広いのですが、電波は山や建物に遮られてしまうので、大半は高い山などに設置されています。日本では、合計20台の気象レーダーで全国をカバーしています。

気象レーダーの観測網

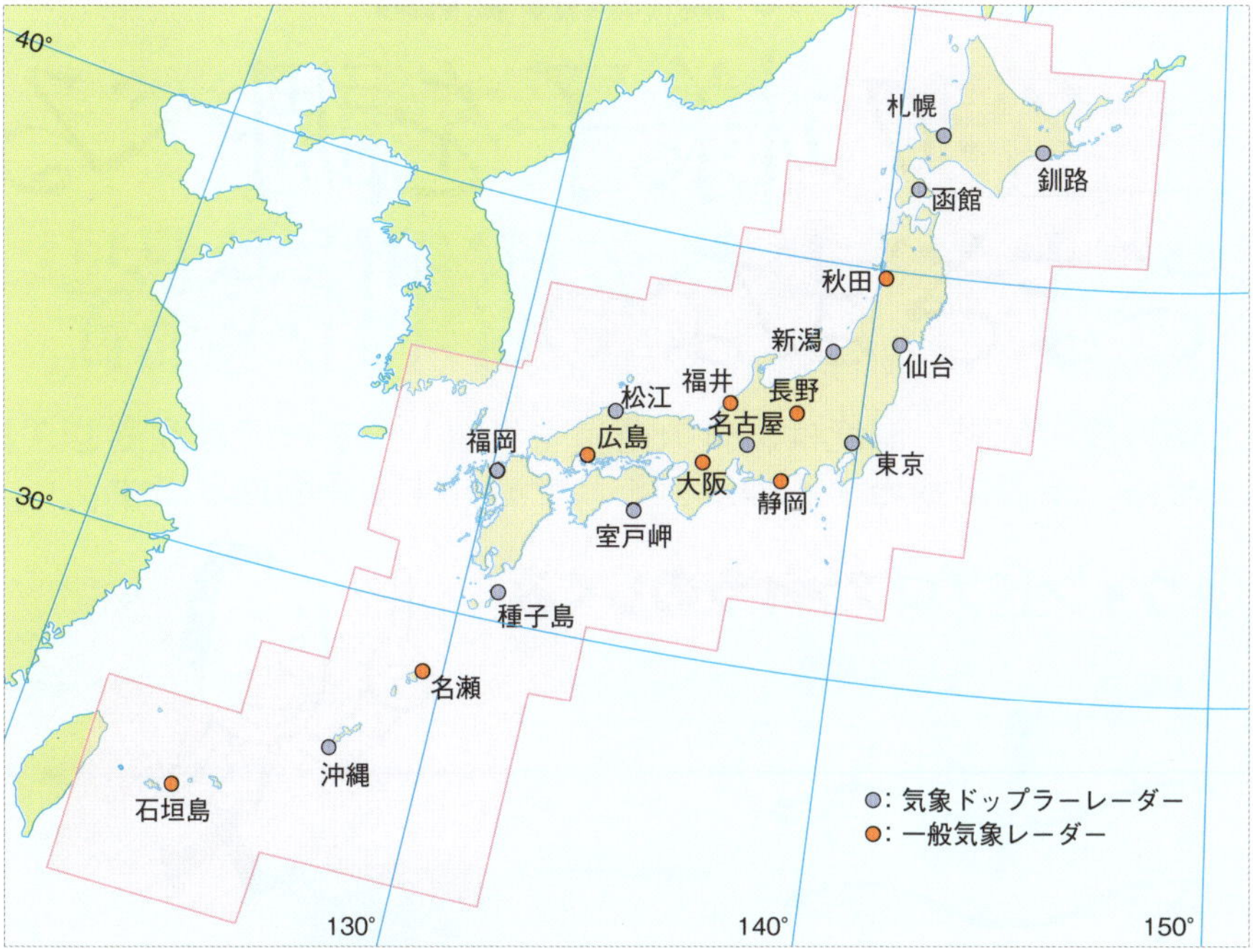

気象レーダーで雨や雪の位置、密度などがわかる。ドップラーレーダーは、ドップラー効果を応用し、風速や風向を推定できる

レーダーの観測データ発表方法

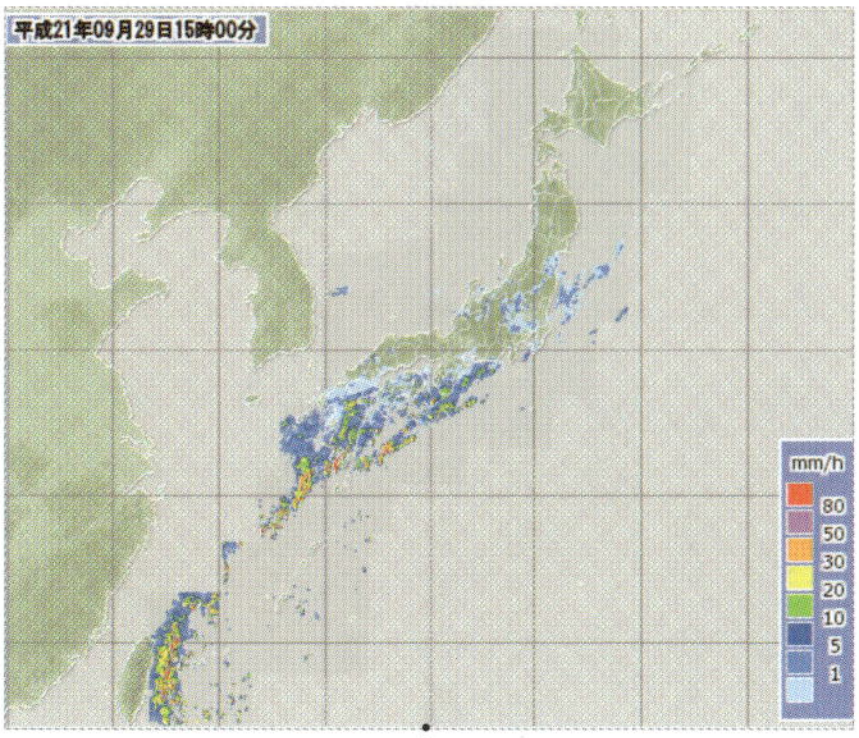

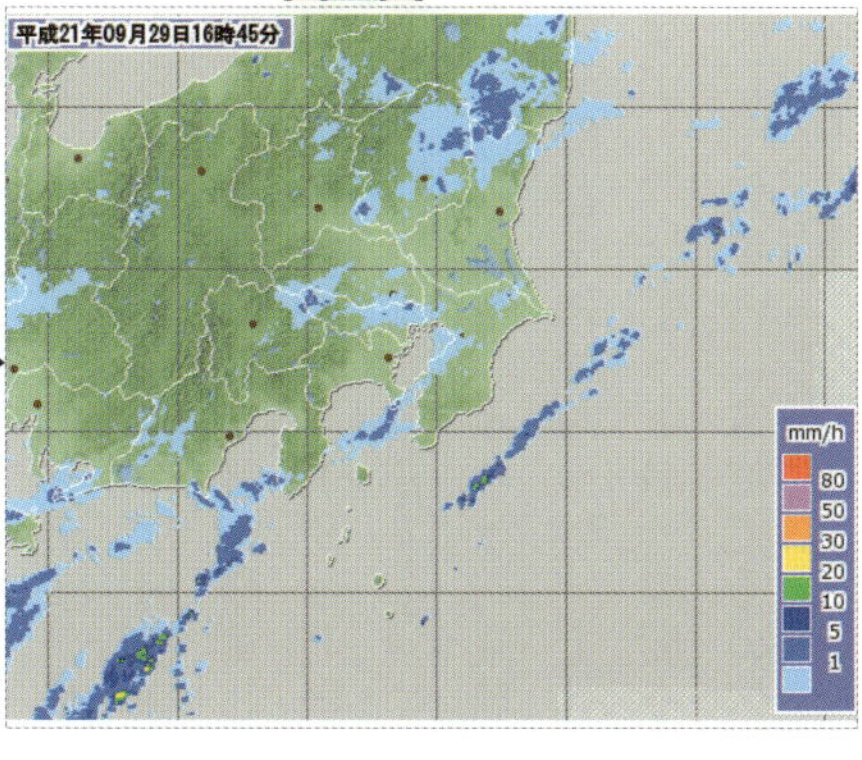

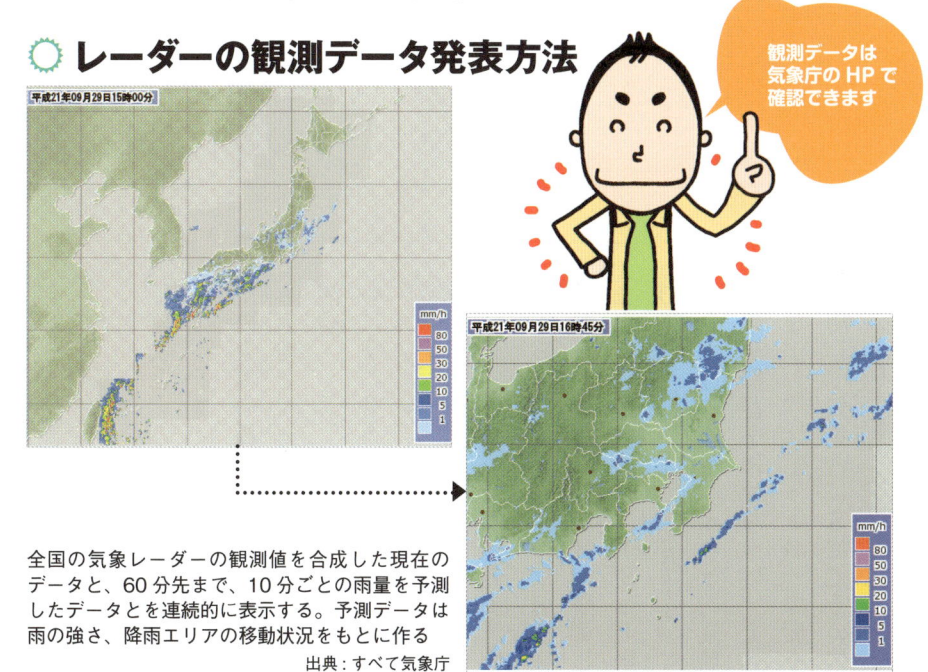

全国の気象レーダーの観測値を合成した現在のデータと、60分先まで、10分ごとの雨量を予測したデータとを連続的に表示する。予測データは雨の強さ、降雨エリアの移動状況をもとに作る

出典：すべて気象庁

高いところの観測方法

上空の様子を調べるさまざまな観測機器

上空の風・気温・湿度は、気象衛星や気象レーダーでは観測しきれません。そこで登場するのが、ここで紹介する観測機器です

ウィンドプロファイラのしくみ

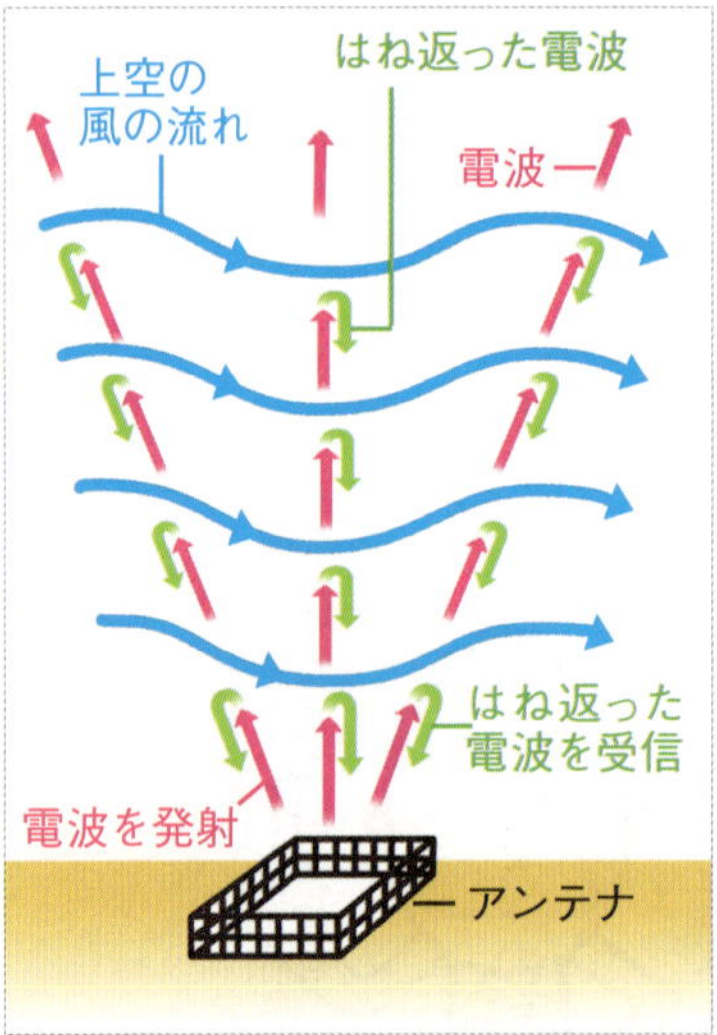

上空の
風の流れ
はね返った電波
電波
はね返った
電波を受信
電波を発射
アンテナ

上空を流れる
風の観測にも、
電波が役立って
いるんです

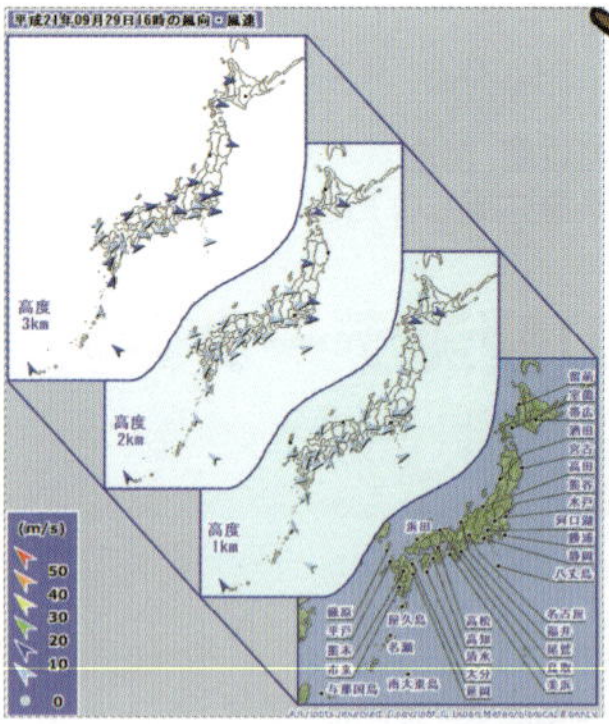

平成21年09月29日16時の風向・風速
高度
3km
高度
2km
高度
1km
(m/s)
50
40
30
20
10
0

電波を5つの方向に発射して、戻ってくる様子を分析することで、上空の大気の様子を観測する。高度300mごとに10分おきで観測している

気球や電波を使って上空のデータを集める

地表近くの天気の変化をできるだけ正確に予報するには、上空の大気の様子を観測することも大切です。これを「高層気象観測」といいますが、そのために使われる観測設備・機器が、「ウィンドプロファイラ」と「ラジオゾンデ」です。

ウィンドプロファイラは、地上から発射した電波の反射の様子から上空の風の流れを観測します。これにより3～9km上空の風向・風速を観測できます。

ラジオゾンデは、ヘリウム気球に観測機器を付けたもの。上昇しながら、気圧・気温・湿度を観測して気象台に電波でその情報を送ります。

ラジオゾンデのしくみ

気球
ラジオゾンデは
150 ～ 270g と
軽いんです
パラシュート
ラジオゾンデ

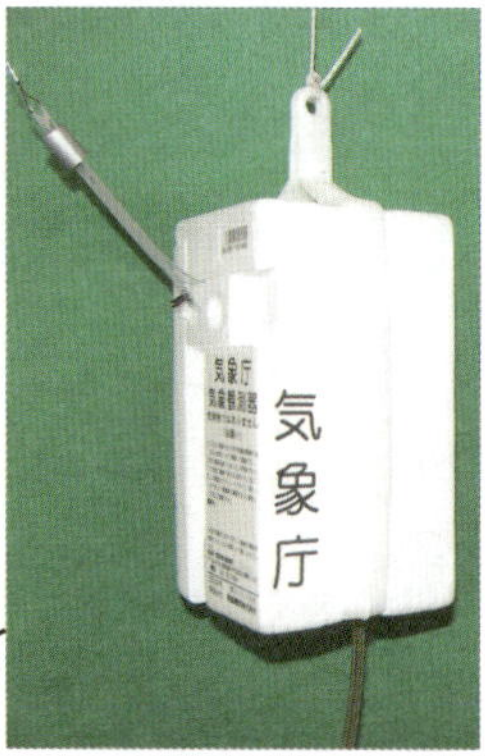
気象庁

意外と小型のラジオゾンデは、大気の状態を測定するセンサー部分と、測定値を地上に送信する発信器からできている

ラジオゾンデは多くが海に落ちるが、たまに陸地に落ちることも。パラシュートは、その際の安全対策として施されている

ラジオゾンデとウィンドプロファイラ観測網

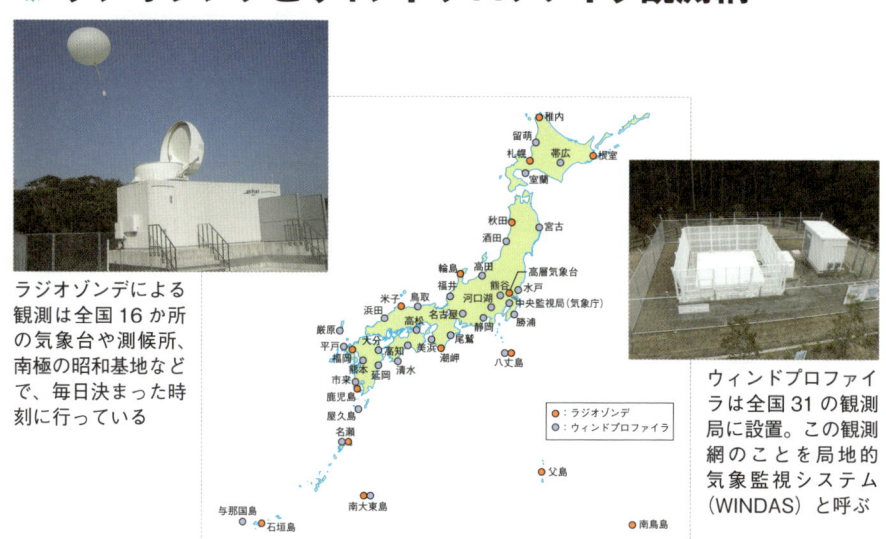

ラジオゾンデによる観測は全国 16 か所の気象台や測候所、南極の昭和基地などで、毎日決まった時刻に行っている

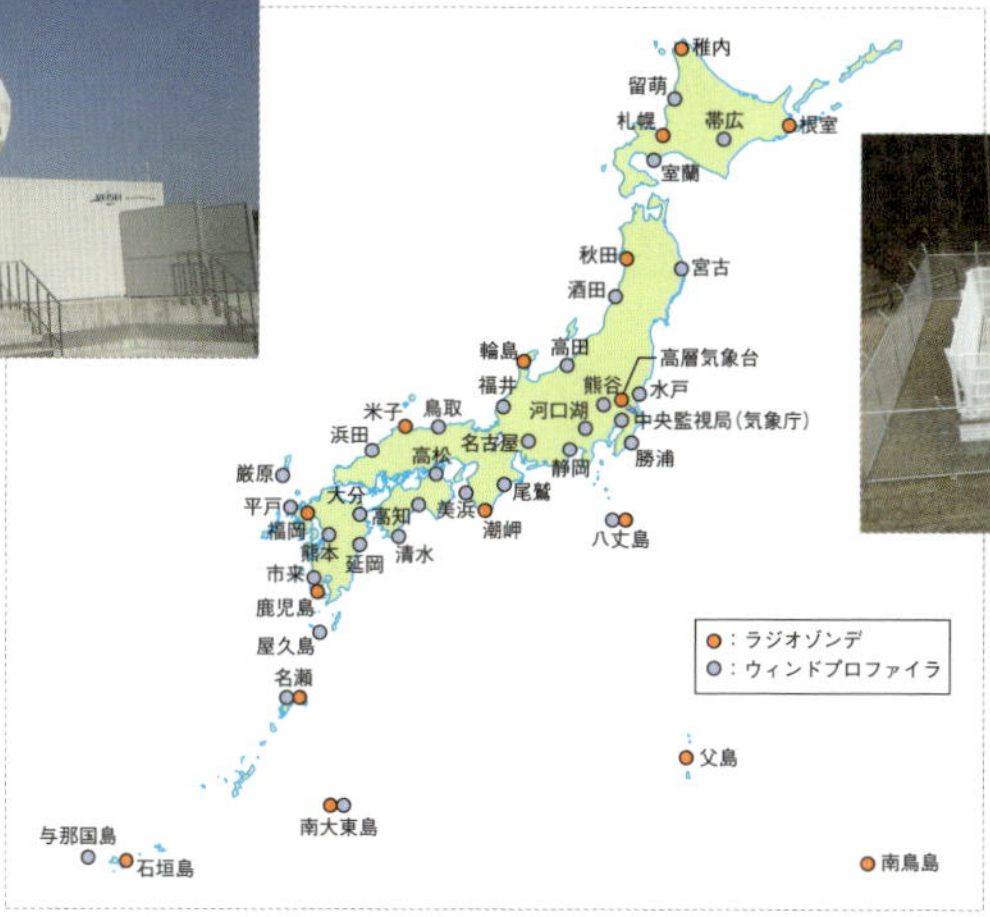
稚内
留萌
札幌
帯広
根室
室蘭
秋田
宮古
酒田
輪島
高田
高層気象台
福井
熊谷
水戸
米子
鳥取
河口湖
中央監視局（気象庁）
浜田
名古屋
勝浦
高松
静岡
厳原
尾鷲
平戸
大分
高知
美浜
潮岬
八丈島
福岡
熊本
延岡
清水
市来
鹿児島
屋久島
名瀬
父島
南大東島
与那国島
石垣島
南鳥島
：ラジオゾンデ
：ウィンドプロファイラ

赤いプロットがラジオゾンデ、青いプロットがウィンドプロファイラの観測局。高層気象観測網がしかれ、日本上空の様子をきめ細かく知ることができる

ウィンドプロファイラは全国 31 の観測局に設置。この観測網のことを局地的気象監視システム（WINDAS）と呼ぶ

提供・出典：すべて気象庁

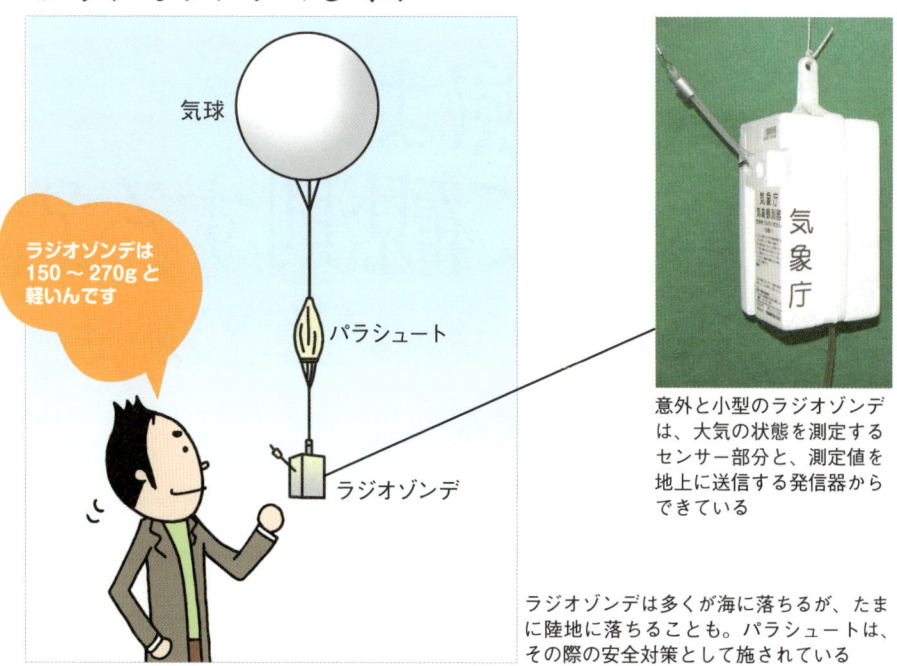

海の観測方法

海の状態はどうやって観測する？

海は熱や水蒸気を空気とやりとりして、天気に影響を与えます。
海の状態を正しく知ることは、天気予報に欠かせません

海洋気象観測船のしくみ

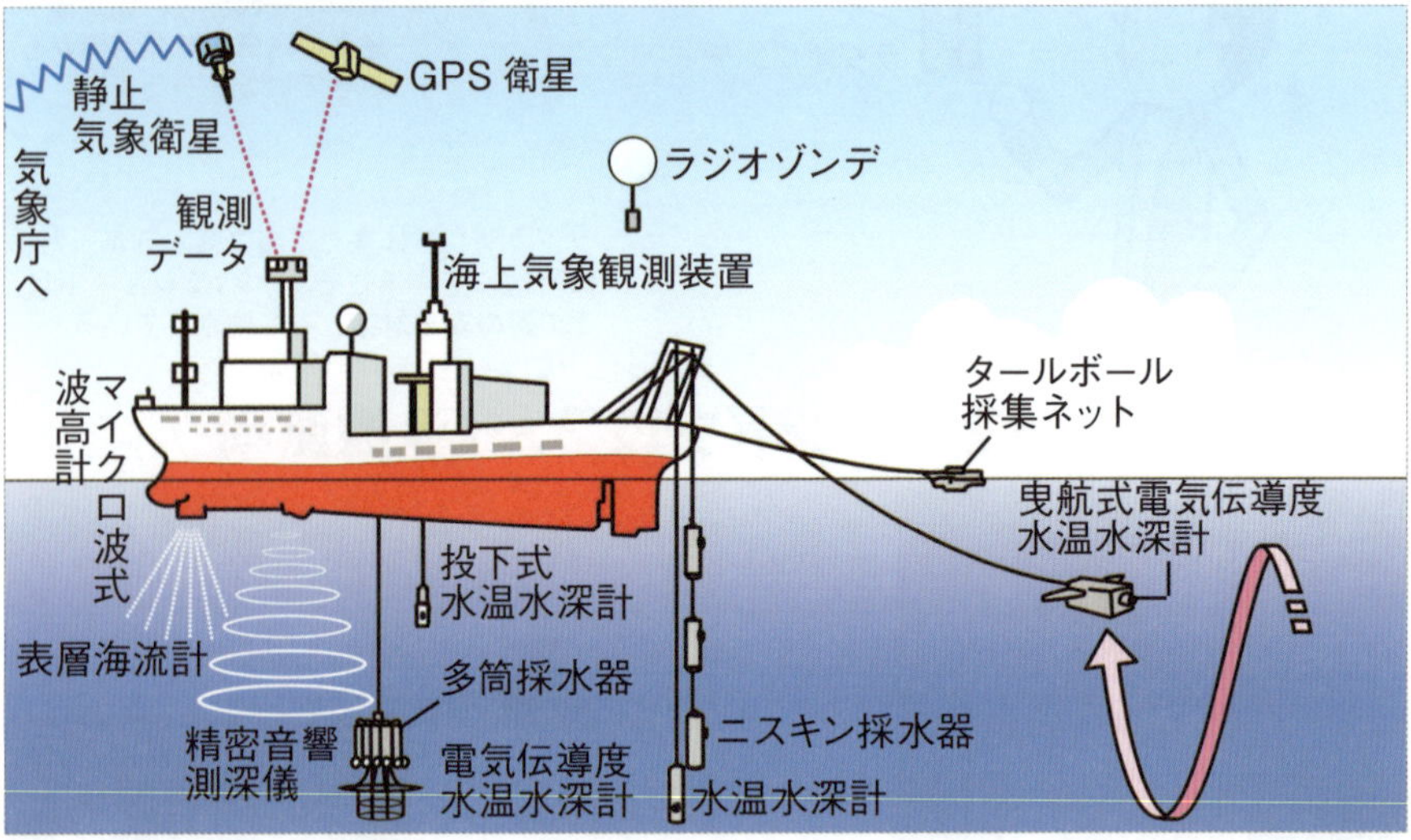

静止
気象衛星
GPS 衛星
気象庁へ
観測
データ
ラジオゾンデ
海上気象観測装置
マイクロ波式
波高計
タールボール
採集ネット
曳航式電気伝導度
水温水深計
投下式
水温水深計
表層海流計
多筒採水器
精密音響
測深儀
電気伝導度
水温水深計
ニスキン採水器
水温水深計

気象観測専用の船や人工衛星などで観測

地球の7割を占める海は、天気や気候の変化に大きく影響しています。そこで、海の様子を詳しく観測して予報や科学に役立てたいという目的で生まれたのが「海洋気象観測船」です。

海洋気象観測船は、たくさんの観測機器を積んでおり、深さ数千mまでの海水温や成分、海流の様子、海上の気温、気圧、風の様子、波の高さや台風、梅雨前線の動きなど、さまざまな観測をしています。

日本はこれまで5隻の海洋気象観測船で日本近海や遠洋を観測していましたが、2010年3月に3隻が引退し、遠洋観測中心の2隻体制となる予定です。

海洋気象観測船の種類と所属気象台

高風丸
（北海道／函館海洋気象台）

凌風丸
（東京都／気象庁）

長風丸
（長崎県／長崎海洋気象台）

啓風丸
（兵庫県／神戸海洋気象台）

清風丸
（京都府／舞鶴海洋気象台）

気象庁では日本周辺や北西太平洋において、海洋環境汚染などの観測を５隻の海洋気象観測船によって行っている。この５隻のうち、高風丸、清風丸、長風丸の３隻は2010年３月に引退予定

column　おもしろ天気コラム

04

「アルゴ計画」とは？

アルゴ計画は、全世界の海洋の状況をリアルタイムで監視・把握するための国際科学プロジェクト。地球の７割を占める海洋は地球上の気候変動に重要な役割を果たすといわれています。観測網が整備され、海洋内部の様子を知ることで、将来的な気候変動予測の精度の向上にもつながるのです。

アルゴフロートは浮力の調整機能が内蔵されています

計画の要は、水温や塩分を測定できるアルゴフロートという観測機器

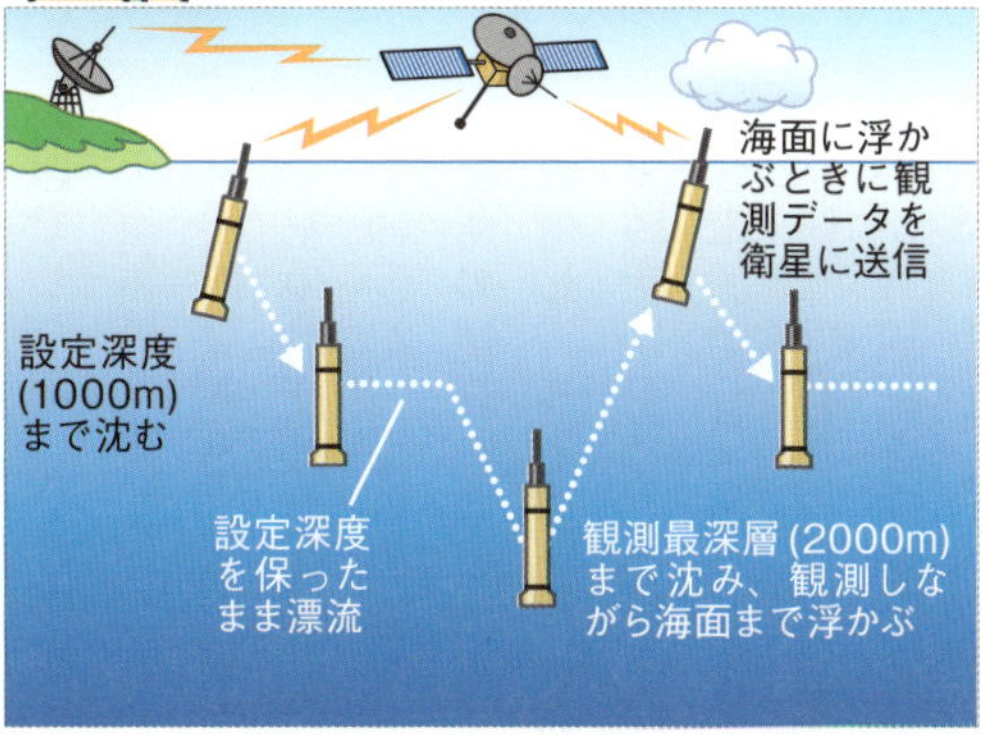
海面に浮かぶときに観測データを衛星に送信
設定深度(1000m)まで沈む
設定深度を保ったまま漂流
観測最深層(2000m)まで沈み、観測しながら海面まで浮かぶ

アルゴフロートの動作サイクル概念図。このような浮沈サイクルを約140回、3～4年にわたり繰り返す

参考・提供：すべて気象庁

天気予報の歴史

天気予報はいつ誰のために始まった？

天気が気になる仕事と聞いて何が思い浮かびますか？　天気予報は、安全を願う多くの人のために現在まで精度を高めてきました

日本で最初の天気予報

午前６時に発表された内容

全国一般風ノ向キハ定リナシ
天気ハ変リ易シ　但シ雨天勝チ

（全国的に風の向きは定まらず、天気は変わりやすいでしょう。ただし雨が降りやすいでしょう）

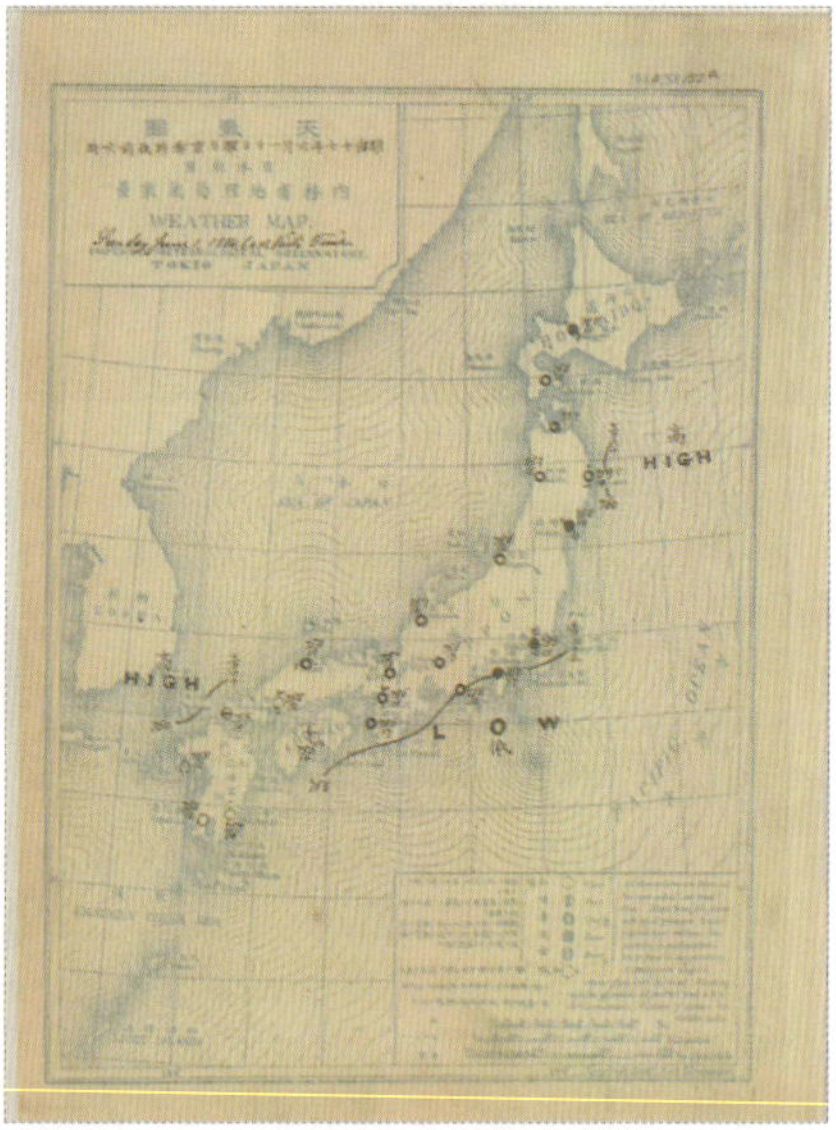

日本で一番最初の天気予報は 1884 年６月１日。当時の天気図にも、天気記号や気圧配置が示されている

農業や漁業のため古代から続く天気予報

「夕焼けなら明日は晴れ」こんな風に経験や言い伝えで行う天気予報を「観天望気」といいます。機械に頼らず農業や漁業をしていた古代、将来の天気を知ることは文字通り死活問題でしたが、その方法は大抵、観天望気に基づいていました。

　科学的な天気予報の第一歩は、17世紀の温度計の発明から。そして19世紀、電信の発明で離れた場所の情報を即座に得る方法が誕生し、ヨーロッパで初めて天気図が作られました。

　日本の天気予報の始まりは、明治時代。台風の多い日本では、災害から国民を守るために予報技術が今日まで発達しました。

天気予報の歴史年表

天気予報の歴史は
100年以上も
あるんですねぇ

西暦(年)	できごと
1872	日本初の気象観測所が北海道函館にできる(現在の函館海洋気象台)
1875	東京で毎日３回の気象観測が始まる
1884	東京気象台（現在の気象庁）で毎日３回全国の天気予報の発表を開始
1924	初めて天気図が新聞に載る
1925	ラジオによる天気予報が始まる
1941	太平洋戦争により、天気予報がすべて暗号化（～1945）
1953	テレビによる天気予報が始まる
1954	電話による天気予報が始まる
1956	東京気象台が気象庁となる
1959	気象庁に初めて電子計算機が設置され、数値予報テストを開始
1965	富士山頂気象レーダー完成
1974	地域気象観測システム（アメダス）の運用開始
1977	静止気象衛星「ひまわり」打ち上げ
1980	東京で降水確率予報が始まる(1986年から全国で開始)
1988	週間天気予報が毎日発表され始める
1994	第１回気象予報士試験を実施
2002	インターネットによる気象情報の提供開始
2007	緊急地震速報が一般に提供され始める

当時、函館気候測量所として開所。函館測候所の名称を経て、現在に至る

標高3776mでの工事は困難を極めた。現在は運用を停止、移築されている

日本初の本格的実用衛星。打ち上げはアメリカ・フロリダ州で行われた

天気予報はどう役立っている？

天気予報は
みなさんの仕事
にも役立ちます

スーパー・コンビニ

暑くなるみたいだなー

天候によって売れ筋商品が変わる。仕入れ担当は常にチェック

建築

工事中

気温の上昇はもちろん、雨による事故の危険性などにも注意を払う

農業

農家は天候との戦い。天気予報をもとに、先手先手で策を講じる

だから天気はおもしろい!!
イラスト・題字：天達武史

これは当たる！ピックアップ観天望気

自然や生物の様子から天気を予測することを「観天望気（かんてんぼうき）」といいます。観天望気は、上空の様子を伝えてくれる先人の知恵なのです

晴れ 晴れるかどうかは前日の夕方わかる

旅行やイベントの予定があるときは絶対に晴れて欲しいですよね。晴れるかどうかを知りたいときは、前日の夕方に西の空を観察してみましょう。

日本の上空で吹いている偏西風は、雨雲を南西から北東へと移動させます。そのため、西の空に夕焼けが見えたときは、翌日に雨雲が通ることが少ないのです。

夕焼けの翌日は晴れ
天気は西から東へと変わるため、このことわざが生まれた
写真：濱田陽守

風の強さ 夜空を見て風の強さを予測しよう

夜空の星がキラキラ揺れて見えたことはありますか？ 美しい風景ですが、翌日は強風にご注意を！ 星が動いて見えるのは、上空の風が強い証拠。翌日はその風が地上へ降りてくるので、強風になることが多いのです。

星がキラキラ動くと風が強い
星の光と観測者の間に強い風が通り、星の光を屈折させる
ⓒ istock photo/knickohr

雨 雨が降るかどうかは雲をチェック

天気は大体、上空から変わっていくので、雲に関する観天望気もよく当たります。例えば、飛行機雲が太るのは、空が湿っているから。つまり、雨が近いことがわかります。また、「富士山が笠をかぶれば雨」というのは、太平洋側から低気圧の湿った空気が吹き付けている証拠。笠雲が低気圧の接近を教えてくれます。

飛行機雲が太ると雨が近い
上空が湿っていることを示す
写真：大沼英樹

富士山が笠をかぶれば雨 写真提供：富士市
笠雲などの雲ができるもととなる湿った空気は、低気圧によって運ばれることが多い

第3章

季節を知れば天気予報がもっとよくわかる

四季折々の変化に富んでいる日本は、季節によって天気も気候も変化していきます。ここでは、四季ごとに天気がどう変わっていくのかを解説します

写真（春・秋・冬）：大沼英樹

二十四節気・雑節①

春～夏の天気の特徴と季節を示す二十四節気

二十四節気とは、中国で生まれた季節の移ろいを示す言葉。
雑節は二十四節気を補うために、日本で作られた言葉です

春の二十四節気と天気のめやす

3月

5日頃	**啓蟄**（けいちつ） 冬眠をしていた虫が外に出てくる
14日	東北より南で南高北低型となり暖かくなる
17日頃	**春彼岸**（はるひがん） 春分の日と前後7日間。寒さが和らぐ
20日頃	**春分**（しゅんぶん） 昼夜の長さがほぼ同じ。 この日を境に昼が長くなり始める 関東より西で寒の戻りが起こりやすい
30日	関東より西で菜種梅雨となりやすい
31日	東北より南で南高北低型となり暖かくなる

4月

5日頃	**清明**（せいめい） すがすがしく明るい空気 移動性高気圧が通りやすく、晴れやすい
8日	関東より西で花冷えとなりやすい
20日頃	**穀雨**（こくう） 穀物の芽を出させる雨が降る頃

春はツバメの初見やウグイスの初鳴、サクラの開花などの季節現象があります

5月

2日頃	**八十八夜**（はちじゅうはちや） 立春から88日目。 種まきや農事のめやすとなる日
5日頃	**立夏**（りっか） 暦の上で夏が始まる日
13日	移動性高気圧が通りやすく、晴れやすい
21日頃	**小満**（しょうまん） 草木が茂って満ち始める

写真：大沼英樹

赤＝二十四節気、青＝雑節、オレンジ＝特異日

夏の二十四節気と天気のめやす

アブラゼミの初鳴は本格的な夏を告げ、ススキの開花は夏の終わりを知らせます

6月

- 5日頃 **芒種**（ぼうしゅ）
  穂のある穀物の種をまく時季。
  西日本から梅雨入りし始める
- 11日頃 **入梅**（にゅうばい）
  梅雨に入る時期
- 21日頃 **夏至**（げし）
  もっとも昼が長く、夜が短い日
- 28日 全国的に梅雨で雨が降りやすい

7月

- 2日頃 **半夏生**（はんげしょう）
  田植えを終えるめやす
- 7日頃 **小暑**（しょうしょ）
  夏の暑さを感じ始める
- 10日 梅雨末期の大雨が多い（沖縄以外）
- 19日頃 **夏土用**（なつどよう）
  夏の盛り。雷雨の発生が多い
- 23日頃 **大暑**（たいしょ）
  1年でもっとも暑い日

8月

- 8日頃 **立秋**（りっしゅう）
  暦の上で秋の始まる日。
  この日以後の暑さを「残暑」という
- 10日 太平洋側は盛夏型で晴れやすい
- 23日頃 **処暑**（しょしょ）
  暑さが止む頃。台風来襲の特異日
- 25日 太平洋高気圧が後退し、
  東・北日本で涼しくなりやすい

虫の活動が始まる春 農家が忙しくなる夏

中国発祥の二十四節気と日本で生まれた雑節は、気候や自然に密着した言葉として、農作業などのめやすとされてきました。現在は特定の現象が現れやすいとされる「特異日」や、動植物の活動を示す「生物季節」などの統計も加わり、より正確な季節の特徴がわかるようになりました。二十四節気では春は虫が外に出てくる時季の啓蟄、夏は種まきの時季といわれる芒種から始まります。

生物季節の場合、春はウグイスの初鳴《しょめい》、夏はホタルの初見《しょけん》によって季節の到来が告げられます。梅雨にアジサイが開花するのも、この時季の特徴です。

二十四節気・雑節②

秋～冬の天気の特徴と季節を示す二十四節気

秋は草についた露が白く見える白露から始まります。氷が解けて水になる頃は雨水と呼ばれ、冬の終わりもすぐそこです

秋の二十四節気と天気のめやす

9月

1日頃	**二百十日**（にひゃくとおか） 立春から210日目。台風襲来の時期で、農業の厄日とされてきた
7日頃	**白露**（はくろ） 秋も深まり、夜から朝にかけて冷え込む
15日	秋雨前線による雨が多い（北海道以外）
20日頃	**秋彼岸**（あきひがん） 秋分の日を含む前後7日間。 寒さが増してくる
23日頃	**秋分**（しゅうぶん） 昼夜の長さがほぼ同じで、 夜長の時期へと移っていく

10月

8日頃	**寒露**（かんろ） 秋分の15日後。秋の実りの収穫時期
13日	秋雨前線や台風による雨が多い （北海道以外）
16日	東北より南では高気圧に覆われて 晴れやすい
23日頃	**霜降**（そうこう） 霜が降り、稲の刈り入れが終わる時期 全国的に高気圧に覆われて晴れやすい

11月

3日	全国的に高気圧に覆われ晴れやすい
7日頃	**立冬**（りっとう） 暦の上ではこの日から立春の前日までが冬
8日	東北より南では小春日和となりやすい
17日	秋雨前線や低気圧による雨が多い （北海道以外）
22日頃	**小雪**（しょうせつ） 立冬の15日後。 北国では初雪の舞い始める頃

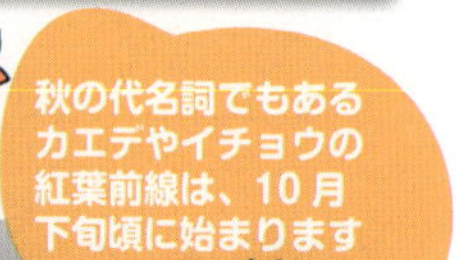
秋の代名詞でもある
カエデやイチョウの
紅葉前線は、10月
下旬頃に始まります

赤＝二十四節気、青＝雑節、オレンジ＝特異日

冬の二十四節気と天気のめやす

12月

6日	冬型で太平洋側では晴天率が高い
7日頃	**大雪**（たいせつ） 立冬の30日後。冬の到来を感じ始める
22日頃	**冬至**（とうじ） 太陽がもっとも低くなり、夜が一番長い日
26日	全国的に年末寒波が訪れやすい

ウメや沖縄で咲く
ヒカンザクラは、
1月下旬頃から
咲き始めます

1月

3日	冬型により太平洋側では晴天率が高い
5日頃	**小寒**（しょうかん） **寒の入り**（かんのいり） 冬至の15日後。 寒さが厳しくなり、北国では雪が続く頃
6日	冬型により太平洋側では晴天率が高い
19日	冬型により太平洋側では晴天率が高い
20日頃	**大寒**（だいかん） 1年でもっとも寒い時期。 ウメの便りも聞かれる頃

2月

3日頃	**節分**（せつぶん） **寒明け**（かんあけ） 立春の前日、寒の明ける日
4日頃	**立春**（りっしゅん） 暦の上で、この日から立夏の前日までが春。 日脚がのびて来る頃
19日頃	**雨水**（うすい） 雪が雨になり、氷が解けて水になる頃

露が凍っていく秋と春の知らせが交じる冬

9～11月の二十四節気を見ると、雨や露が凍って雪や霜になっていく様子がわかりますね。生物季節で見ると、9月には東京や福岡などでススキが開花し、10月中旬から北海道でヤマモミジの紅葉を見ることができます。この紅葉は緑色の葉の大部分が赤や黄色になった日を紅（黄）葉日とし、約1か月かけて日本列島を南下していきます。

冬は1月の大寒の時季がもっとも寒い反面、沖縄ではこの頃にヒカンザクラが開花し、2月になるとウメの開花などで冬と春が入り交じります。立春は二十四節気の始まりで、暦の上ではこの日から春が始まります。

春の天気の特徴

なぜ春の天気は変わりやすい？

西から東へと流れる「移動性高気圧」の影響です。高気圧と低気圧が交互にやってくるため、3～4日で天気が変わるのです

春の遠足かぁ。懐かしいな
わいわい
わいわい
乗り換えでいなくなっちゃった
シーン
と思ったら違う子がまた来たっ
まるで春の移動性高気圧みたい！
わいわいわいわい

春の移動性高気圧の衛星画像

2009年3月12日

天気図では高気圧の位置に注目しましょう

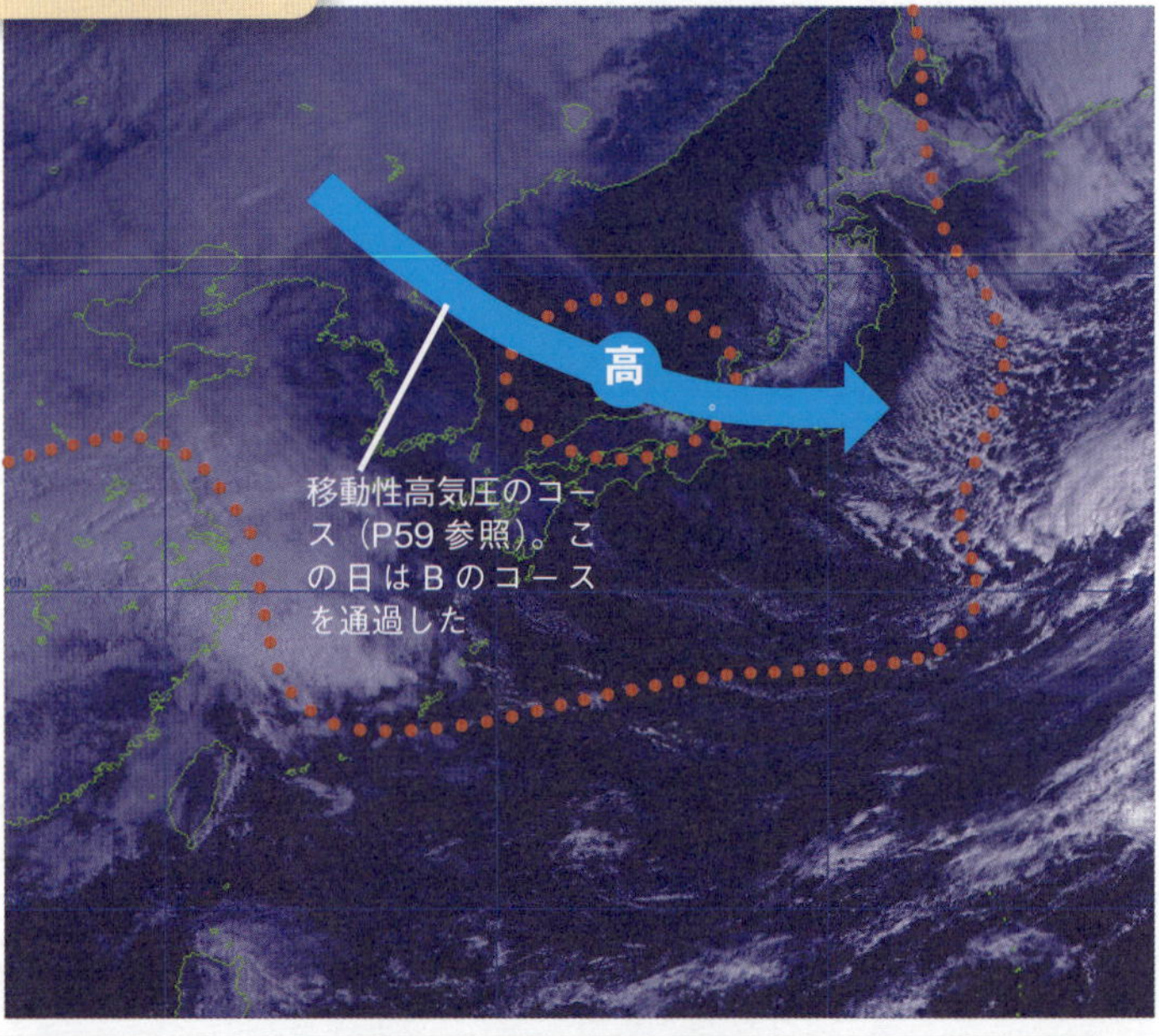
高
移動性高気圧のコース（P59参照）。この日はBのコースを通過した

⇧＝風（温度高）／⇧＝風（温度低）／⬆⬆＝空気や高気圧・低気圧の移動／…＝等圧線

column おもしろ季節コラム

01 どうして春は眠くなりやすい？

春は眠くなりやすい季節ですね。日が長くなる春は睡眠時間が不足しやすく、活発になる新陳代謝によってビタミンB_1も不足しがちです。また、最低気温が約6〜15℃の頃は眠気を感じやすく、東日本、北日本の太平洋側は3月末〜5月中旬頃がこの気温です。環境の変化や連休に遊び疲れることも、眠くなる原因かもしれませんね。

春の移動性高気圧の天気図

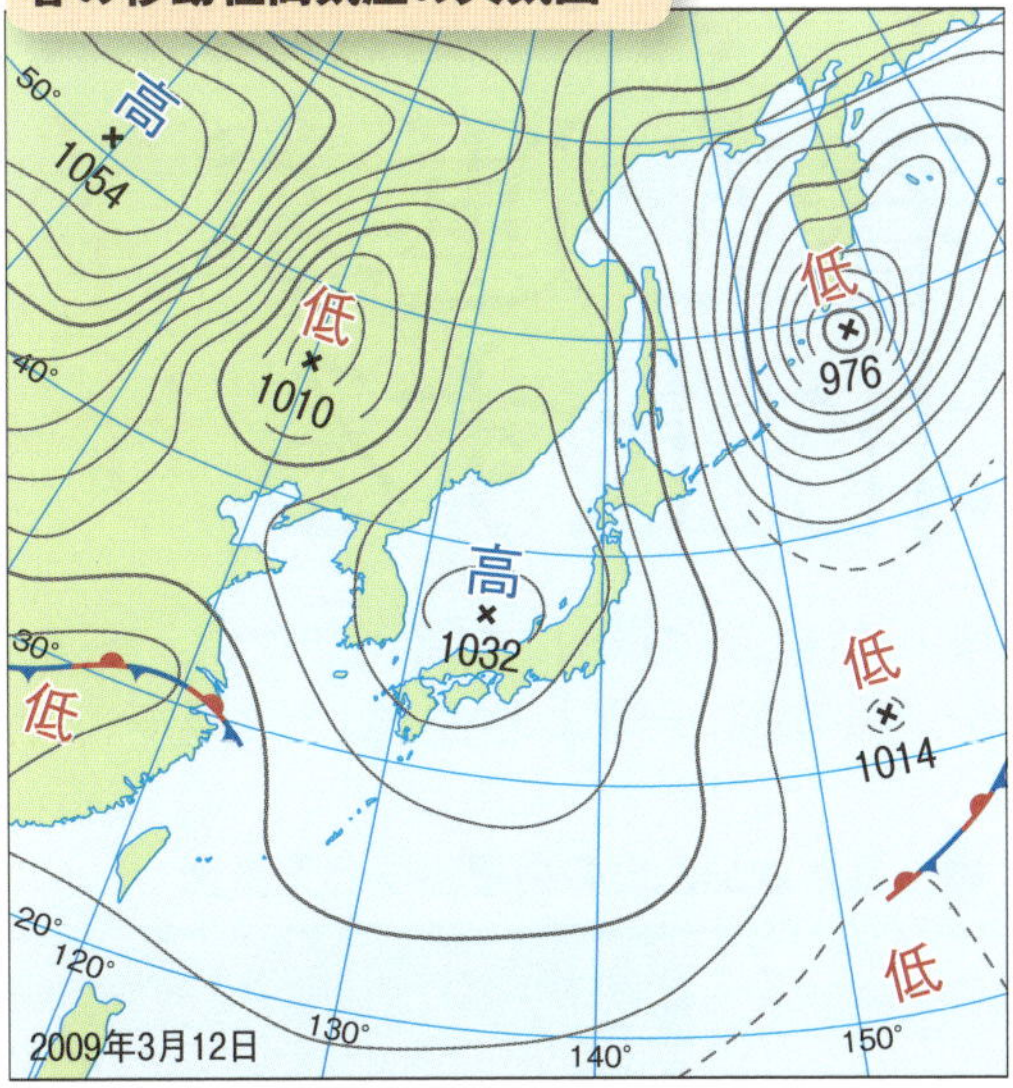

移動性高気圧に覆われた日。北日本の日本海側を除くほとんどで晴れたが、数日後は低気圧によって天気が荒れた

移動性高気圧のコースと天気の変化

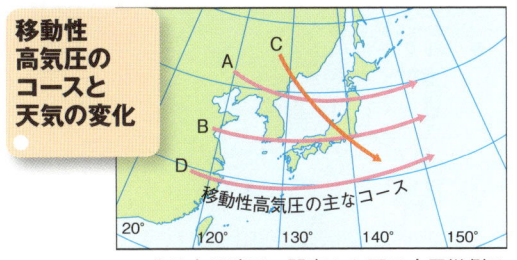

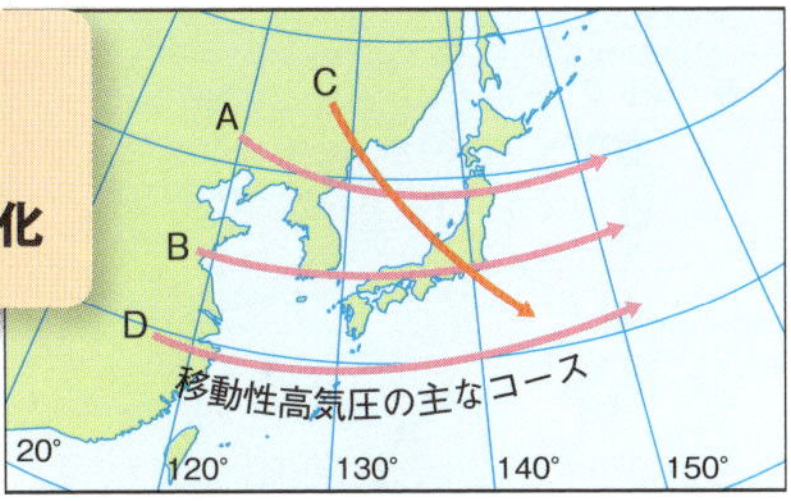

A 北日本は晴天、関東から西の太平洋側はくもりや雨 B 全国的に晴天 C 全国的に晴天、気温は上がらない D 関東から西では晴天

高 洗濯のタイミングはの位置でチェック

春は晴れて暖かいイメージとともに、天気が変わりやすいという印象もありますよね。これは交互にやってくる移動性高気圧と低気圧が関係しています。

冬のシベリア気団の力が弱まると、中国の揚子江辺りにある、暖かく乾燥した気団の勢力が活発になります。揚子江気団の一部は西から東へと動く移動性高気圧となり、この高気圧に覆われている間は乾燥して暖かい晴天が続きます。

しかし、この高気圧が去ると低気圧が通り、天気が崩れやすくなります。このように高気圧と低気圧が移動を繰り返すため、春の天気は変わりやすいのです。

春一番・桜前線

春を運ぶ「春一番」と北上する「サクラ前線」

春一番はその年に初めて吹く、春を告げる南よりの強風です。春一番が吹く頃より先に、沖縄ではサクラが開花し始めます

春一番が吹いた日の衛星画像と天気図

2009年2月13日

この低気圧に吹き込む南風が「春一番」です

シベリア気団が弱まるとこのような日本海低気圧が発達し、北東へ進む
低

全国的に暖かく強い南よりの風が吹き込んだ日。気温もぐんと上がり、九州や四国などでは天気が荒れ、大雨や暴風

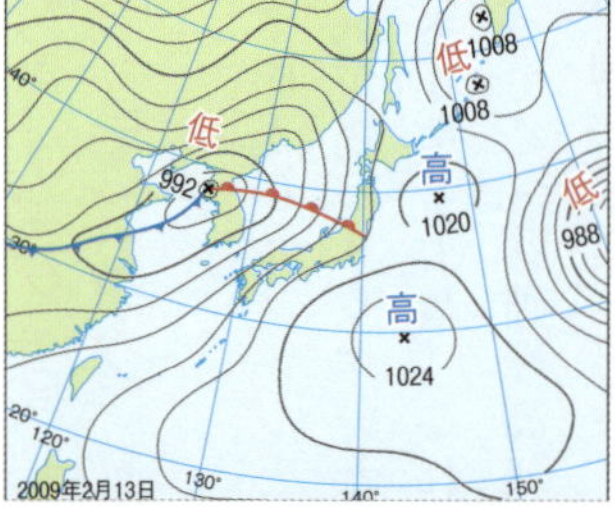
高
低
低
1008
低
1008
992
高
1020
低
988
高
1024
50°
40°
30°
20°
120°
130°
140°
150°
2009年2月13日

春一番が吹いた次の日は冬型の気圧配置に戻って寒さがぶり返す「寒の戻り」になることが多いんです

⇧＝風（温度高）／⇧＝風（温度低）／⬆⬆＝空気や高気圧・低気圧の移動／…＝等圧線

column おもしろ季節コラム

02

春一番のほかに春二番や三番もある

春一番のほかに、「春二番」「春三番」があることをみなさんはご存知ですか？　春二番は春一番以降、おおよそ花が咲き始める頃に吹き、「花起こし」と呼ばれることもあります。春三番は「花散らし」とも呼ばれ、花が散る頃に吹きます。気象庁から発表されることはないものの、春の強い南風は二番、三番と数えられているんですね。

一番
二番
三番

サクラは1月初めに沖縄から咲き始め、5月の連休辺りに北海道へ到着します

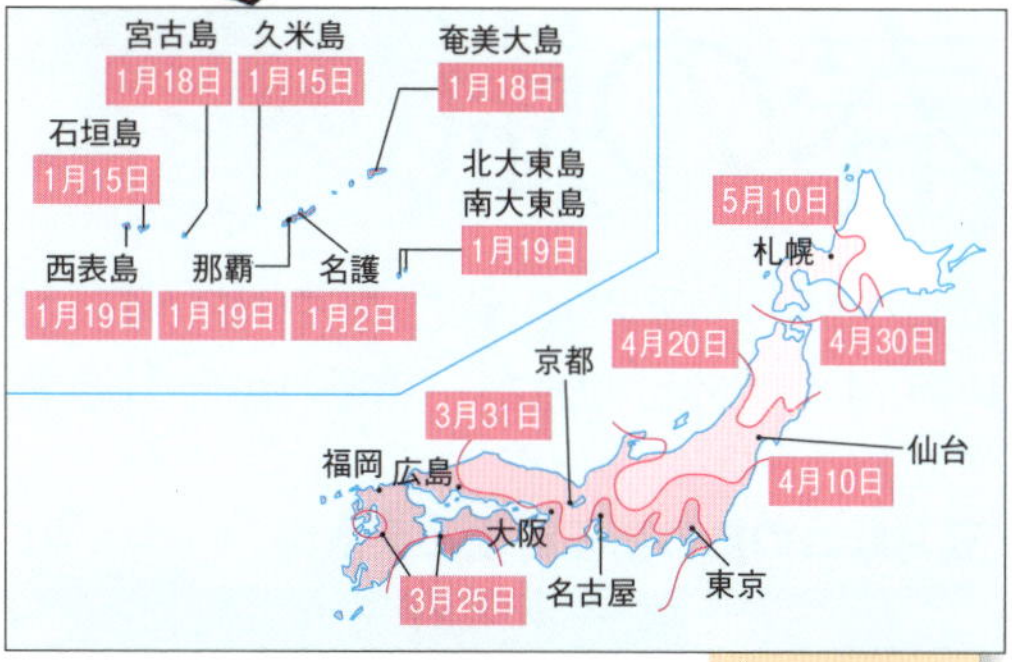

宮古島 1月18日
久米島 1月15日
奄美大島 1月18日
石垣島 1月15日
北大東島
南大東島 1月19日
西表島 1月19日
那覇 1月19日
名護 1月2日
5月10日
札幌
4月30日
京都
4月20日
3月31日
仙台
4月10日
福岡
広島
大阪
3月25日
名古屋
東京

サクラの開花前線

データは1971～2000年の平年値。前線は南から徐々に北上していく

黄砂が飛んでくるしくみ

ロシア
砂を上空に巻き上げる
上空の風にのって運ばれる
低気圧
モンゴル
タクラマカン砂漠
ゴビ砂漠
日本
中国

黄砂の正体は、中国北西部の黄土地帯の細かい砂。春の低気圧による強風や上昇気流で巻き上げられ、偏西風にのって日本に降下する

春の訪れを告げる代表的な気象現象

春を告げる風ともいわれている春一番は、観測期間が立春（2月4日頃）から春分（3月20日頃）までと限定されています。地域によってもその条件は異なり、例えば関東では「風速8m以上で、気温が前日より上昇する」などの条件があります。

この時期に気を付けたいのが黄砂。春一番やそれ以後に吹く南風などにのり、3月頃から運ばれてきます。天気のいい日でも、洗濯物など注意が必要です。

また、春といえばお花見が楽しみな季節ですよね。サクラの開花日は、各気象台で標準木に指定されたサクラが、5～6輪以上開いたときとされています。

五月晴れ・メイストーム

新緑もえる「五月晴れ」と春の嵐「メイストーム」

ぽかぽかと暖かく過ごしやすい五月晴れの季節。しかし、猛烈に発達した低気圧が、春の嵐を引き起こすこともあります

五月晴れの日の衛星画像と天気図 2006年5月21日

東西に長ーい
高気圧が日本を
覆っていますね

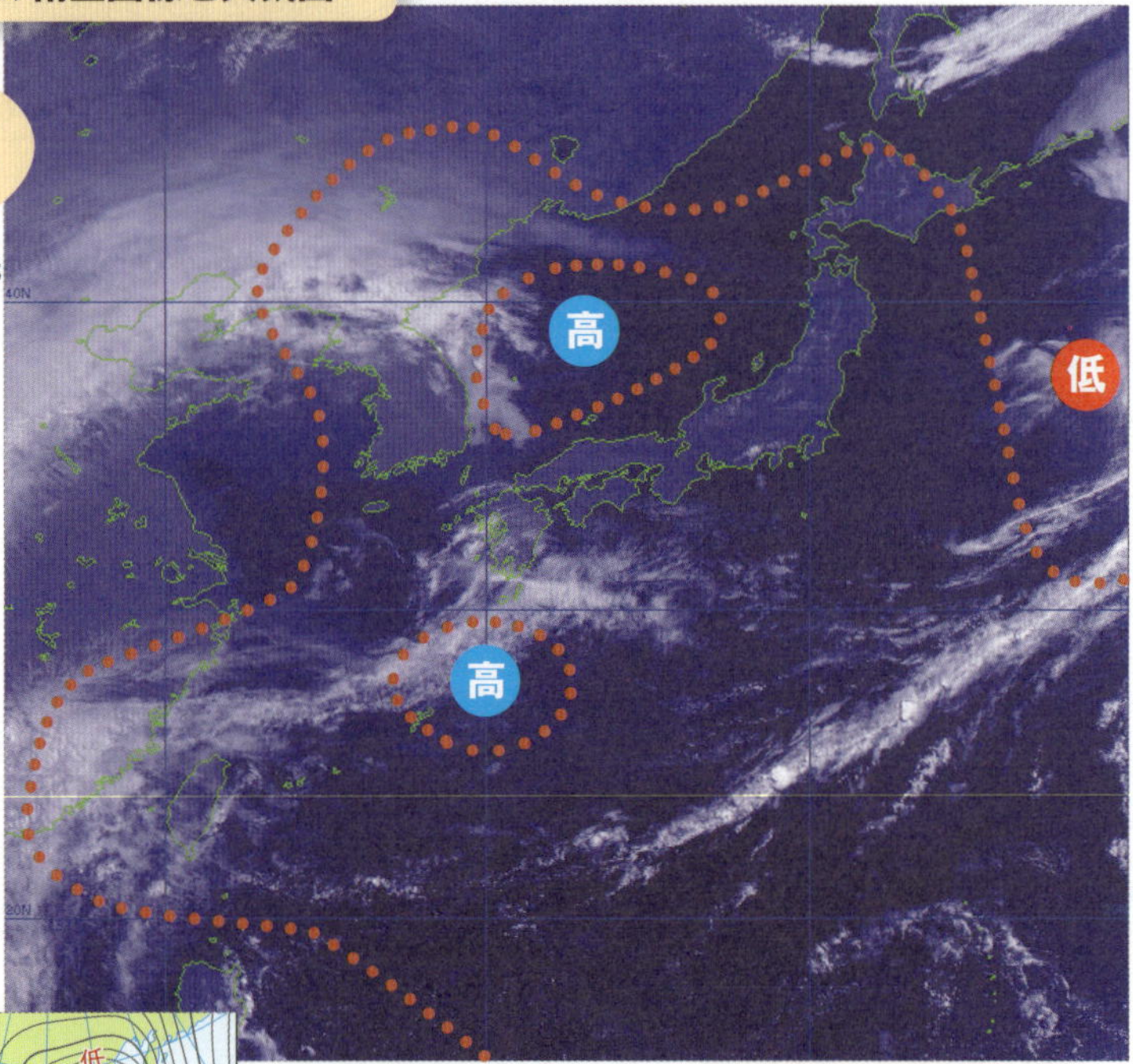
40N
高
低
高
20N

5月頃の移動性高気圧は東西に長く、「帯状高気圧」と呼ばれる。帯状高気圧に覆われると、晴れて過ごしやすい天気が数日続く

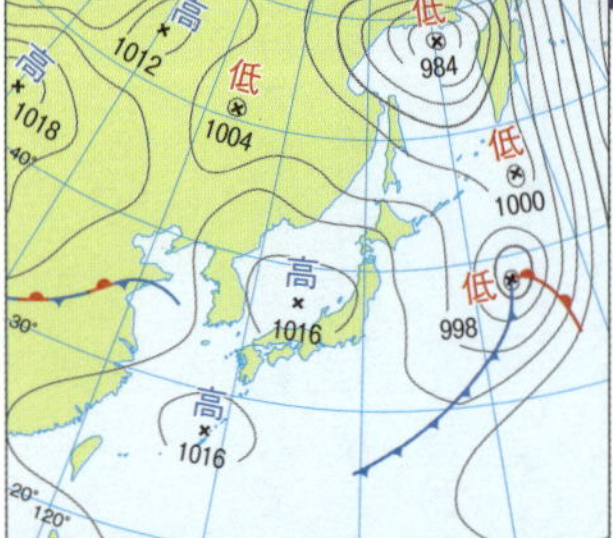
高
1012
高
1018
低
1004
低
984
低
1000
高
1016
低
998
高
1016
2006年5月21日

五月晴れは梅雨の晴れ間
を意味する言葉でしたが、
新暦では5月の快適な
晴天を指します

⇧＝風（温度高）／⇧＝風（温度低）／⬆⬆＝空気や高気圧・低気圧の移動／…＝等圧線

column おもしろ季節コラム

03 ひょうの被害は5月に多い

暖かいイメージの5月ですが、意外に多いのがひょうの被害。ひょうは発達した積乱雲の中で発生しますが、7～8月に比べ、5～6月は上空の気温が低めです。そのため、7～8月には解けて夕立となるひょうも、5～6月ではそのまま降ってきてしまうのです。この時期に雷注意報が出たら、ひょうの被害にも注意しましょう。

5~6月
7~8月
冷たい!
暖かい

メイストームの日の衛星写真と天気図

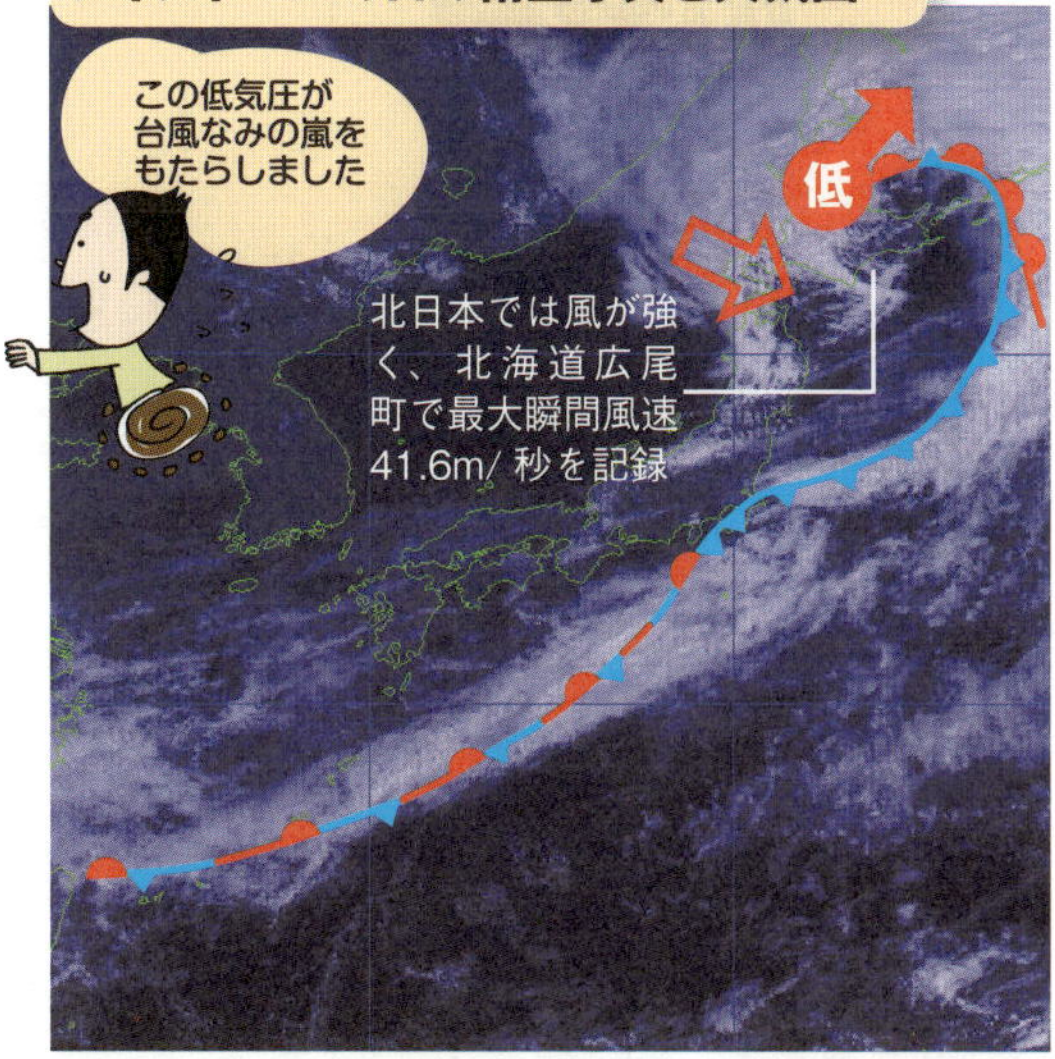
この低気圧が台風なみの嵐をもたらしました
低
北日本では風が強く、北海道広尾町で最大瞬間風速41.6m/秒を記録

2005年5月19日

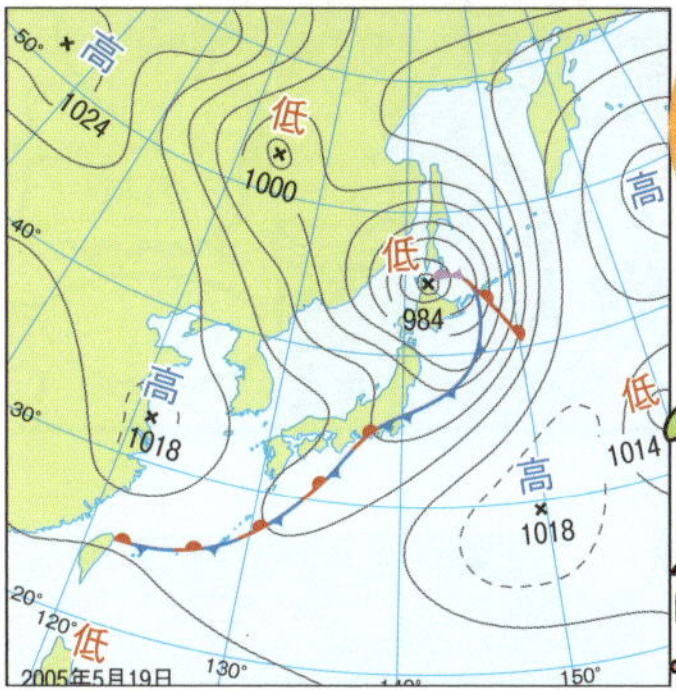
高
1024
低
1000
低
984
高
1018
低
1014
高
1018
高
低
2005年5月19日

メイストームは山や海での遭難の原因になる、怖い春の嵐なんです！

この日メイストームをもたらした低気圧は、中心気圧が24時間前と比べて14hPa下がるほど、急速に発達した

穏やかな日が多い春も ときに嵐がやってくる

5月は1年でもっとも過ごしやすく感じる人も多いのではないでしょうか。5月頃に日本を覆う移動性高気圧は東西に長く、「帯状高気圧」といわれています。帯状高気圧は連続して通過することが多く、この高気圧のお陰でよい天気が長く続きます。

しかし、ときおり日本海側を進む低気圧が急激に発達し、天気が荒れることがあります。急速に中心の気圧が下がる「爆弾低気圧」や、低気圧が日本の南北に2つできて東へ進む「2つ玉低気圧」が、冬から春に発生しやすいことが原因です。晩春から初夏にかけて起こるこの嵐を、「メイストーム」といいます。

梅雨の特徴

「梅雨前線」はどうやってできるの？

梅雨前線は、ジェット気流が分断されて生まれた「オホーツク海高気圧」と、夏の「太平洋高気圧」がぶつかり合ってできます

君が悪い！
あなたが悪い！
どうしたんですか？
オホーツク海高気圧
ジェット気流
太平洋高気圧
1か月後
けんかが解決しそう…
なんで連絡しなかったんですか？
うっ
それは…
でしょー
オホーツク海高気圧
40日後
仲直り
ちゃんと謝りましょう！
次からは気を付けるよ
気を付けてね
オホーツク海高気圧

梅雨の衛星画像

2007年7月7日

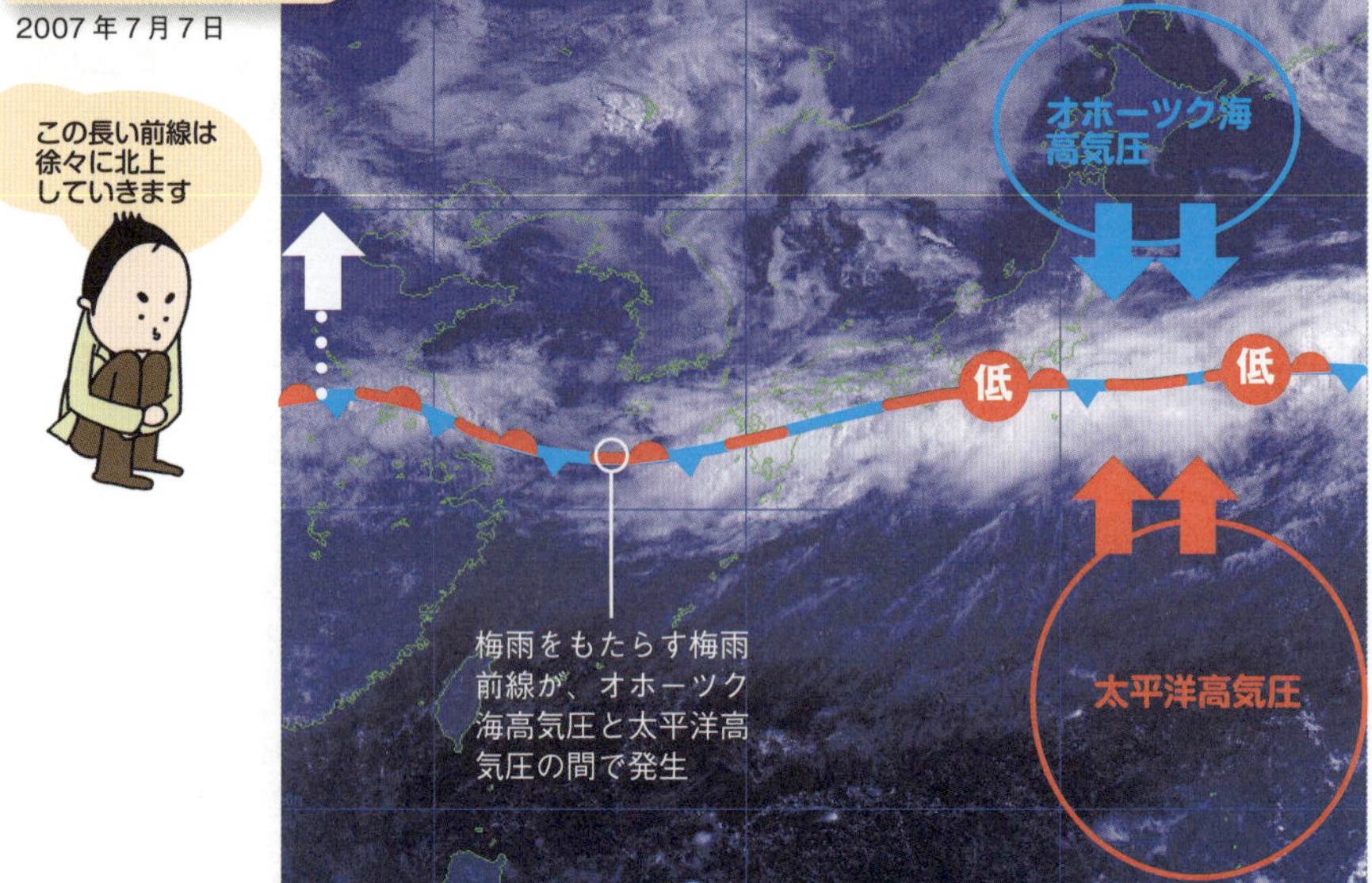

この長い前線は徐々に北上していきます
オホーツク海高気圧
低
低
太平洋高気圧
梅雨をもたらす梅雨前線が、オホーツク海高気圧と太平洋高気圧の間で発生

⇧＝風（温度高）／⇧＝風（温度低）／⬆⬆＝空気や高気圧・低気圧の移動／…＝等圧線

column　おもしろ季節コラム

04 梅雨の雨は東西で降り方が違う？

約40日間続く梅雨の雨、実は降り方が東西で異なります。西日本は南から非常に湿った空気が入るため、ザーザーと強い雨が降ります。対する関東などの東日本は、オホーツク海から冷たく湿った空気が入るため、前半はシトシトと降り、後半になって西日本と同じような強い雨が降りやすくなります。

梅雨の天気図

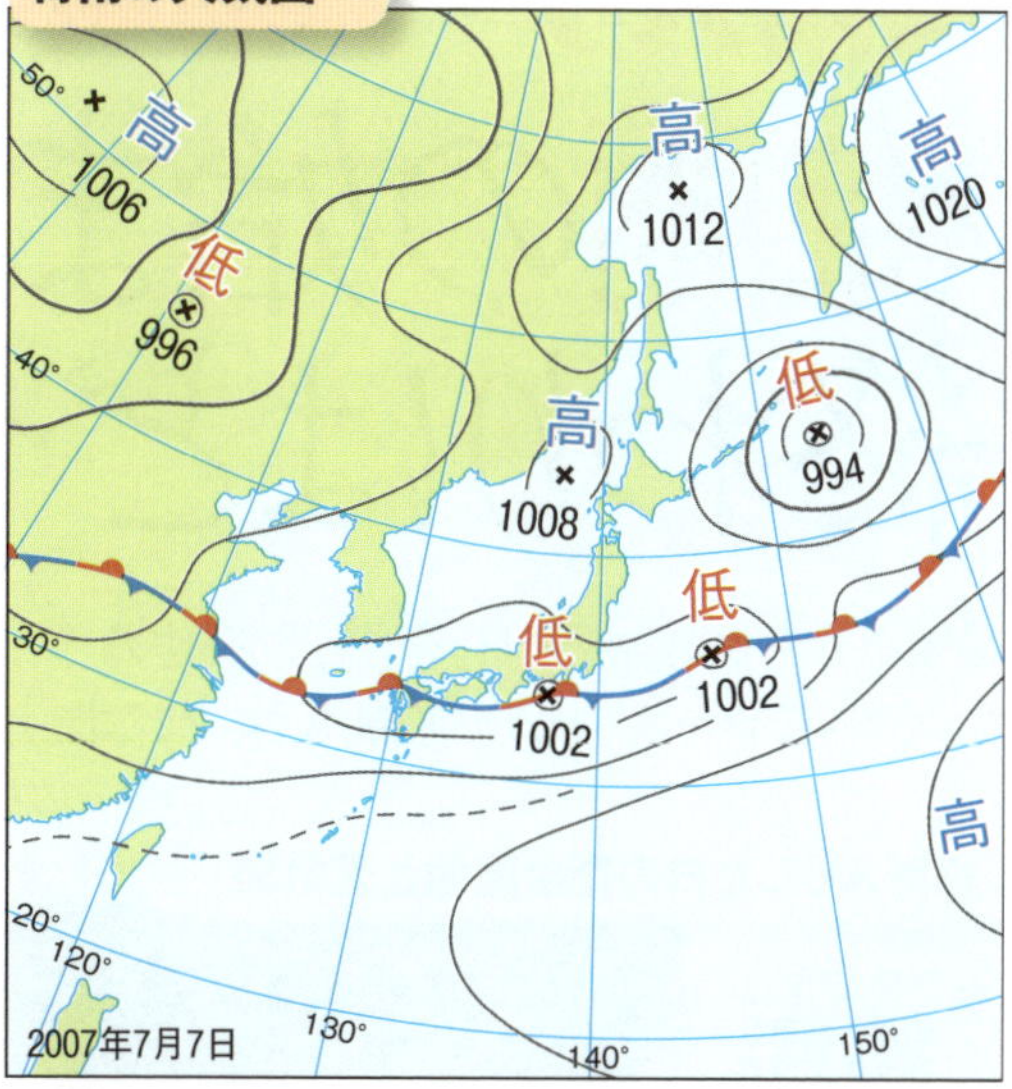

梅雨前線が九州から本州南岸で停滞している。前線の北側では雲が広がり、ぐずついた天気になることが多い

梅雨前線ができるしくみ

ヒマラヤ山脈によってジェット気流は2つに分断される。これがオホーツク海高気圧を作り出し、梅雨前線を発生させる

上空のジェット気流をヒマラヤ山脈が分断

5～7月頃は「梅雨」という雨季が発生し、日本や中国の一部などで雨の多い日が続きます。この梅雨をもたらす梅雨前線は、北の冷たいオホーツク海高気圧と、南の暖かい太平洋高気圧がぶつかって生まれますが、オホーツク海高気圧の発生にはジェット気流が関係しています。

冬にヒマラヤの南側を流れているジェット気流は夏に北上し、ヒマラヤにぶつかって分断されます。この気流が合流して、オホーツク海高気圧が生まれます。同時に太平洋高気圧の勢力が増し、オホーツク海高気圧と太平洋高気圧がぶつかるため、日本付近に梅雨前線ができるのです。

梅雨入り・梅雨明け

梅雨の始まりと終わりはどう違う？

オホーツク海高気圧を発達させるジェット気流が北へ上がっていくのに伴い、梅雨前線も徐々に北上して梅雨が終わります

梅雨入りした日の衛星画像と天気図

2007年6月14日

近畿、関東など
多くの地域で
梅雨入りしました

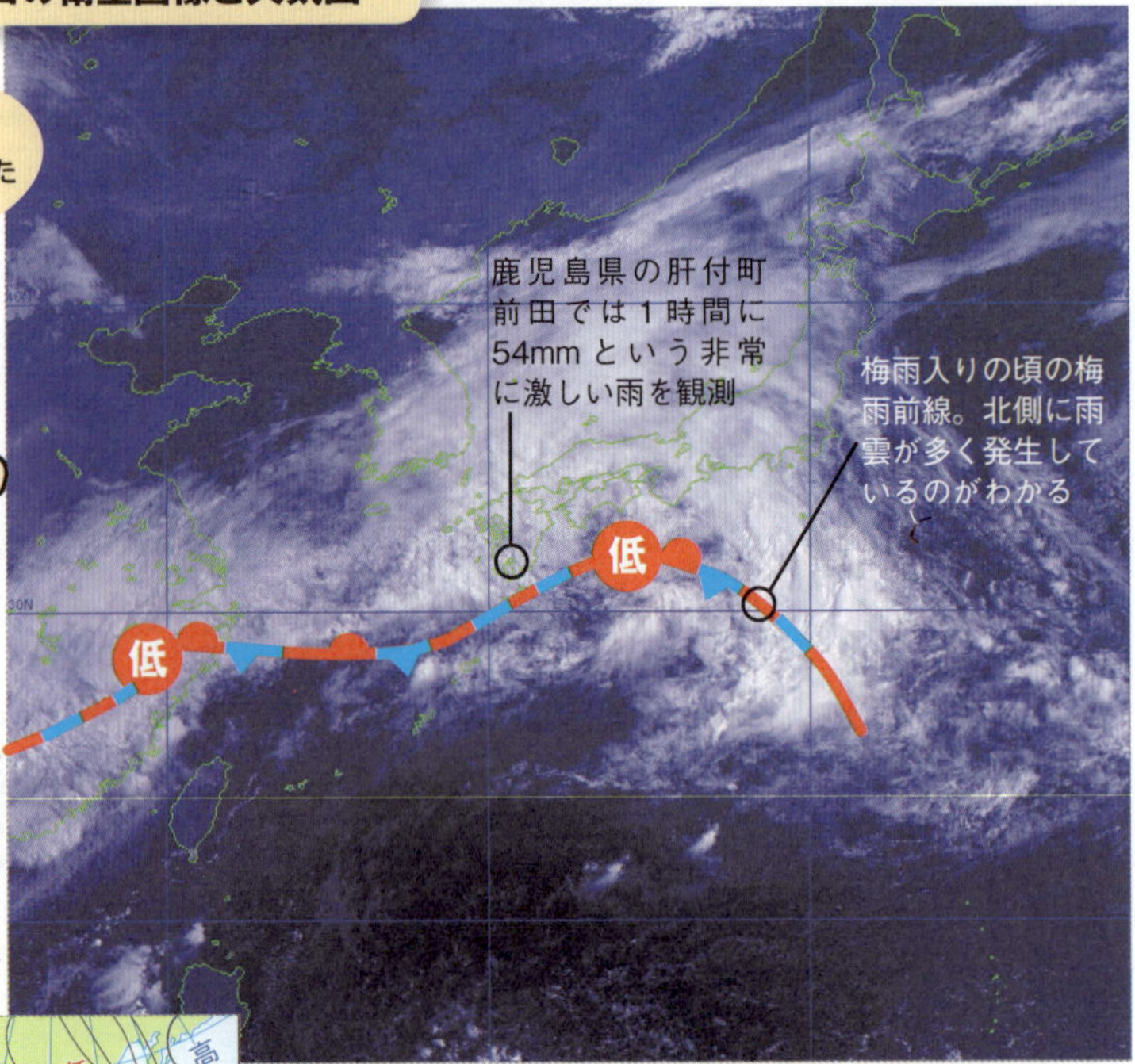
鹿児島県の肝付町
前田では1時間に
54mmという非常
に激しい雨を観測
梅雨入りの頃の梅
雨前線。北側に雨
雲が多く発生して
いるのがわかる
低
低
30N

梅雨前線上の低気圧が日本の南側を東へと進んだこの日は、中国地方のほか、近畿・東海・関東甲信で梅雨入りが発表された

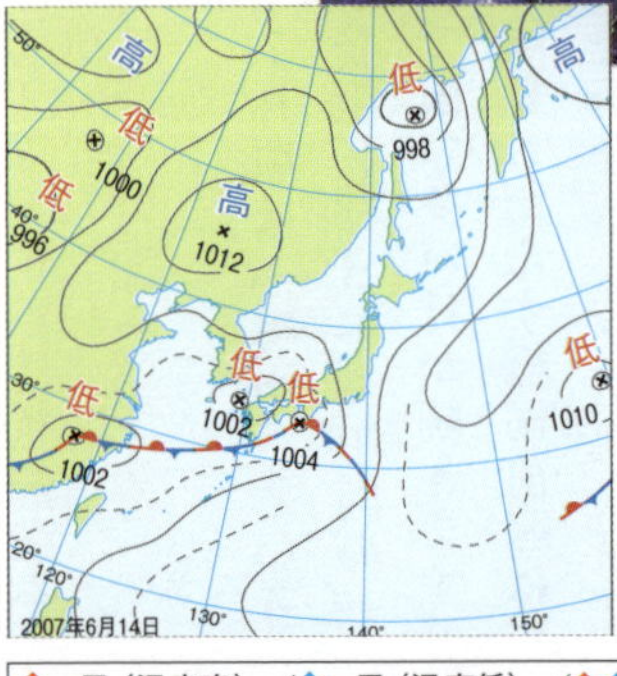
高
低
1000
低
996
高
1012
低
998
高
低
1002
低
1004
低
1002
低
1010
2007年6月14日

5〜6月の天気予報で
日本の南側に停滞前線を
見つけたら、梅雨入りが
近いと思ってください

⇧＝風（温度高）／⇧＝風（温度低）／⬆⬆＝空気や高気圧・低気圧の移動／⋯＝等圧線

column おもしろ季節コラム

05 梅雨どきにつける香水は控えめに

最近では男性もつけている香水ですが、天気によって香りが違うと感じることはありませんか？　香りは気温や湿度に影響されるデリケートなもの。同じ量の香水をつけていても、湿度が高いと香りは強く重く感じ、長く残るようになります。湿度が高い梅雨どきは、香水の量を控えめにしましょう。

晴
雨
強く重く感じる
長く残る

梅雨明けした日の衛星画像と天気図

低
台
9号
梅雨前線は北へ上がって、勢力を弱めていきます

2005年8月4日

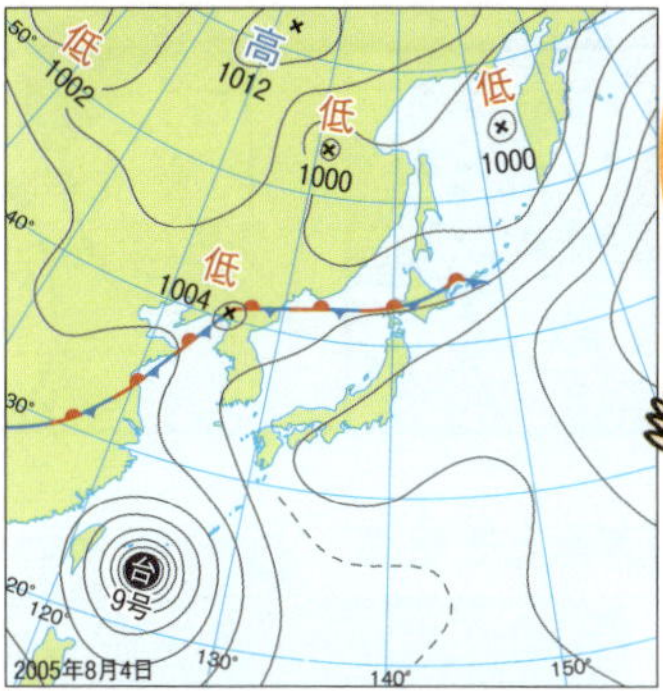
低
1002
高
1012
低
1000
低
1000
低
1004
台
9号
2005年8月4日
120°
130°
140°
150°

北海道にかかった梅雨前線は、勢力が衰えていることがほとんどです

梅雨前線が北海道付近まで北上。東北地方で梅雨明けとなったこの日は、各地で最高気温30℃を超える真夏日に

梅雨前線が北上すればもうすぐ梅雨明け

梅雨前線はジェット気流によってできるオホーツク海高気圧と、太平洋高気圧がぶつかることで発生するのは64ページでお話しましたね。では梅雨が明ける頃、梅雨前線はどうなっているのでしょう。

ヒマラヤ山脈によって分断されていたジェット気流は、夏が近づくにつれて北へと上がり、ヒマラヤの北側を流れて分断されなくなります。これによってオホーツク海高気圧は勢力を弱め、太平洋高気圧が梅雨前線を押し上げます。こうして梅雨前線が日本より北へ押し上げられたり、前線自体の勢力が弱まるなどして、梅雨が明けるのです。

夏の天気の特徴

なぜ日本の夏は蒸し暑いの？

暖かく湿度が高いという特徴をもつ太平洋高気圧。この高気圧が夏に勢力を増して日本を覆うため、夏は蒸し暑いのです

あ…暑い…
高温
多湿
太平洋高気圧に囲まれちゃいましたね
ムシ
ムシ
夏だからかな？だいぶ蒸してきたね
ドーン
きれいだねー

盛夏の日の衛星画像と天気図

2007年8月25日

太平洋高気圧がクジラの尾びれみたいですね

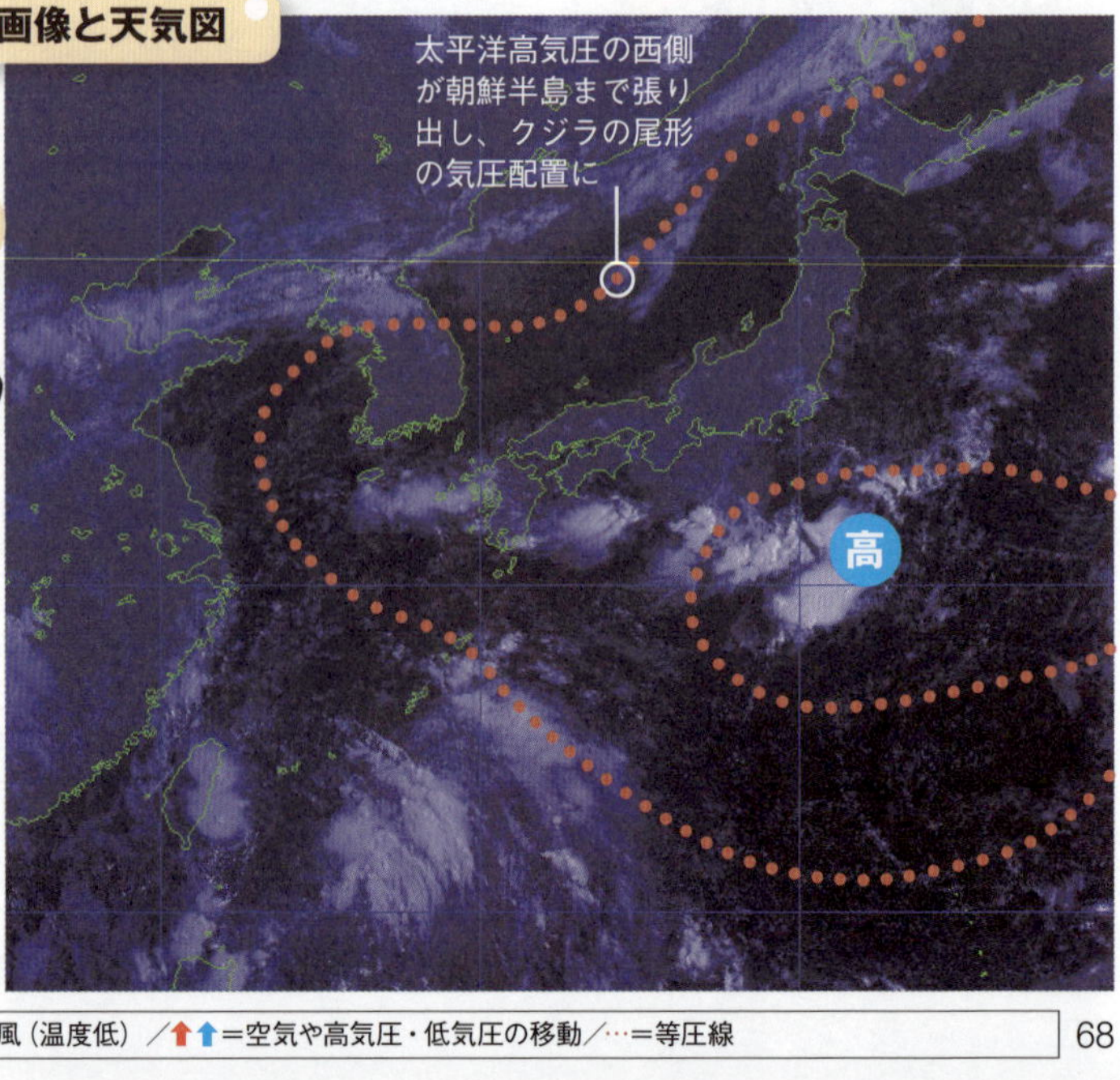

太平洋高気圧の西側が朝鮮半島まで張り出し、クジラの尾形の気圧配置に
高

⇧＝風（温度高）／⇧＝風（温度低）／⬆⬆＝空気や高気圧・低気圧の移動／…＝等圧線

column おもしろ季節コラム

06

暑い夏は食中毒に注意！

夏になると心配なのが、食中毒の被害です。一般に、気温が 25 ～ 40℃、湿度 75% 以上になると細菌が活動しやすく、食中毒になる危険性が高いとされています。30℃以上の真夏日を観測することが多い日本の夏は、湿度が高いことでも知られています。この時期のお弁当のおかずは汁気を切るなど注意を払いましょう。

盛夏の日の天気図

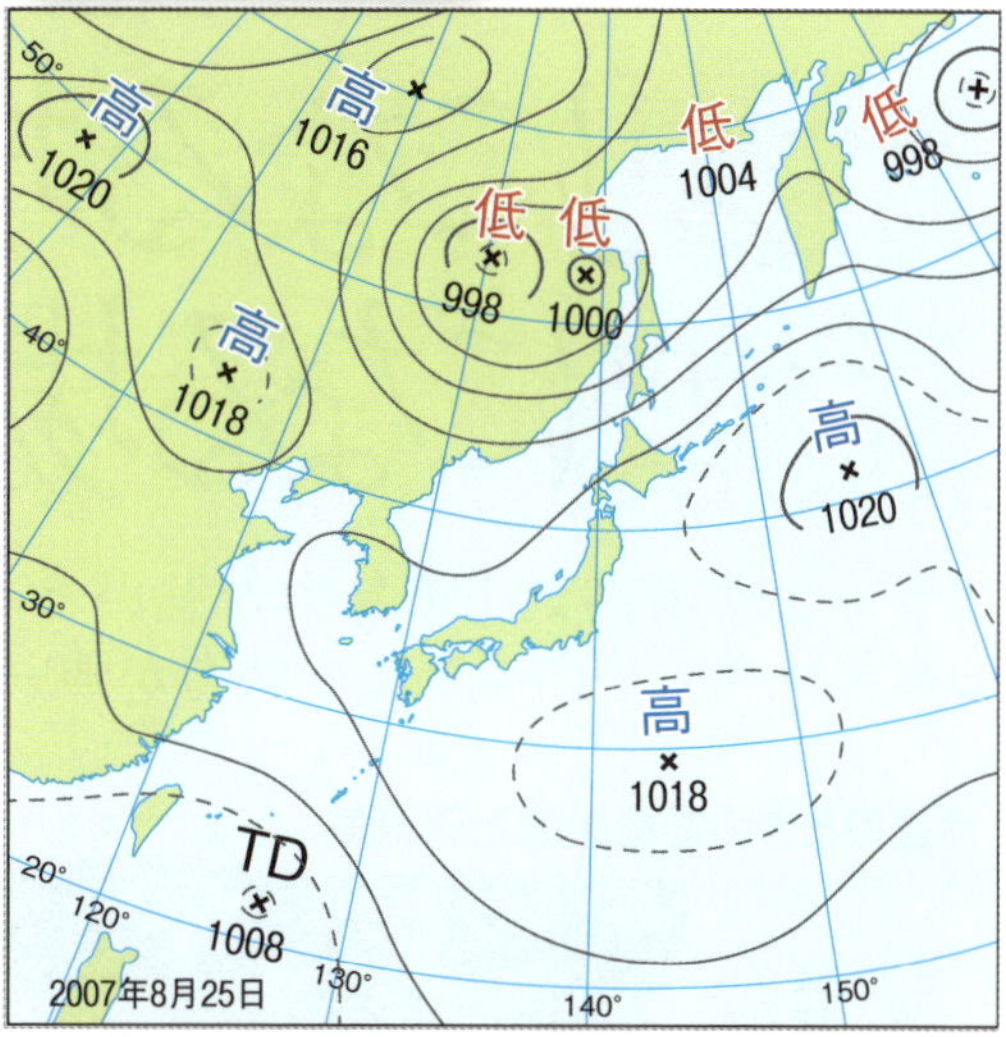

南側にある太平洋高気圧が日本列島を覆うようになり、南高北低型の気圧配置になるのが夏の気圧配置の特徴

蒸し暑さを示す不快指数

不快指数	体感
85 以上	酷暑。暑くてたまらない
80 ～ 84	暑くて汗が出る
75 ～ 79	やや暑い
70 ～ 74	暑くない
65 ～ 69	快い
60 ～ 64	何も感じない
55 ～ 59	肌寒い
54 以下	寒い

気温(℃)× 0.81+相対湿度(%)× 0.01×(気温× 0.99-14.3)+46.3 で求められる

クジラの尾形をした太平洋高気圧が原因

梅雨が明けると、日本にもいよいよ夏がやってきます。夏になるとクジラの尾のような形で日本を覆う太平洋高気圧は、南東の海上にある暖かい空気です。この周辺から高温多湿の空気が日本に流れ込むため、夏は蒸し暑い日が続くのです。

太平洋高気圧は背が高い高気圧といわれ、上空まで安定した気圧をもたらします。そのためこの高気圧に覆われると、風も弱く安定した晴天が続きます。

また、この時期に話題になるのが「不快指数」という数値。不快指数は蒸し暑さを数値で表す指数で、空調環境を整えるときなどの参考にされています。

冷夏になる場合と猛暑になる場合の違い

オホーツク海高気圧の勢力が強いと冷夏、チベットに中心がある高気圧や太平洋高気圧の勢力が強いと猛暑になります

冷夏のときの衛星画像と天気図

2003年8月17日

太平洋高気圧も南側へ押されてしまっています

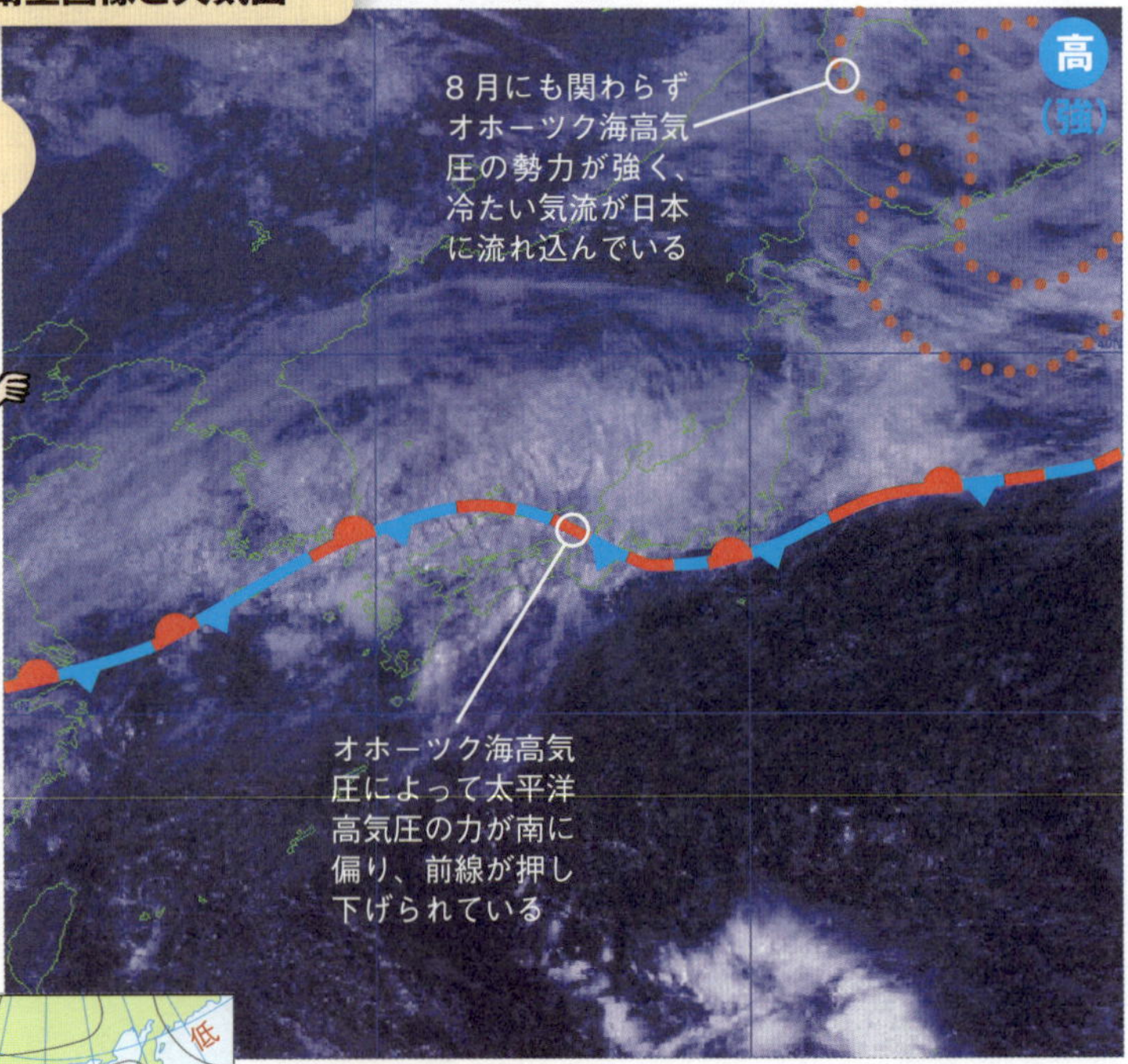
高
（強）
8月にも関わらずオホーツク海高気圧の勢力が強く、冷たい気流が日本に流れ込んでいる
オホーツク海高気圧によって太平洋高気圧の力が南に偏り、前線が押し下げられている

前線が日本付近に停滞し、全国的に雨やくもりに。気温も各地で9～10月並みと上がらず、この年は記録的な冷夏となった

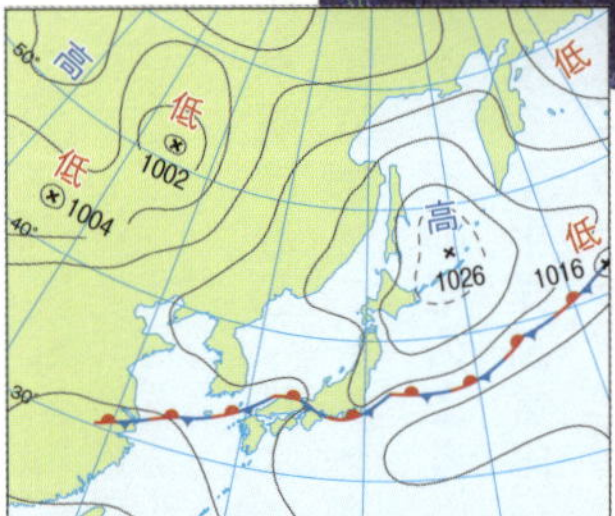
高
低
1002
低
1004
低
高
1026
低
1016
低
1006
2003年8月17日

冷夏か猛暑かを見分けるときは、どの位置にある高気圧に覆われているかチェックしましょう！

⇧＝風（温度高）／⇧＝風（温度低）／⬆⬆＝空気や高気圧・低気圧の移動／…＝等圧線

column **おもしろ季節コラム**

07 夕立が降るときは前兆がある

夏の午後から夕方にかけて、突然どしゃ降りの雨が降るイメージがある夕立ですが、ちゃんと前兆があります。夕立は積乱雲が起こすもの。そのため、夕立の前はモクモクとした雲が発生し、空が暗くなります。さらに、冷たい風が吹き始め稲妻が光ります。これらの前兆が起こったら、雨をしのげる場所へ移動しましょう。

空が暗くなる
モクモクした雲ができる
サムー
冷たい風が吹く

猛暑のときの衛星写真と天気図

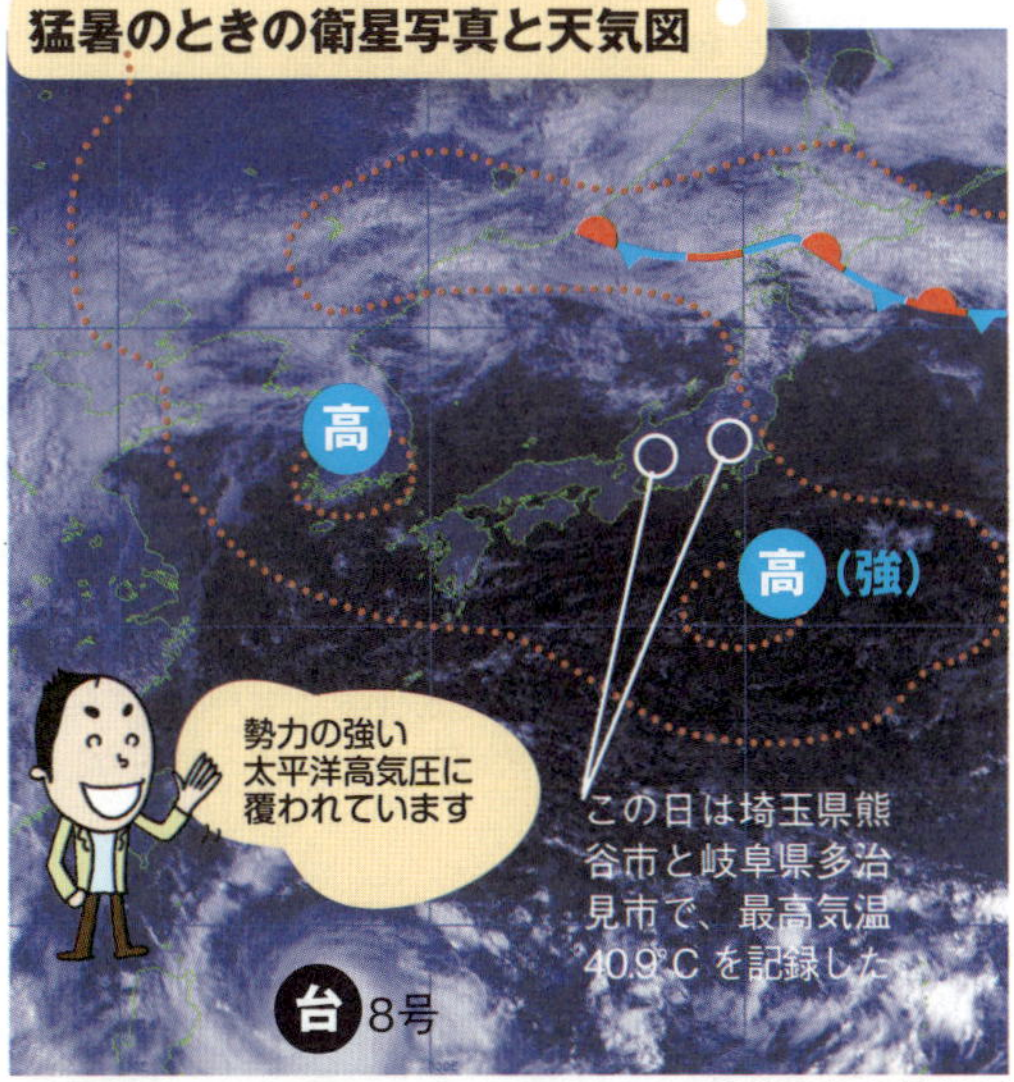
高
高（強）
勢力の強い太平洋高気圧に覆われています
この日は埼玉県熊谷市と岐阜県多治見市で、最高気温40.9℃を記録した
台 8号

2007年8月16日

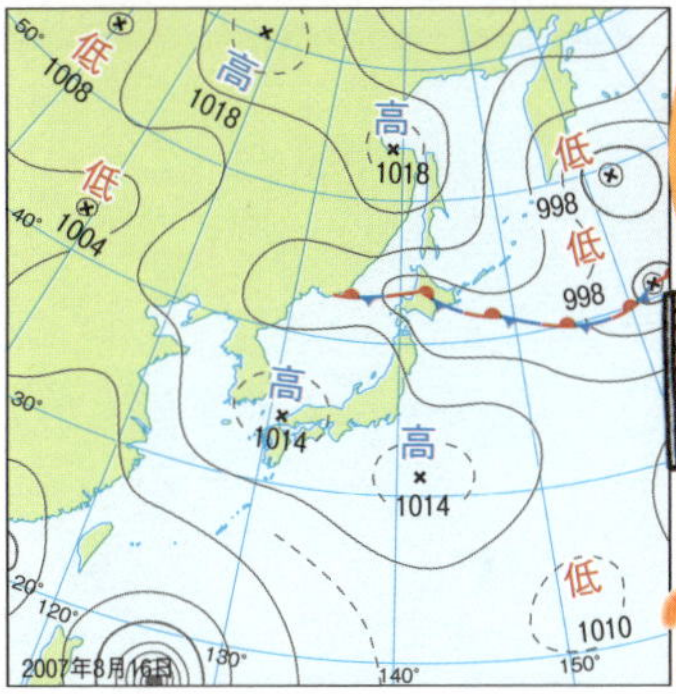
低 1008
高 1018
低 1004
高 1018
低 998
低 998
高 1014
高 1014
低 1010
2007年8月16日

これまでの日本の最高気温を更新し、記録的な猛暑の年となりました
あちーっ

勢力の強い太平洋高気圧が、本州付近を広く覆った。岐阜県多治見市では前後3日間、40℃以上の最高気温を観測

オホーツク海高気圧と太平洋高気圧の勢力

冷夏になるか猛暑になるかは、オホーツク海高気圧と、太平洋高気圧やチベット上空の高気圧の勢力が関わっています。

まず冷夏は、8月頃に衰えているはずの冷たいオホーツク海高気圧が北東にあり、冷たい気流が入ってくることが特徴です。このとき太平洋高気圧が南に偏ると、全国的に気温が低い夏となります。反対に猛暑は、太平洋高気圧の勢力が強いときや、チベットに中心がある高気圧が日本の上空にまで張り出してくることで起こります。

冷夏も猛暑も、地球規模の異常気象によって引き起こされる場合があります。

夏の名残「残暑」と日焼けの原因「紫外線」

9月に入っても30℃を超える場合は、残暑が厳しいといえます。日射しが強い場合も多いので、紫外線対策を忘れずに！

残暑のときの衛星画像と天気図

2007年9月21日

太平洋高気圧がまだまだ勢力を保っていますね？
?

低
高
（強）
北に寄っている勢力の強い太平洋高気圧が、南から暖かい空気を運び厳しい残暑となった

この日北海道では、南西から吹く暖かい風の影響で、平年を約10℃も上回る猛烈な暑さに。過去もっとも遅い真夏日となった

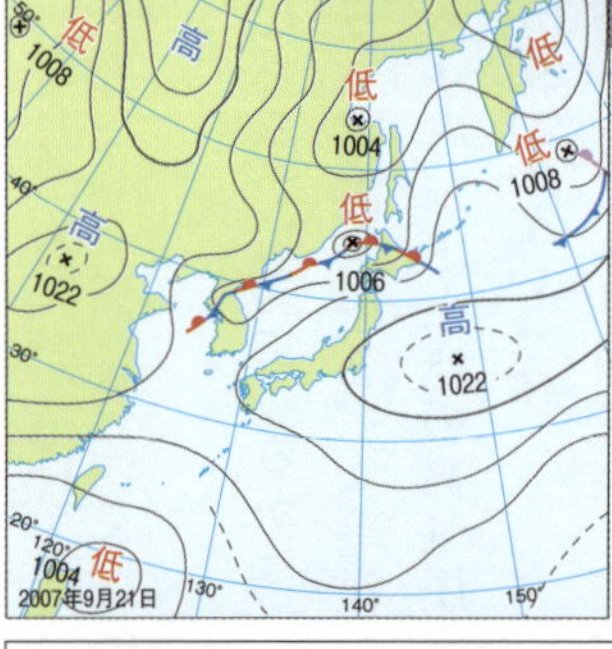
低
1008
高
低
1004
低
1008
低
1006
高
1022
高
1022
低
1004
50°
40°
30°
20°
120°
130°
140°
150°
2007年9月21日

8月下旬頃になっても太平洋高気圧の勢力がなかなか衰えないと、残暑が厳しくなります

⇧＝風（温度高）／⇧＝風（温度低）／⬆⬆＝空気や高気圧・低気圧の移動／…＝等圧線

column おもしろ季節コラム

08 花火の大きさと高さ比較

夏の風物詩の打ち上げ花火、どれくらいまで上がっているのでしょう？　直径30cmの尺玉の場合、花の中心は約330mまで上がり、花も直径320mほどに広がります。5号玉は尺玉の約半分の大きさなので、高さは約190m。花の大きさも約半分です。花火は風上だと風が煙を流し、きれいに見えますよ。

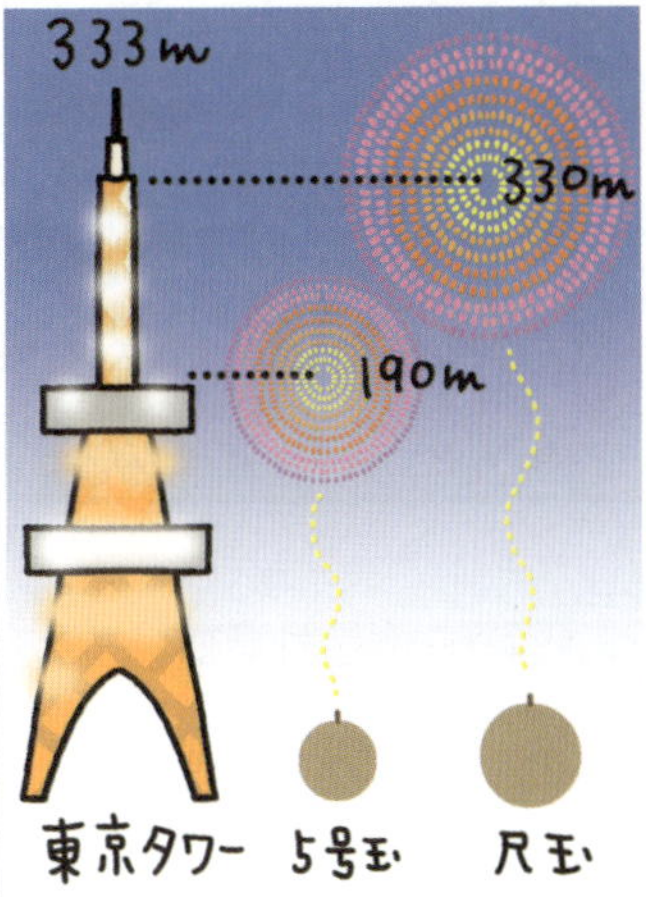
333m
330m
190m
東京タワー
5号玉
尺玉

UVインデックスと紫外線対策

UVインデックス	強さ	対策
1～2	弱い	安心して戸外で過ごせる
3～5	中程度	日中は日陰を利用。日焼け止めクリーム、帽子などをできるだけ利用
6～7	強い	
8～10	非常に強い	日中の外出は控える。日焼け止めクリーム、帽子などを必ず利用
11＋	極端に強い	

参考：環境省資料
（WHO:Global solar UV index-A practical guide-2002）

天気ごとの紫外線量

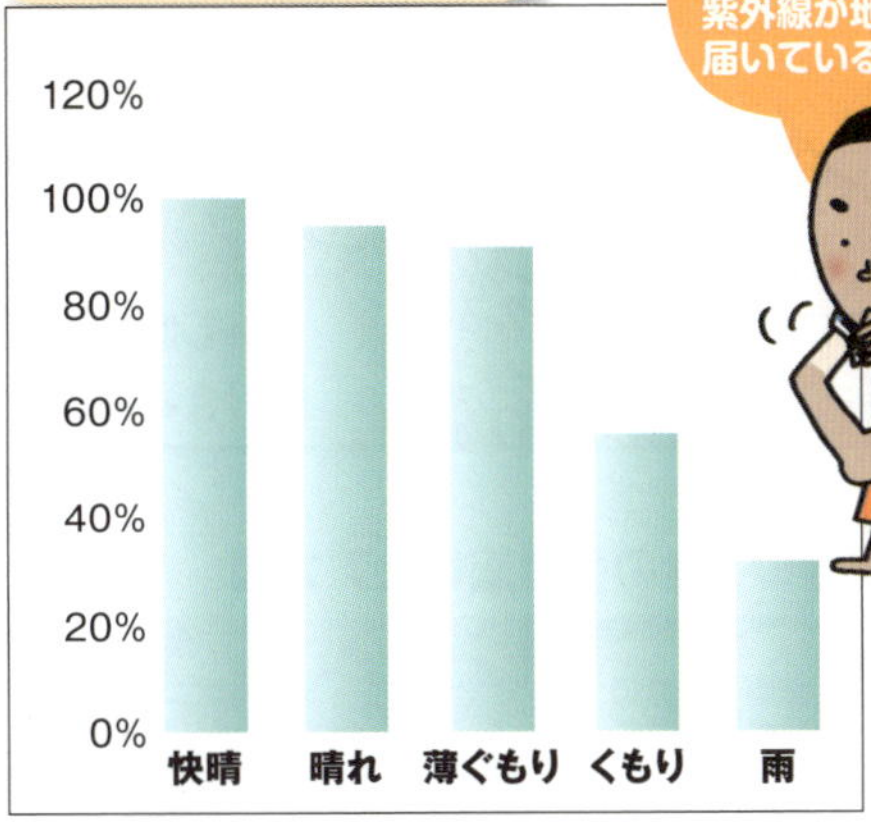
120%
100%
80%
60%
40%
20%
0%
快晴
晴れ
薄ぐもり
くもり
雨

くもりのときでも60%くらいの紫外線が地上に届いているんです

参考：気象庁HP　※快晴を100%とした場合

夏の気圧配置が続くと紫外線にも注意が必要

8月の後半辺りから太平洋高気圧は徐々に勢力を弱め、大陸から冷涼な移動性高気圧が張り出してきます。この移動性高気圧が秋の涼しい気候をもたらし、夏から秋へだんだんと季節が移っていくのです。しかしときおり、太平洋高気圧の力が強まって、夏の気圧配置に戻ることもあります。残暑がやってくるのはこのためです。

夏以外でも強い日射しが続くときは、紫外線に注意したいですね。気象庁は世界保健機関（WHO）が定めた「UVインデックス」という指針をもとに、全国の紫外線量をグラフや分布図といった形で公開しています。

秋の天気の特徴

秋に降る雨はなぜ長く続くの？

初秋は季節の変わり目。秋の空気と夏の空気がぶつかって秋雨前線が停滞するため、天気がぐずつき長〜い雨になるのです

綱が秋雨前線のようですね
これは長引きますよー
バチ バチ バチ
しかし肝心の綱引きは停滞状態
赤組負けるなー
白組ガンバレ

秋の長雨のときの衛星画像と天気図

2004年9月2日

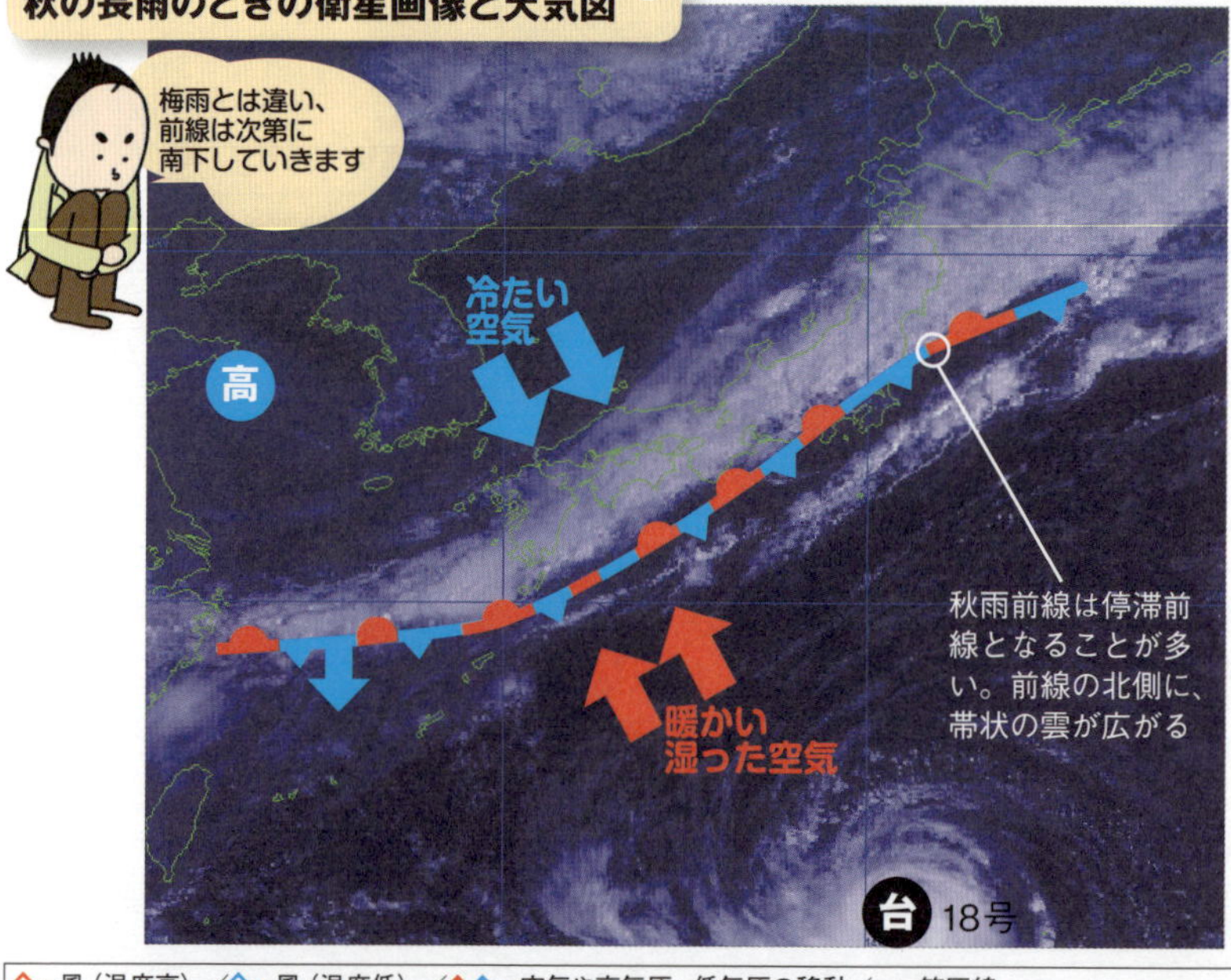

梅雨とは違い、前線は次第に南下していきます
冷たい空気
高
暖かい湿った空気
秋雨前線は停滞前線となることが多い。前線の北側に、帯状の雲が広がる
台 18号

⇧＝風（温度高）／⇧＝風（温度低）／⬆⬆＝空気や高気圧・低気圧の移動／…＝等圧線

column おもしろ季節コラム

60 「秋」という言葉の語源

秋という言葉の語源には、3つの説があるようです。空が明るく澄んでくるので「清明（あきらか）」が語源であるという説。また、草木が赤や黄色に色付く紅葉シーズンですから、「紅くなる」が語源という話も。3つ目に、稲がたくさん収穫できる季節ということで、「飽き満ちる」からきているという説もあります。

あきらか（清明）
あきみちる（収穫）
あかくなる（草木）

秋の長雨の天気図

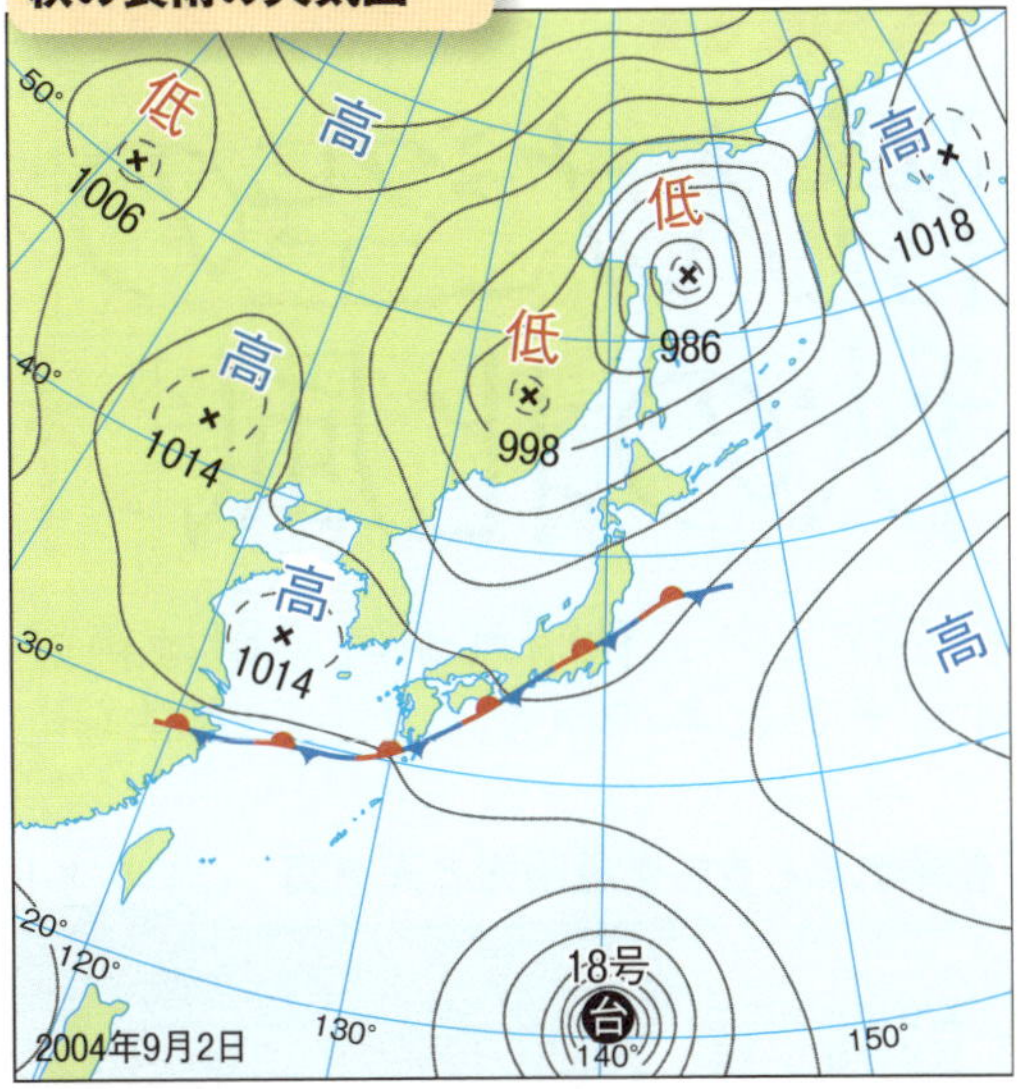
低
高
1006
1014
低
998
低
986
高
1018
高
1014
高
18号
台
2004年9月2日
50°
40°
30°
20°
120°
130°
140°
150°

大陸から来る冷たい移動性高気圧と、夏から居座る暖かい太平洋高気圧がぶつかりあうことで前線が生まれる

秋の長雨と梅雨の雨量比較

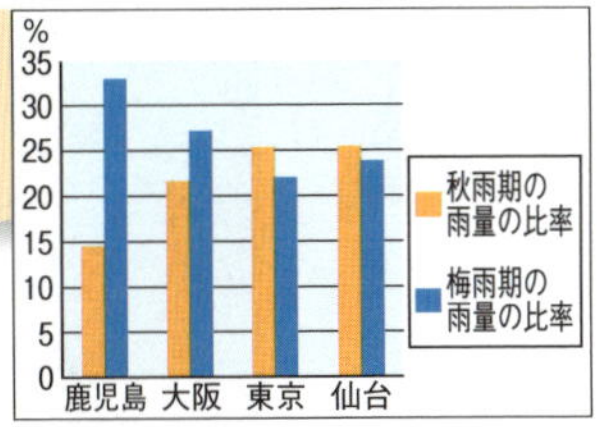
%
35
30
25
20
15
10
5
0
鹿児島
大阪
東京
仙台
秋雨期の雨量の比率
梅雨期の雨量の比率

東日本や北日本の場合、秋雨期のほうがやや雨量が多い。9月に上陸数が多い台風の影響もある

出典：気象庁資料

台風が秋雨前線を刺激すると、さらに雨量を増大させるのです

夏の空気と秋の空気が秋雨前線を生み出す

夏のジメっとした暑さからやっと解放されると、涼しい秋が訪れ……。いやいや、そんなこともありません。9月初旬は厳しい残暑もありますし、夏から秋への変わり目は一度天気が崩れると、梅雨のような長雨が続いてしまうのです。

その理由は、「蒸し暑い夏」をもたらす太平洋高気圧と、「冷涼乾燥の秋」をもたらす移動性高気圧がぶつかり、2つの間に秋雨前線が生じるためです。秋雨前線は停滞前線になりやすく、1か月近くも居座るのです。

涼しい移動性高気圧が優勢になり、秋雨前線が南下すると、初めて秋本番へと向かいます。

秋晴れ・木枯らし

澄んだ空の「秋晴れ」と秋の北風「木枯らし」

秋が深まり、秋晴れが続く頃は絶好の月見シーズン。しかし、すぐそこに冬の気配。そう、木枯らしが吹いてきます

秋晴れのときの衛星画像と天気図

2007年10月24日

高気圧が東西に長く伸びているのがわかります

高

変わりやすいのが秋の空の特徴だが、秋が深まると、大きな移動性高気圧が日本列島を包み込み、秋晴れとなる日が増えてくる

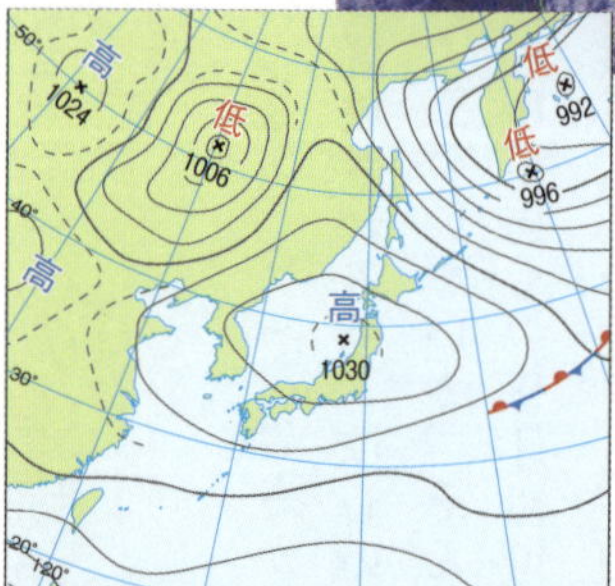

高
1024
低
1006
低
992
低
996
高
高
1030
50°
40°
30°
20°
120°
130°
140°
150°
2007年10月24日

秋晴れってさわやかで気持ちいい！　でも、放射冷却の影響で、夜や明け方は少し寒い……

⇧＝風（温度高）／⇧＝風（温度低）／⬆⬆＝空気や高気圧・低気圧の移動／…＝等圧線

column　おもしろ季節コラム

10　「食欲の秋」といわれるわけ

体温の低下を防ぐことは、食事をする大きな理由のひとつ。食べれば食べるほど、体がポカポカしてくる、そんな経験があるでしょう？　秋になって気温が下がると、それに伴い体温維持のために、より多くのエネルギーを取ろうとします。まさに、食欲の秋ですね。一方、夏は気温が高く、体温を維持することが簡単なのです。

夏
体温の維持がカンタン
秋
体温の維持にエネルギーが必要

木枯らし1号が吹いたときの衛星画像と天気図

低
高
北の冷たい空気を運んでくるシベリア高気圧。冬に近付くにつれ、勢力を拡大する
低
木枯らしは、寒気を日本列島にどんどん運びます

2007年11月18日

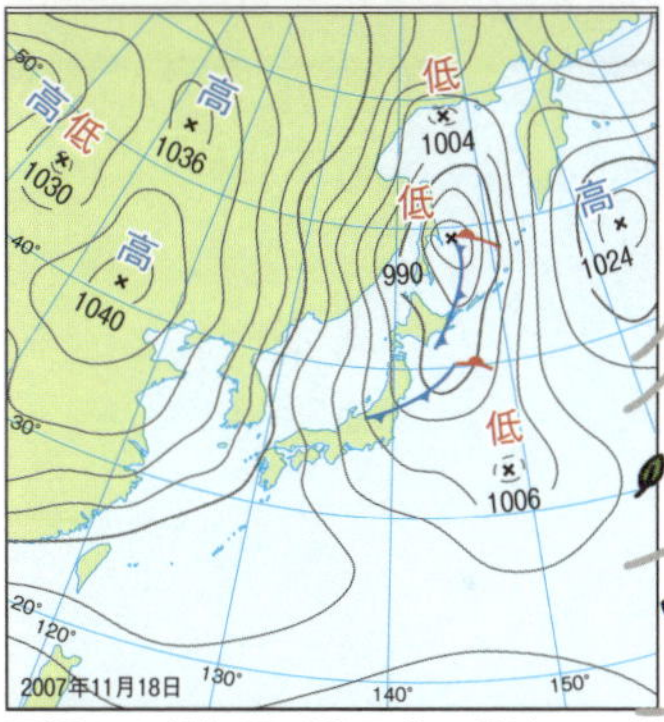
高
低
1030
高
1036
高
1040
低
1004
低
990
高
1024
低
1006
50°
40°
30°
20°
120°
130°
140°
150°
2007年11月18日

等圧線の間隔を見てください。狭いところほど、強い風が吹きます！

通過した低気圧が北日本で発達し、等圧線が南北に、狭い間隔で走る。一時的に、冬型の気圧配置「西高東低」に

低気圧が通ると、冬型の気圧配置になることも

秋雨前線が南下して本格的な秋を迎えると、低気圧と高気圧が交互に日本列島を通過します。すると、秋の空は晴れたりくもったり、コロコロ様子を変えます。しかし、次第に大きな帯状の高気圧がやってくるようになり、さわやかな秋晴れの日が増えてくるのです。

さらに秋が深まると、「木枯らし」が吹いてきます。「木枯らし」の条件は①西高東低の冬型気圧配置である、②北～西北西の風、③最大風速8m／秒以上の風、が挙げられます。ちなみに、その秋最初の「木枯らし1号」は、関東地方と近畿地方でのみ発表されるんですよ。

秋冷え・小春日和

移動性高気圧で変わる「秋冷え」と「小春日和」

同じ秋晴れの日でも、寒い日と暖かい日がありますよね。その秘密は、移動性高気圧の「出身地」の違いにあるのです

秋冷えのときの衛星画像と天気図

2007年9月29日

偏西風とともに、
移動性高気圧が
やってきます

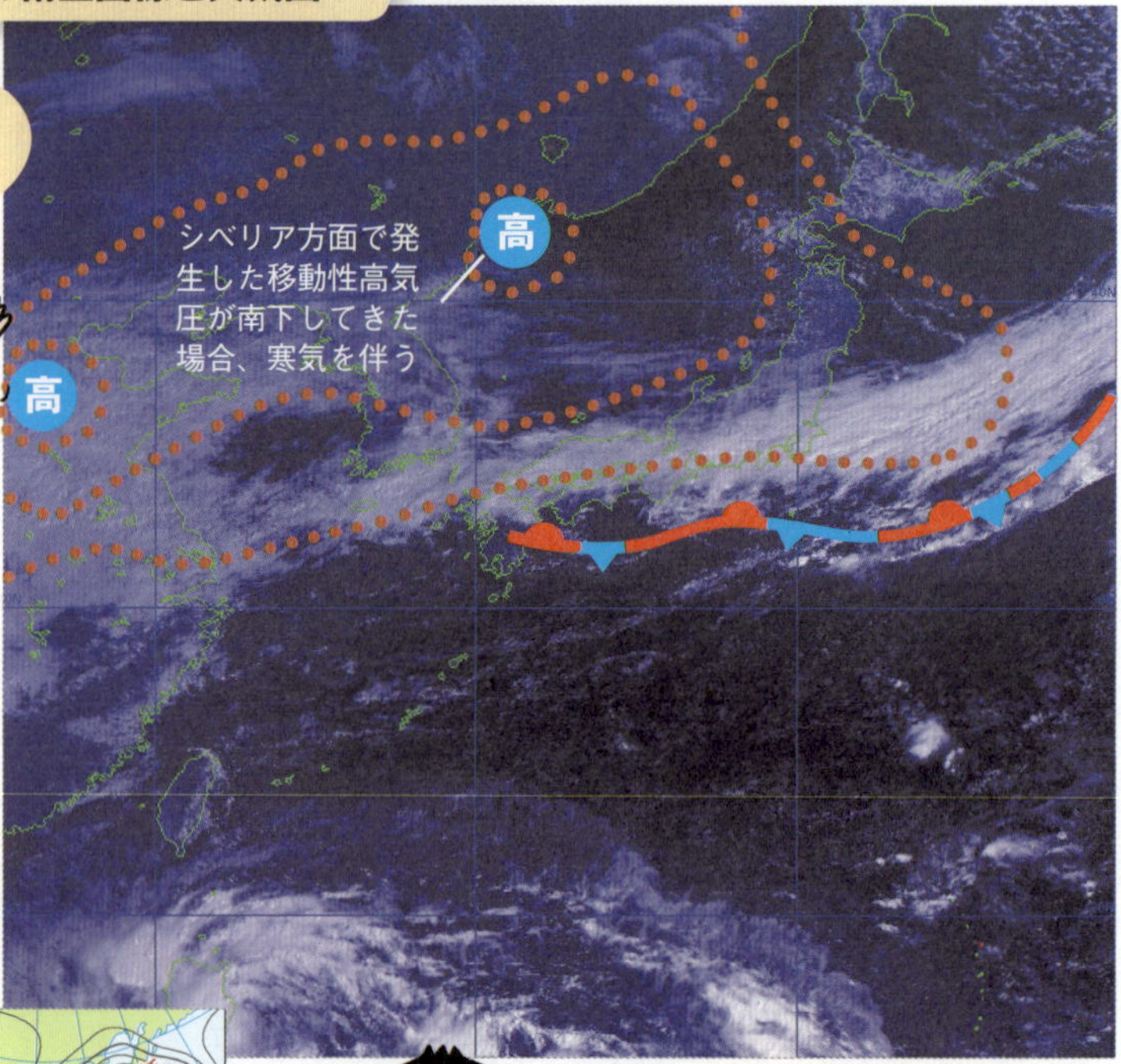
高
高
シベリア方面で発
生した移動性高気
圧が南下してきた
場合、寒気を伴う

関東地方は終日小雨。日中の気温も上がらず、10月上旬並みに

高
1032
高
1028
高
1026
低
986
低
980
2007年9月29日

この移動性高気圧は
シベリア生まれですね。
一方、中国生まれの
高気圧は温暖なんです

⇧＝風（温度高）／⇧＝風（温度低）／⬆⬆＝空気や高気圧・低気圧の移動／…＝等圧線

column おもしろ季節コラム

11 自動販売機のホットの切り替え時期

自動販売機でホットの缶コーヒーを見ると、冬の気配を感じますよね。それでは、コールドからホットへの切り替えは、いつ頃？　朝晩が冷える郊外では10月頃から、市街地では11月頃、暖房がある屋内では12月以降が多いとか。山などには1年中ホット、沖縄には1年中コールド、なんて販売機もあるようです。

10月
冷えこむ郊外
11月
市街地

小春日和のときの天気図

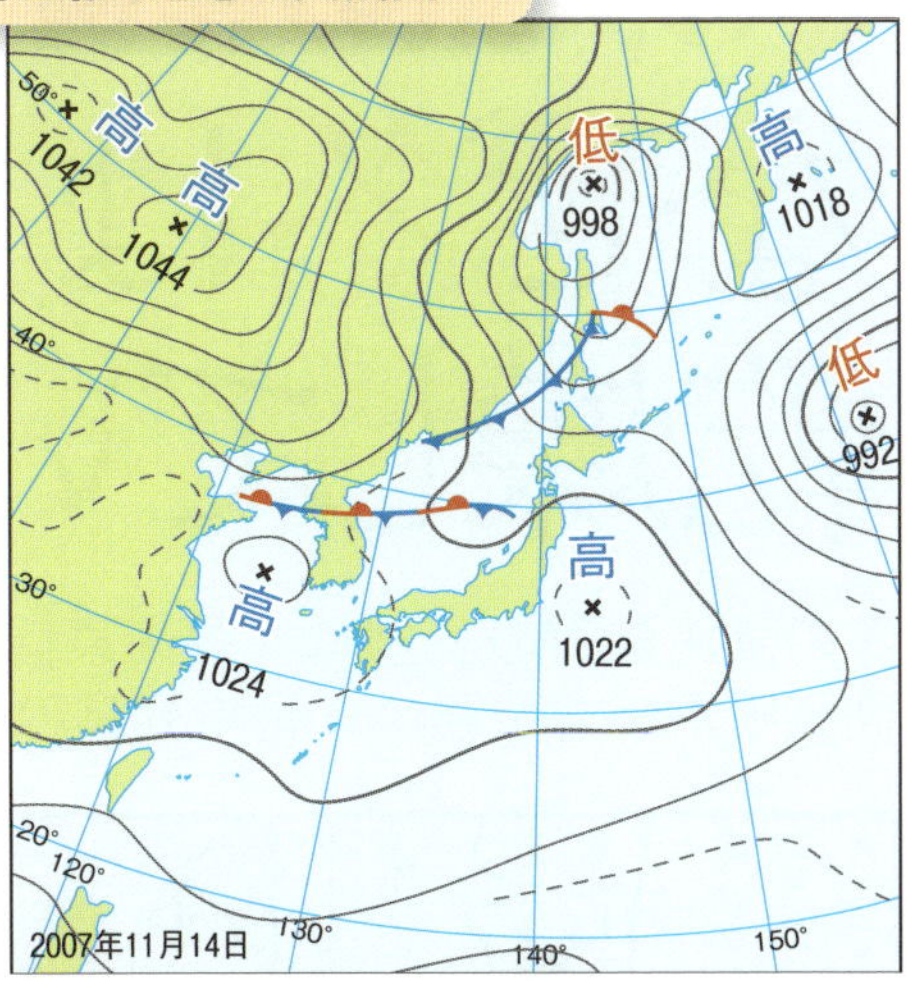
高
1042
高
1044
低
998
高
1018
低
992
高
1022
高
1024
50°
40°
30°
20°
120°
130°
140°
150°
2007年11月14日

中国から張り出している高気圧に包まれていることがわかる。等圧線の間隔が広いので、風も弱く穏やか

秋冷え・小春日和のときの移動性高気圧のコース

高 シベリア付近で発生
秋冷え
小春日和
高
揚子江（長江）付近で発生

移動性高気圧がどこでできたのかがポイント

よく晴れた秋の日なのになぜか寒かった、なんて経験はありませんか？　その理由は、晴天をもたらす移動性高気圧にも種類があるから。どこで発生した高気圧なのかがポイントです。

寒気を伴いながらやってくる、シベリア生まれの高気圧による秋晴れの日を「秋冷え」と呼びます。日差しの割に気温が上がらないのは、このケースです。

一方、比較的暖かい空気を伴う中国生まれの高気圧は、ぽかぽか陽気を運んできてくれます。なお、晩秋から初冬にかけての暖かい日は「小春日和」といいます。冬にもかかることから、「秋晴れ」とは区別します。

冬の天気の特徴

なぜ冬は乾燥しているの？

冬の気圧配置の典型は「西高東低」。冷たくて乾燥したシベリア高気圧が勢力を強め、日本列島の北西に陣取ります

ジングルベール
ジングルベール
ドン
痛っ
ハッ
ひどいなぁ
大丈夫？
クールでかっこいい！
えー！そんなっ
彼はクールでドライな「シベリア高気圧」さんですね

西高東低の気圧配置の衛星画像

2008年2月17日

高
シベリア高気圧から吹く冬の季節風。西北西～北向きの強い風が吹き込む
上空の冷たく強い風の影響で、冬の雲はハケで掃いたような形になる
秋に吹いた冷たい風、木枯らしとそっくりです！

⇧＝風（温度高）／⇧＝風（温度低）／⬆⬆＝空気や高気圧・低気圧の移動／…＝等圧線

column **おもしろ季節コラム**

12 冬に静電気が多く起こるわけ

冬といえば静電気の季節です。静電気が起こりやすい理由のひとつは厚着。冬は服を重ねて着るので、摩擦で静電気が発生しやすくなります。もうひとつは空気の乾燥。空気が乾燥していると空気中の水分が少なくなり、身体にたまった電気を放電しにくくなってしまうのです。この季節は加湿器の活用が有効ですよ。

西高東低の気圧配置の天気図

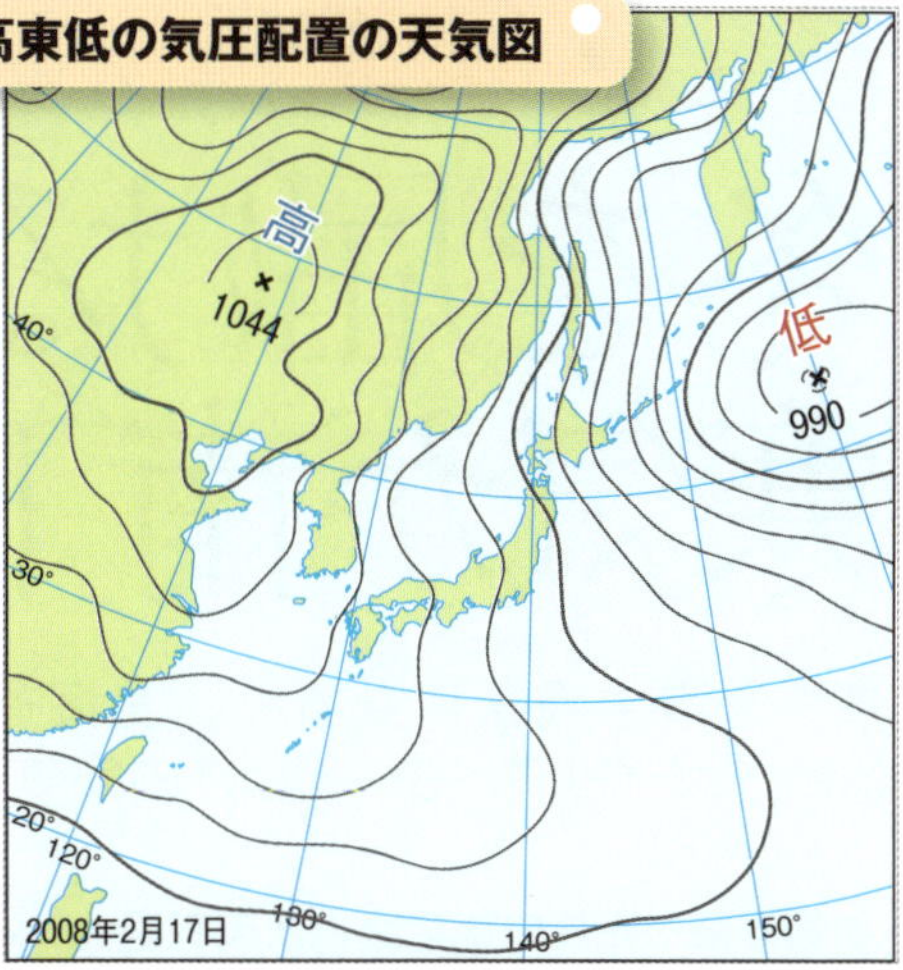

西の高気圧と東の低気圧の気圧差が大きいため、等圧線がぎゅっと詰まっている。当然、風も強くなる

おろしと季節風

冬の季節風に土地特有の名前がついたものも。山から吹き下りる風を「おろし」、陸から海へ吹き出す風を「だし」と呼ぶ

冷たく乾燥した、冬の季節風が吹き込む

リップクリームやハンドクリームが手放せない冬。この時期は気温が低くなり、乾燥は避けられません。では、なぜこのような気候になるのでしょう。それは、シベリア高気圧の勢力が強まるからです。

西の大陸側に高気圧が、東の太平洋上に低気圧があるという典型的な冬の気圧配置を「西高東低」といいます。等圧線の間隔は狭く、シベリア高気圧から強くて冷たい、しかも乾燥した風が吹いてくるのです。日本海を渡り、せっかく含んだ湿気も、日本海側の山で雪として消費してしまいます。太平洋側の空気が非常に乾燥しているのは、そのためです。

初雪・寒波

冬を届ける「初雪」と寒気が南下する「寒波」

寒さが増す晩秋になると、北海道辺りからその冬初の雪が降り始め、マイナス35～40℃の寒気も日本列島へ近付いてきます

初雪が降った日の衛星画像と天気図　2009年1月9日

東京の都心で
その冬初めての
雪が降りました

低
低

東日本の南海上にある低気圧が東へ進み、関東地方で気温が低く初雪に。滋賀県彦根市では直径8mmのひょうも観測された

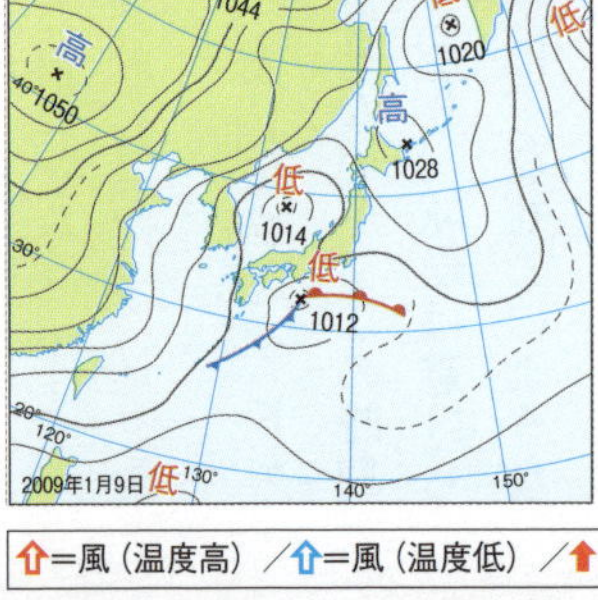
50°
高
低
高
1044
高
40°
1050
低
1020
低
高
1028
低
1014
低
1012
30°
20°
120°
2009年1月9日
低
130°
140°
150°

さむっ
雪が降るかどうかは、
雪を降らせる低気圧と
寒気がどこまで南へ
来ているかで決まります

⇧＝風（温度高）／⇧＝風（温度低）／⬆⬆＝空気や高気圧・低気圧の移動／⋯＝等圧線

column おもしろ季節コラム

13 大掃除はくもりの日に

忙しくなる年末、窓ふきをするならくもりの日がおすすめです。晴れた日はガラスが光を反射し、汚れが見えにくくなりがち。対するくもりの日は光の反射が少なく汚れもよく見えるので、窓ふきがしやすいのです。ちなみに、水をうかつに流せないマンションは、雨の日にベランダ掃除をすると安心ですよ。

汚れがよく見える
湿気で汚れが落ちやすい

寒波のときの衛星写真

2005年12月22日

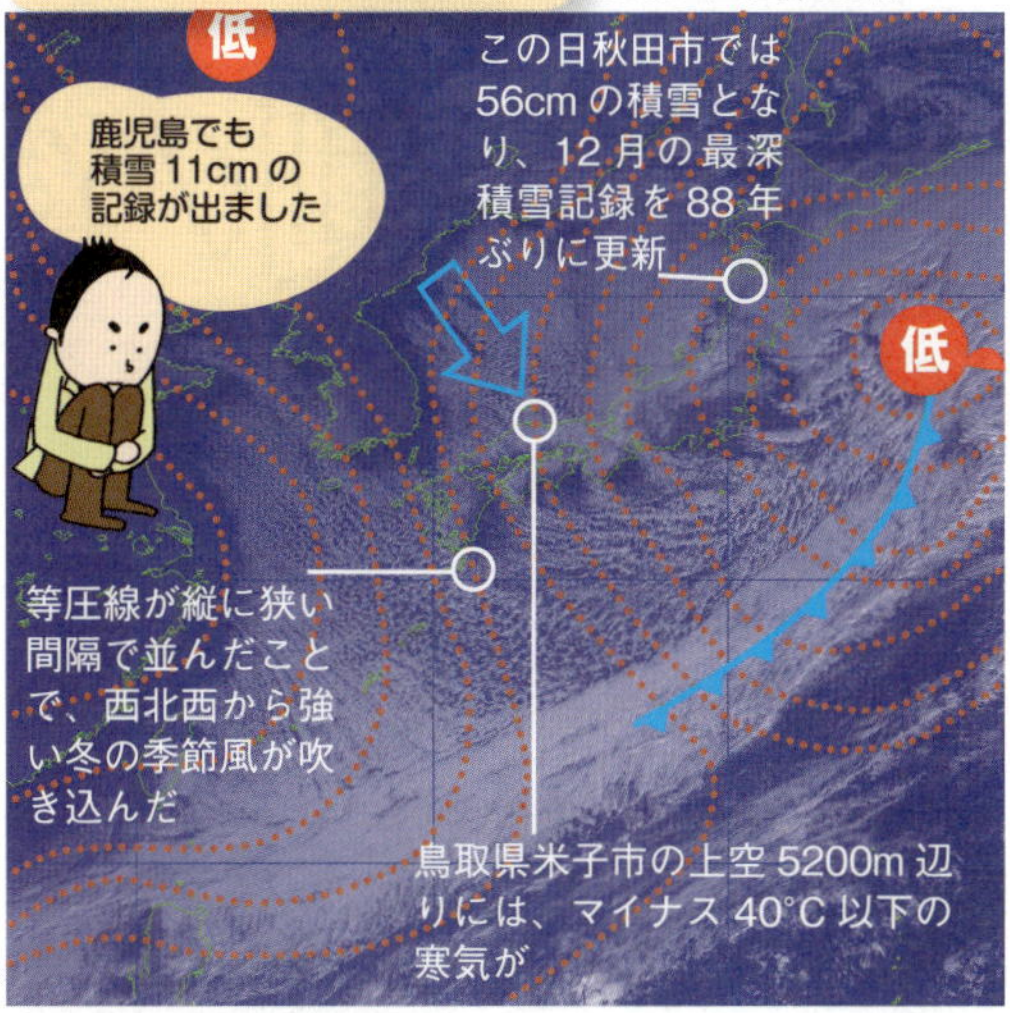
低
鹿児島でも積雪11cmの記録が出ました
この日秋田市では56cmの積雪となり、12月の最深積雪記録を88年ぶりに更新
低
等圧線が縦に狭い間隔で並んだことで、西北西から強い冬の季節風が吹き込んだ
鳥取県米子市の上空5200m辺りには、マイナス40℃以下の寒気が

寒さが生み出す「樹氷」

アイスモンスターやスノーモンスターとも呼ばれる樹氷。過冷却水滴が樹木などにぶつかった衝撃で凍り、成長する

写真：大沼英樹

上空が冷え込むと強い寒気が到来する

シベリア高気圧によって冬の日本海側で雪が多いのは、81ページでお話しましたね。これにより日本で一番早く雪が降る北海道では、10月下旬頃から雪が降り始め、その後東北、北陸の順で雪が降ります。乾燥した太平洋側でも、1月頃には82ページのような低気圧が通過して、雪が降ることがあります。

雪が降る頃になると、上空5000mの気温がマイナス40℃以下になることも少なくありません。上空が冷え込むと日本海側で大雪になり、太平洋側でも一段と冷え込みますが、樹氷や樹霜《じゅそう》などの美しい氷の芸術が見られるようにもなります。

山雪型・里雪型

日本海側の雪の降り方「山雪型」と「里雪型」

冬の日本海沿岸の雪の降り方には2つのパターンがあります。山沿いに降る「山雪型」と、海沿いに降る「里雪型」です

山雪と里雪が降るしくみ

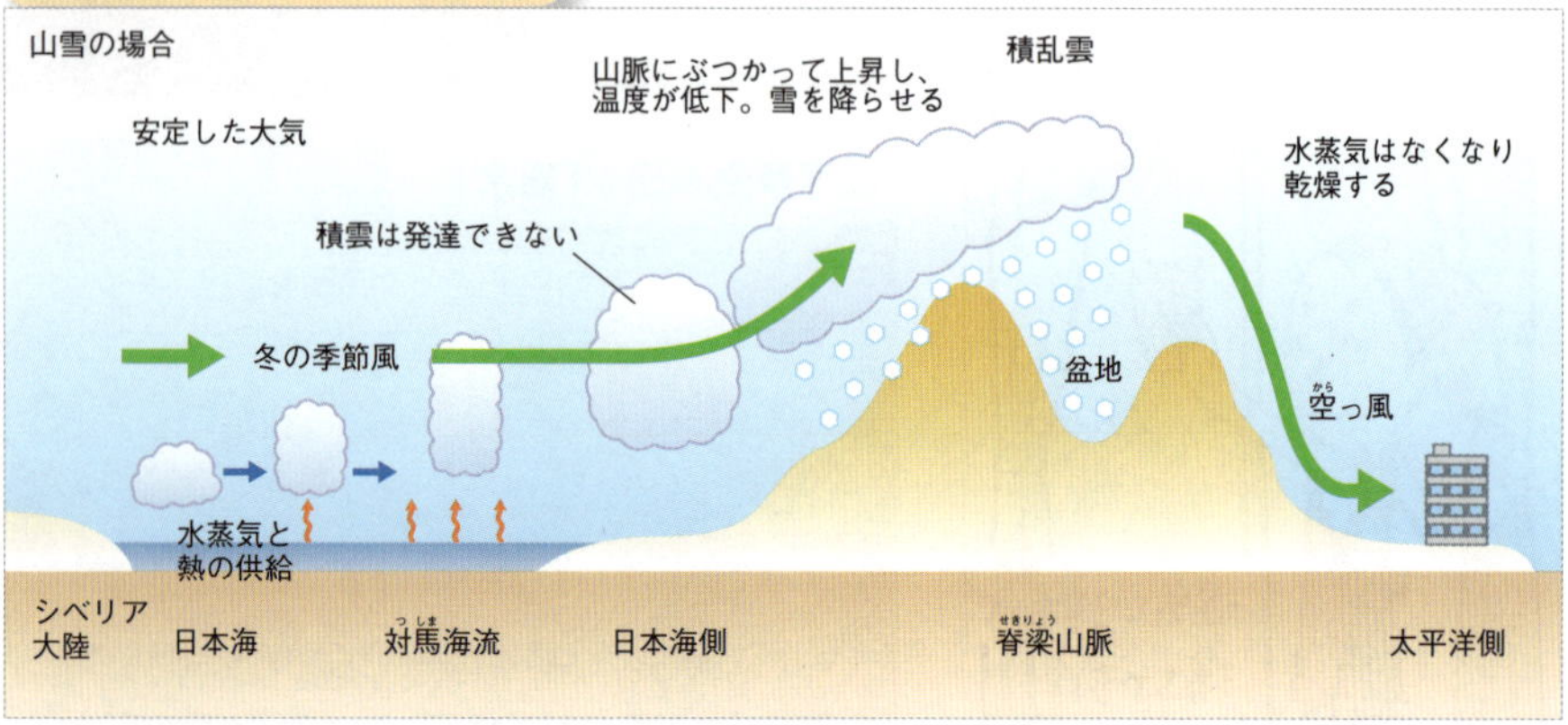
山雪の場合
安定した大気
積雲は発達できない
山脈にぶつかって上昇し、
温度が低下。雪を降らせる
積乱雲
水蒸気はなくなり
乾燥する
冬の季節風
盆地
空《から》っ風
水蒸気と
熱の供給
シベリア
大陸
日本海
対馬《つしま》海流
日本海側
脊梁《せきりょう》山脈
太平洋側

冬の季節風が、暖流の対馬海流から熱や水蒸気の供給を受け、積雲を運んでくる。積雲は山にぶつかって発達した積乱雲となり、山沿いや山間部で大雪を降らせる

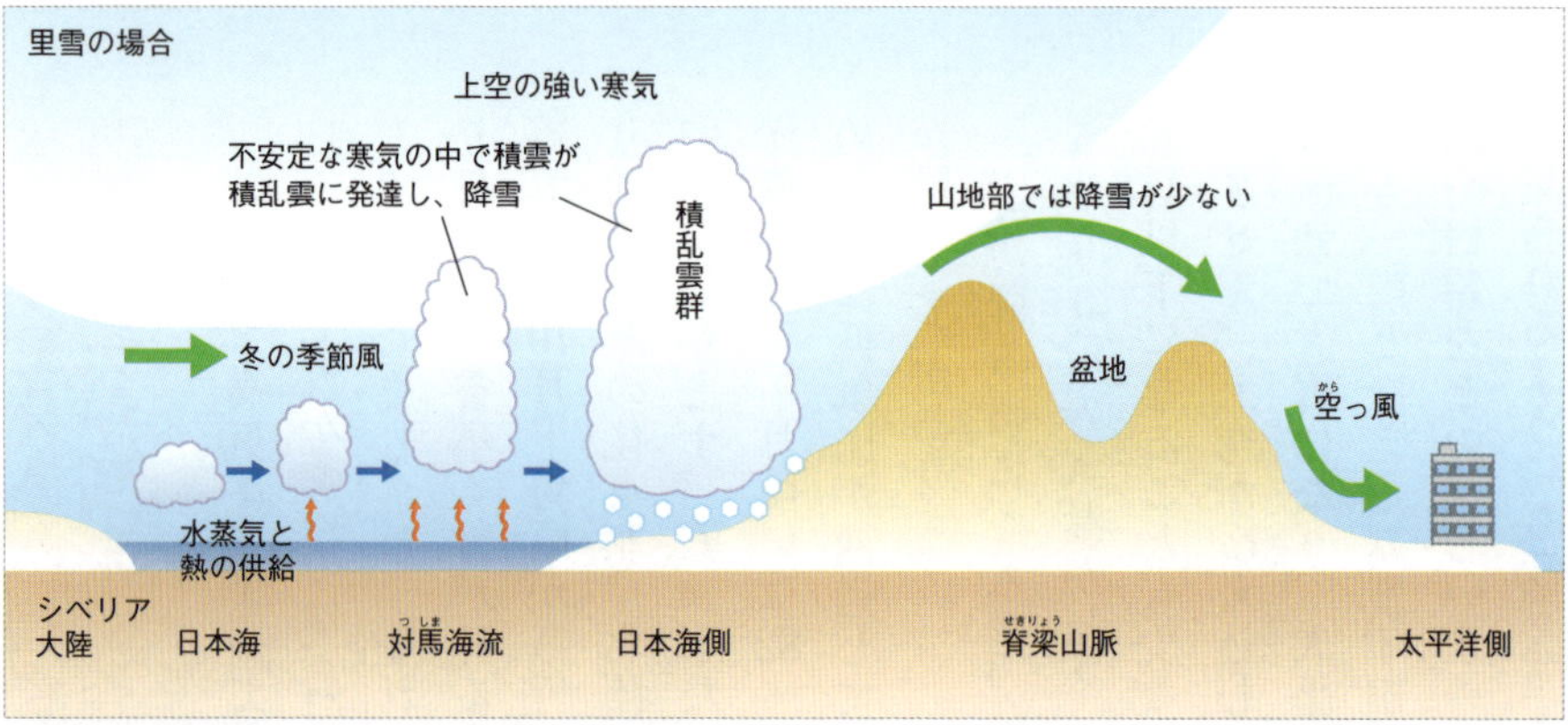
里雪の場合
上空の強い寒気
不安定な寒気の中で積雲が
積乱雲に発達し、降雪
積乱雲群
山地部では降雪が少ない
冬の季節風
盆地
空《から》っ風
水蒸気と
熱の供給
シベリア
大陸
日本海
対馬《つしま》海流
日本海側
脊梁《せきりょう》山脈
太平洋側

山雪型と同様に、季節風が積雲を日本海沿岸に運んでくる。このとき、上空に強い寒気があると、大気の状態が不安定になり、海上ですでに積乱雲が発生し、海岸や平野部に大雪を降らせる

column おもしろ季節コラム

14 息が白くなる温度は何度？

寒い日に吐く息が白くなるのは、息に含まれる水蒸気が冷やされて水滴になる、つまり水の粒になるからなのです。一般的に、気温が 10℃前後で息が白く見えるといわれています。ただし、関係しているのは温度だけではなく、湿度も。湿度が高い雨の日などでは、気温が 15℃くらいでも息が白く見えることがあります。

気温
15℃
10℃前後
息が白く見える
ふー

山雪型の日の衛星画像

2007 年 2 月 2 日

風が強いとき、山間部の人は要注意です
高
等圧線が南北に走り、密になっているので、強い季節風が吹いている

強い季節風が吹くことからも、山雪型の日は、典型的な「西高東低」となる

里雪型の衛星画像

2004 年 1 月 23 日

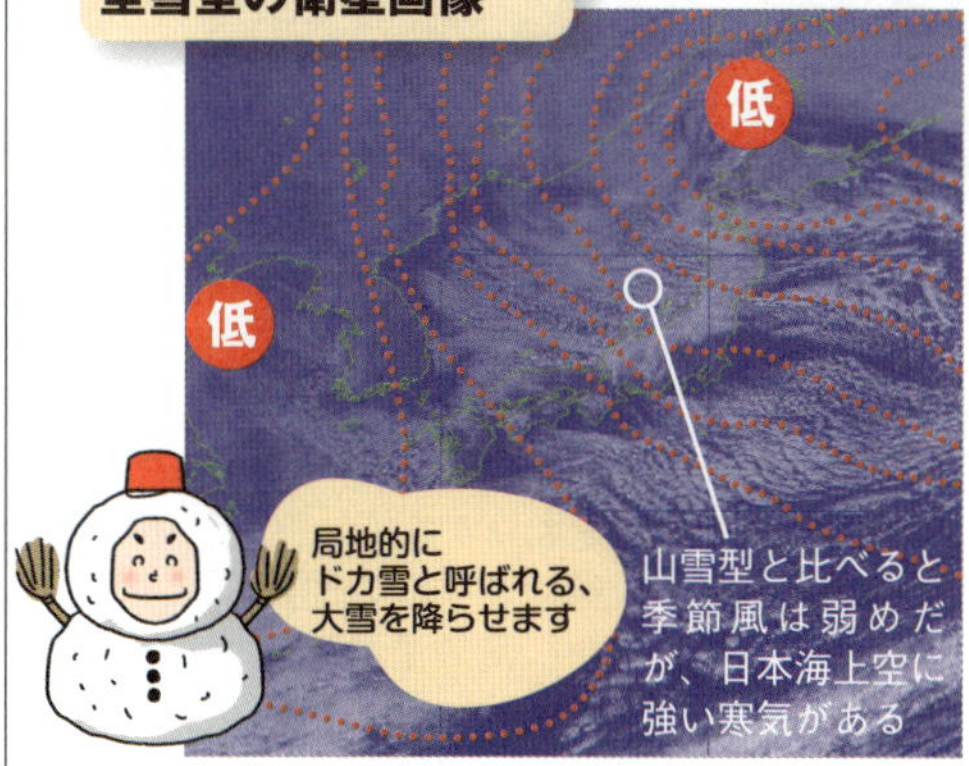
低
低
局地的にドカ雪と呼ばれる、大雪を降らせます
山雪型と比べると季節風は弱めだが、日本海上空に強い寒気がある

冬型の気圧配置だが、等圧線は曲がっていて、袋状。東西よりに走っている

⇧＝風（温度高）／⇧＝風（温度低）／⬆⬆＝空気や高気圧・低気圧の移動／…＝等圧線

山沿いで吹雪くときと沿岸部で多く降るとき

冬の日本海側は、大雪が降ることで知られています。

冬の季節風は、暖かい日本海の海水から熱と水蒸気を供給され、積雲を発達させながら、日本海沿岸へと吹き込みます。本州中央に走る３０００ｍ級の山脈を、季節風が越えるとき、上昇気流となり積乱雲を発生させ、山沿いや山間部で大雪を降らせるのです。その強い風のため、吹雪くこともしょっちゅうです。これが山雪型です。

逆に日本海上空に非常に強い寒気が入り込み、低気圧が発生すると、海岸部や平野部で激しい降雪があります。これを、里雪型と呼びます。

だから天気はおもしろい!
イラスト・題字：天達武史

生物季節で四季の変化を感じよう！

関東地方でも自然が多いところに住んでいる僕は、生物で季節の訪れを感じることがよくあります。ここでは僕が、特に季節を感じる生物を紹介します

生き物は季節を知らせてくれる

夏が暑かった場合、次の年の春はスギ花粉の量に注意しよう

虫や鳥の鳴き声、花の生長で季節を感じることはありませんか。動物や植物は季節の変化に敏感なので、季節を知るめやすになります。僕がよくチェックしている生物を中心に見ていきましょう。

まずはスギの木。春の花粉症の原因になるスギ花粉ですが、飛散量は、前年の夏の暑さによって変わります。夏に暑い日が続くと、スギの雄花の芽がよく生長するため花粉の量が増えます。逆に涼しい夏の場合、芽があまり生長しないため花粉の量も減るのです。

僕が住んでいるところではホタルも見ることができるのですが、ホタルは湿気が多く蒸し暑い日の、日没後1、2時間によく活動します。この条件はちょうど梅雨の始めの天候に近いので、ホタルを見かけると梅雨入りが近いことを感じます。

ホタルの活動は生息地の環境だけでなく、天候も影響する

虫や鳥の「声」で季節を知る

アブラゼミの鳴き声をうるさく感じるようになると、いよいよ夏が始まる

生物の鳴き声でも大体の季節がわかります。例えばセミの声。セミは梅雨頃から晩夏にかけて、ニイニイゼミ、アブラゼミ、ツクツクホウシの順に鳴きます。梅雨明け頃からジージーと鳴くアブラゼミですが、その声がツクツクホウシに変わると夏も終わり。そう思うと、ツクツクホウシの声が少し切なく感じられますね。

僕が働くお台場では、秋頃になるとモズのキイキイという高い鳴き声が聞こえます。実は、モズが高鳴きすると75日後に霜が降りるといわれています。実際には75日ぴったりではありませんが、この前後に霜が降りることが多いのです。モズが高鳴きする時期によって、その年の冬の到来が早いか遅いかがわかります。

モズの高鳴きは、約75日後に霜が降りることを知らせる

第4章

空を見るのが楽しくなる雲や風のしくみ

赤く染まる夕日や、夏～秋に猛威を振るう台風など、
天気や気象に関わる現象は不思議なものばかり。
ここでは、日常に起こる気象現象のしくみを説明します

Jacques Descloitres, MODIS Land Rapid Response Team at NASA GSFC

空の色のメカニズム

なぜ空の色は青や赤になるの？

昼間と夕方で空の色が違うのはなぜでしょう。それは、太陽の光が大気中を通り抜け、地上まで届く距離の違いに秘密があります

空の青さは
太陽の光がもつ
色の波長が
関係しています

大気中に小さい水滴やチリが少ないほど、空が澄んで見える。日本で秋の空が澄んで見えるのは、乾燥した高気圧に覆われるため

写真：濱田陽守

青色の光が散乱して空が青く見える

太陽の光は白（透明）のように見えますが、実はさまざまな色の集まりです。波長がもっとも長い光が赤、短い光が青です。

太陽の光は、大気を通過して地上に届くまでの間に、空気の分子やチリ、水滴などの細かな粒子にぶつかって、拡散します。

波長の短い光ほど粒子にぶつかって拡散しやすいので、太陽光が垂直に近い方向で地上に差してくる昼間は、青い光が一番多く拡散します。空が青く見えるのはこれが原因です。一方、夕方は太陽光が大気を通過する距離が長く、波長の長い赤が一番地上近くで拡散するので、空は赤く見えます。

夕方は昼間より太陽が低い場所にあるため、光が大気の層を通る距離が長くなる　写真：濱田陽守

青空と夕日の違い

夕日の場合

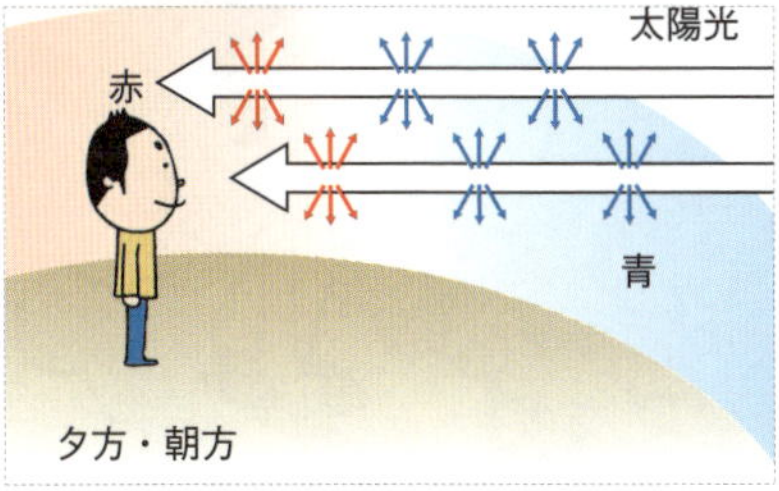

光が大気の層を通る距離が長いぶん、青い光は人の目に届かなくなり、赤い光が届く

青空の場合

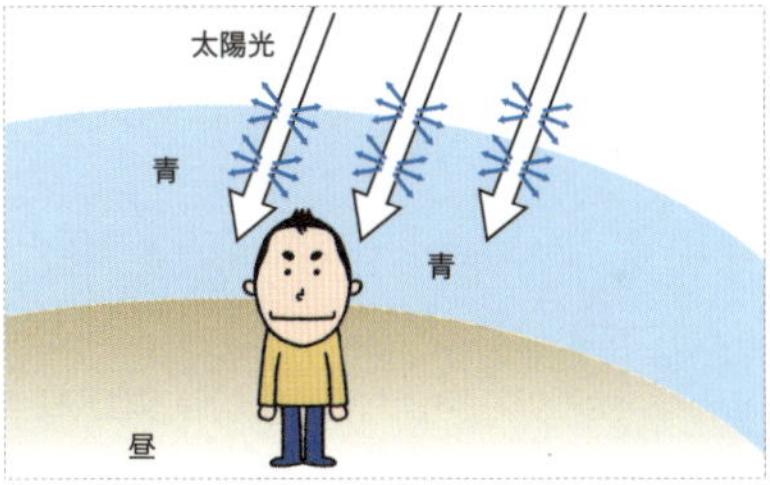

青い光は波長が短く散らばりやすいため、さまざまな方向から目に届き、空が青く見える

column **おもしろ天気コラム**

05

海の青と空の青の違い

空と同じく青く見える海ですが、空が青い理由とは少し違います。太陽の光が海に入った場合、海は波長が長い赤の光から吸収します。そのため、海中には青い光が多く残り、この色を反射することで海が青く見えるのです。ただし、海の色は海中の微生物の数や海の深さによっても変わります。

雲のメカニズム

雲はどうやってできるの？

空にふわふわと浮かんでいる雲のもとは、小さな水や氷の粒。
さまざまな理由で上昇気流が起こり、空気が冷えることで生まれます

綿みたいにも見える雲の正体は、小さな水や氷の粒です

空気中に浮かぶ透明な水蒸気が上昇気流によって上空に運ばれ、冷やされて小さな水や氷の粒になる。この粒が集まって雲ができる

写真：大沼英樹

空気中の水蒸気が冷やされて雲になる

雲の正体は、水や氷の小さな粒の集まり。空気には水蒸気の状態で水分が含まれていますが、ある体積の空気が含むことができる水蒸気の量は決まっており（これを飽和水蒸気量といいます）、温度が高いほど多く、低いほど少なくなります。

さて、空気は上昇すると冷やされて、飽和水蒸気量が減ります。すると、飽和水蒸気量を超えた分の水蒸気が、空気中の細かなチリなどを芯にして、水滴や氷の粒になります。こうしてできた粒は0.02㎜以下と小さくて軽く、上昇気流で空に浮いていられます。この粒が集まったのが、雲というわけです。

雲のでき方

前線性上昇気流

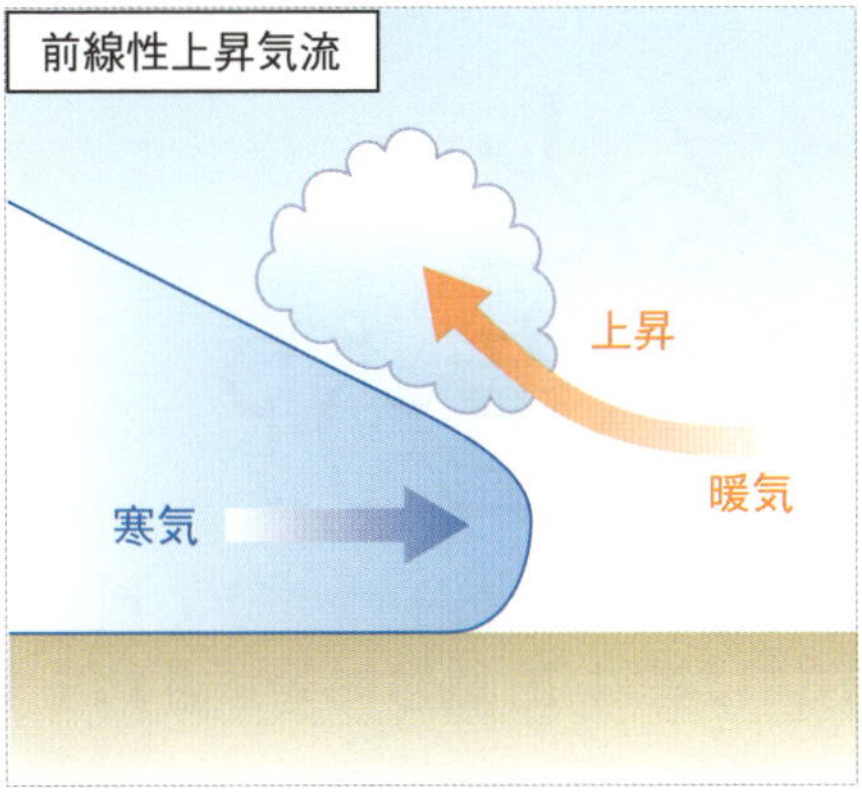

前線ができるときの雲のでき方。温度の異なる空気がぶつかり、暖かい空気が冷たい空気に乗り上げることでできる。上の図は寒冷前線の例

対流性上昇気流

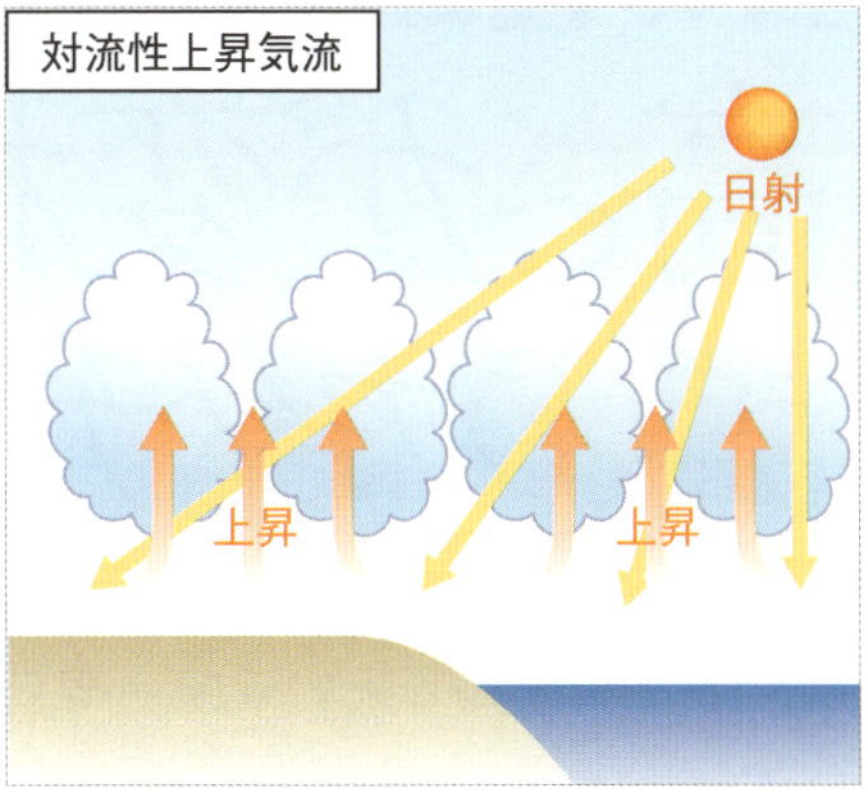

太陽の熱によって暖められた空気が軽くなり、上昇した空気が上空で冷やされる。陸地は海上と比べて急速に暖まるので、雲も発生しやすい

低気圧性上昇気流

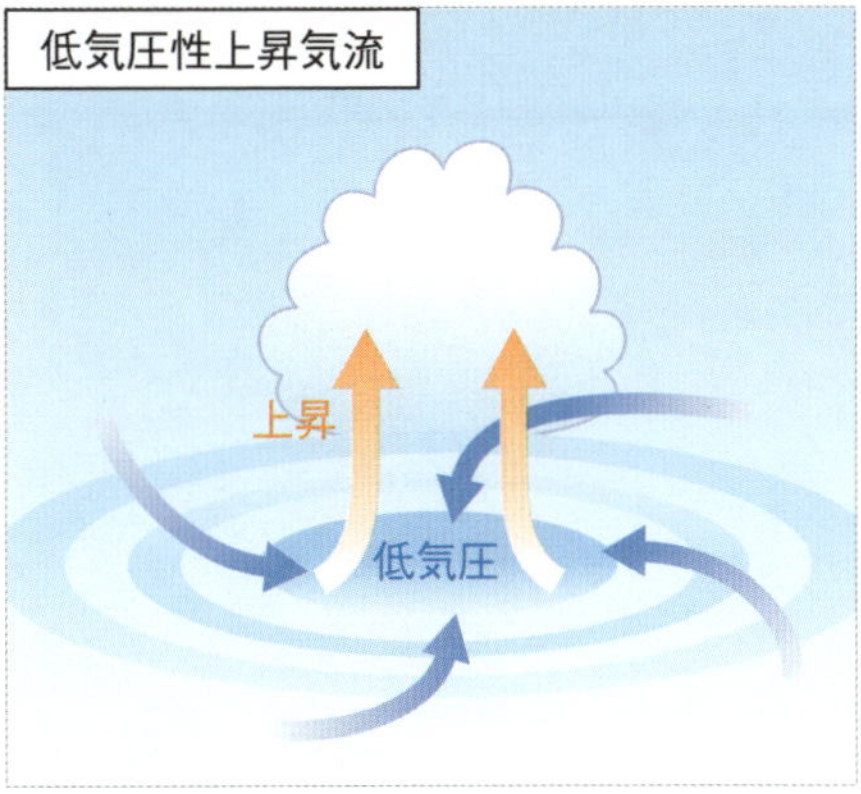

低気圧などの気圧の低いところへ風が吹き込み上昇する。台風ができる原因にもなる上昇気流で、周囲との気圧の差が大きいほど雲ができやすい

地形性上昇気流

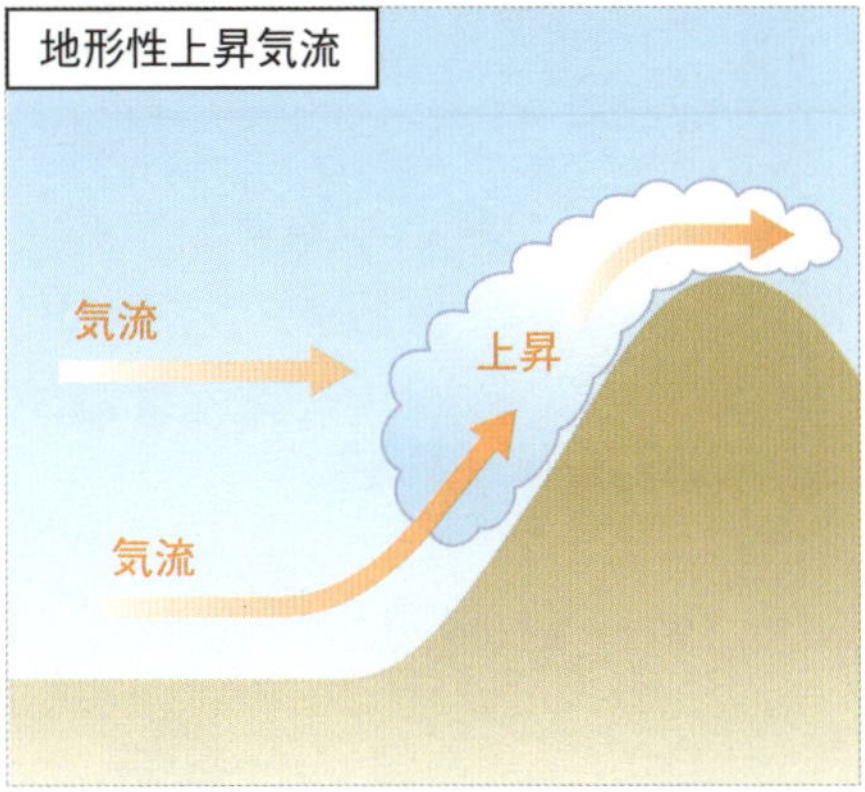

気流の影響などで山に向かって流れる空気が、山の斜面に沿って上昇するためにできる。山の天気が変わりやすい理由のひとつがこれ

column おもしろ天気コラム

季節で変わる雲の形

同じ雲でも夏にモクモクとした積乱雲が多く、春や秋・冬に薄く細かい雲が多いのは、上空の風が関係しています。夏は上空の風が弱いため、雲は縦に成長して積乱雲などに成長します。逆に春や秋・冬は上空の風が強いので、雲は風の影響を受けて横に広がり、細かい小さな雲が多くなるのです。

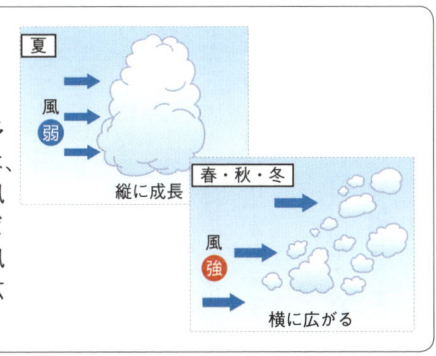

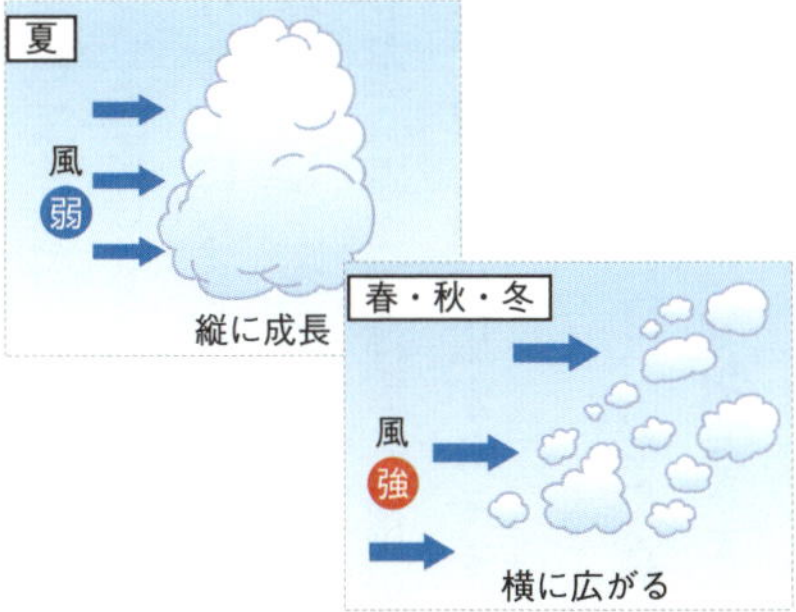

雲の種類

高さが変わると雲のカタチが違う?

雲は形もできる高さもさまざまですが、それには上空で吹く風の向きや強さが関係しています。専門的には雲は10種類に分類されます

10 種雲形と高度

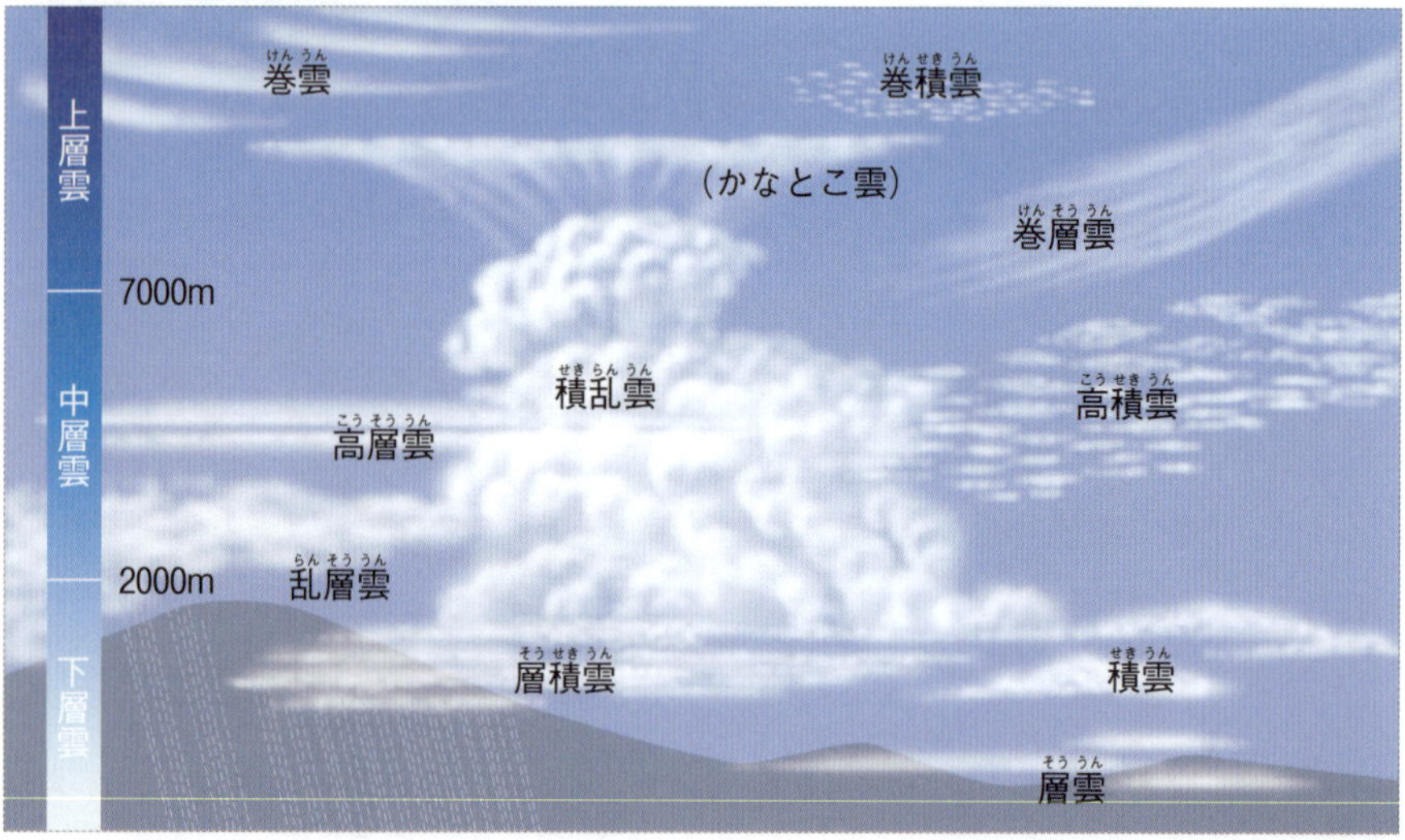

国際的に決められた雲の種類は10種類

入道雲、雨雲、いわし雲など、雲には形によってさまざまな呼び名がありますが、そもそも雲にはどうしてさまざまな形があるのでしょう。

雲の形は、上空で吹いている風の向きや強さによって変わります。夏は上空の風が弱いため、上昇気流で生まれた雲は、上に向かって成長し、入道雲（積乱雲）のような形になりやすくなります。春や秋は上空の風が強いため、すじ雲（巻雲）、薄雲（巻層雲）のように薄く横に広がりやすくなります。

雲は専門的には、形や高度に基づき10種類に分類できます。これを「10種雲形」といいます。

雲の種類（10 種雲形）

雲は 10 種類の形に
分けられています

上層雲（7000m 以上）

巻雲（けんうん）

細い繊維状や帯状で、ハケでなでたような形をしているのが特徴。すじ雲ともいわれ、主に氷晶でできている。高気圧に覆われたときによく現れる

巻積雲（けんせきうん）

うろこ雲やイワシ雲とも呼ばれる、細かいさざ波のような雲。空気がゆっくり上昇するときに発生しやすく、氷晶からできている。空には薄く水平に広がる

巻層雲（けんそううん）

薄いベール状の雲。氷晶でできていて、この雲が広がっているときは太陽や月に暈（かさ）がかかる。温暖前線の前面でよく発生し、やがて天気が崩れる

中層雲（2000 ～ 7000m）

※乱層雲は上層・下層まで広がっていることがある

高層雲（こうそううん）

水滴と氷晶が集まってできた、灰色がかった厚い層の雲。雨や雪の前兆となることもある。温暖前線に沿って、暖気が上昇するときに発生することが多い

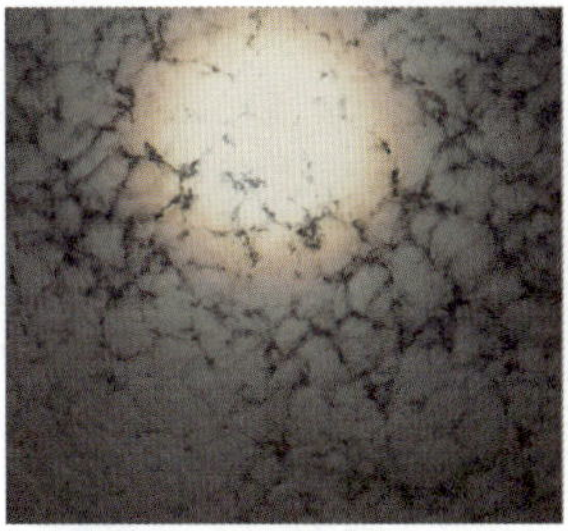

高積雲（こうせきうん）

おもに水滴からできた白または灰色の雲。丸い固まりが群れをなしているところから、別名をひつじ雲やむら雲という。空全体を覆うことも多い

乱層雲（らんそううん）

暗い灰色の雲で、空全体を厚く覆う。雨雲がこれに当たり、雨や雪を長く降らせる。水滴や氷晶などからできていて、台風や前線が通過するときに発生する

下層雲（地上付近～ 2000m）

※積雲、積乱雲は中層・上層まで広がっていることがある

層雲（そううん）

別名を霧雲といい、低い場所で層状に広がる雲。地表に接する部分では霧と呼ばれる。弱い雨、雪を降らせることがある

層積雲（そうせきうん）

うねのように並ぶ厚い層の雲。ところどころ切れていて、青空が見えることが多い。高積雲より低い場所で発生する

積雲（せきうん）

わた雲とも呼ばれる、晴れた日の日射によってできる雲。日差しが強まり、地面が暖められる春に単独で現れることが多い

積乱雲（せきらんうん）

入道雲としても知られている、積雲が発達した雲。雷雨やひょうを降らせる。対流圏の界面に達すると、頂上が平らに広がる

写真：大沼英樹（巻雲、巻積雲、高積雲、乱層雲、積雲）、濱田陽守（層積雲）、istockphoto/ BanksPhotos（積乱雲）

風のメカニズム

風はどこから吹いてくる？

あちこちから吹いてくる風は、どのようにして起こるのでしょう。
それには、空気の温度が場所ごとに異なることが関係しています

風が吹くしくみ

写真：大沼英樹

空気は大気の温度を均一にしようと、気圧が高い（冷たい）場所から低い（暖かい）場所へ移動する。この移動が風となる

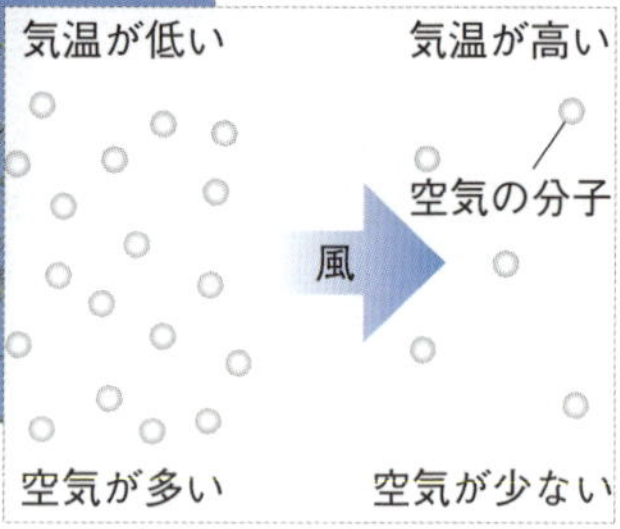

気圧が高いところから低いところへ風が吹く

空気が動くと風が起こるのですが、空気は気温の変化と、それに伴う気圧の変化で動きます。

　空気には、暖まると膨張して軽く、冷えると縮んで重くなるという性質があります。この性質によって、空気は暖まると上昇します。これにより、地表を押しつける力が弱くなり、気圧は低くなります。上昇してしまった空気を補うために、周りから冷たく重い（気圧が高い）空気が地表に向かって動き、風が起こります。

　このような温度の変化によって起こる風には、海風・陸風、谷風・山風などさまざまな種類があります。フェーン現象のように熱い風は、湿った空気が山を越えて、乾くことで発生します。

昼と夜で違う風が吹く理由

海風と陸風

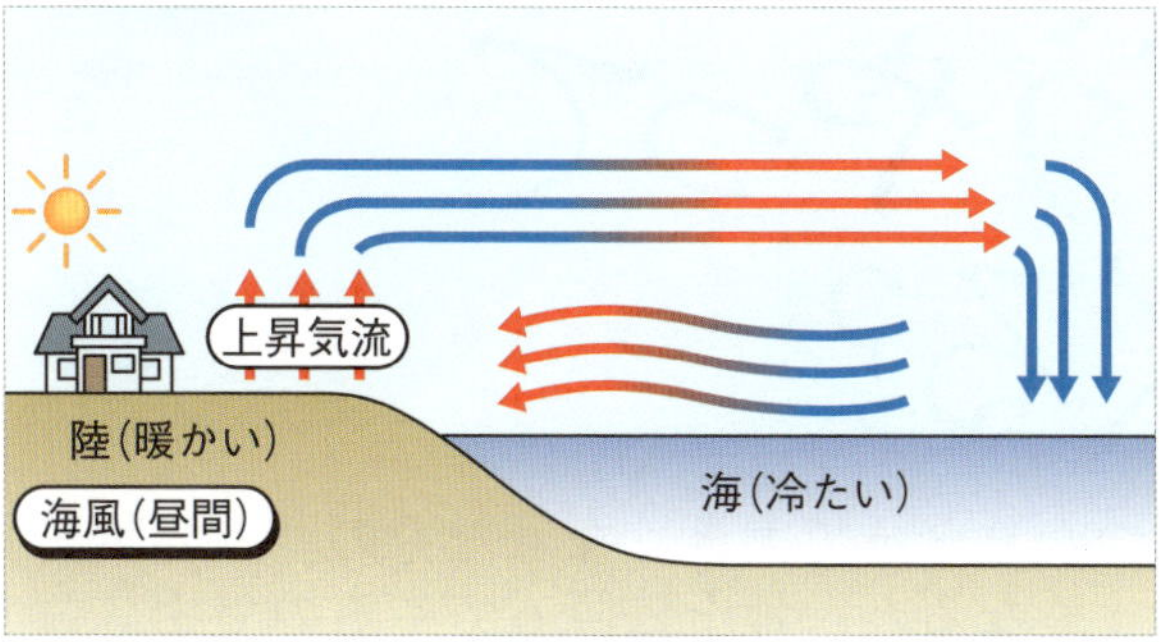
上昇気流
陸(暖かい)
海風(昼間)
海(冷たい)

昼間は太陽によって陸地の空気が暖められるため、上昇気流が起こる。そこに海から冷たい空気が流れてきて、海風となる

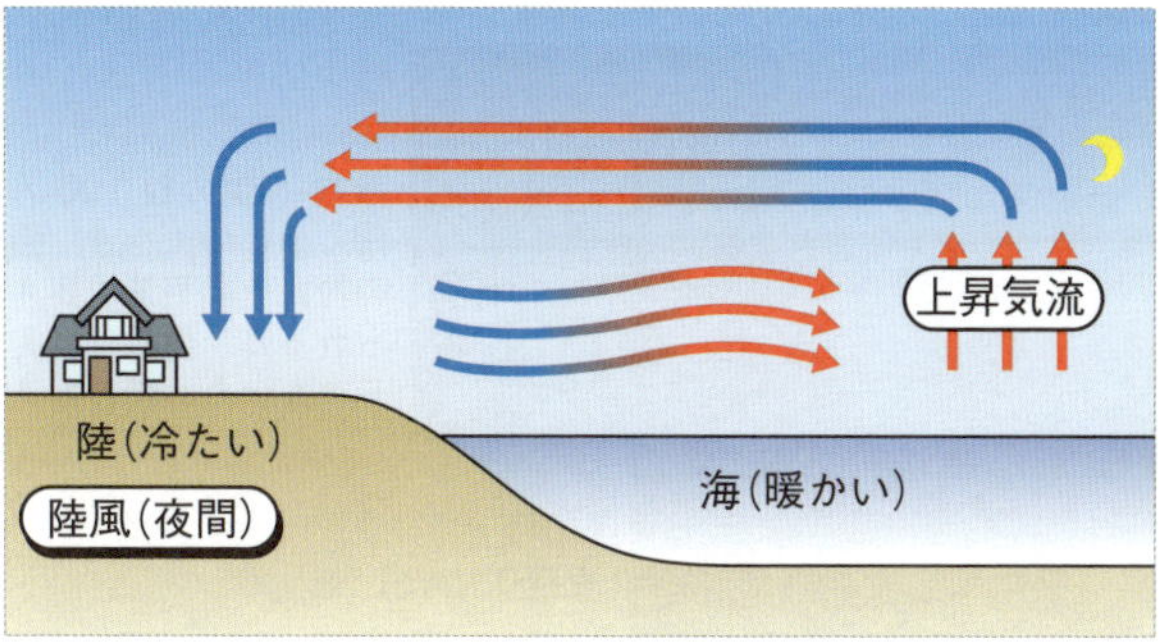
上昇気流
陸(冷たい)
陸風(夜間)
海(暖かい)

一般に水は固体よりも熱が冷めにくいため、夜は海上の方が暖かくなる。これにより海で上昇気流が起こり、陸から海へ風が吹く

山風と谷風

谷風

昼間は山の斜面が太陽の熱で暖められるため、上昇気流が起こり谷間から頂上へ風が吹く

山風

夜は太陽が沈むので熱が届かず、山頂の空気が冷えて重くなり、山から谷へと風が吹き下りる

フェーン現象

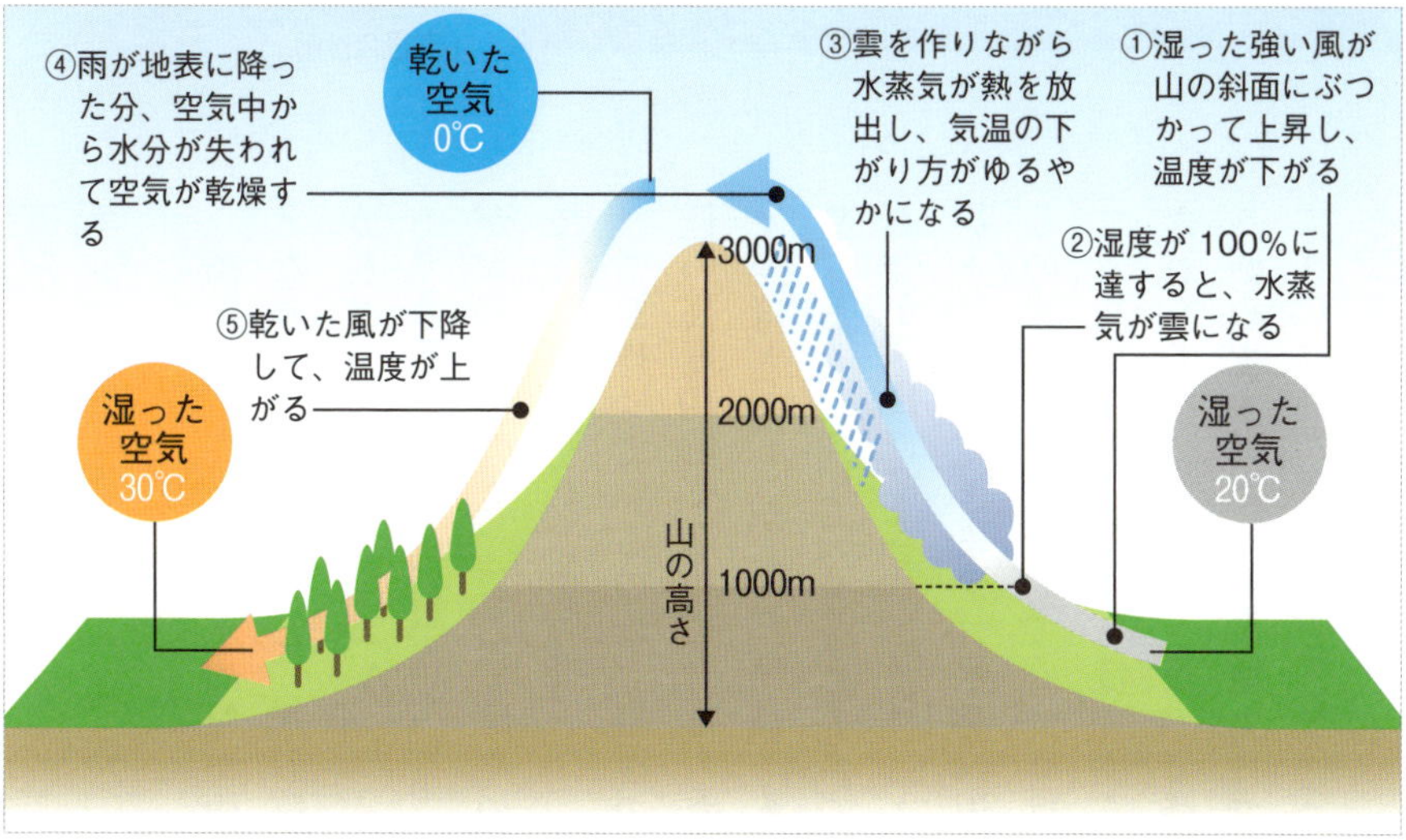
④雨が地表に降った分、空気中から水分が失われて空気が乾燥する
乾いた空気 0℃
③雲を作りながら水蒸気が熱を放出し、気温の下がり方がゆるやかになる
①湿った強い風が山の斜面にぶつかって上昇し、温度が下がる
②湿度が100%に達すると、水蒸気が雲になる
⑤乾いた風が下降して、温度が上がる
湿った空気 30℃
湿った空気 20℃
3000m
2000m
1000m
山の高さ

雨のメカニズム

雨はどうやって降ってくる?

雨の粒は、雲の粒がぶつかり合って大きくなったもの。上昇気流では支えられないほど大きくなると、地上に降ってくるのです

雲の粒と雨粒の違い

雨粒は雲の粒100万個くらいの大きさ。雲の粒は上昇気流で支えられるが、雨粒は支えられないため雨となる

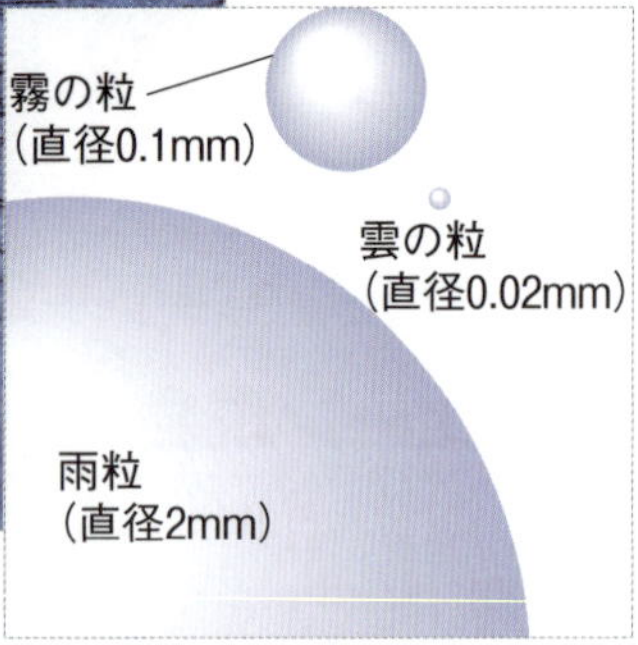
霧の粒
（直径0.1mm）
雲の粒
（直径0.02mm）
雨粒
（直径2mm）

雲の粒が大きくなり重くなって雨になる

雨には、雲を作る氷の粒が雨となる「冷たい雨」と、氷の粒が生まれず降る「暖かい雨」があります。日本の雨は「冷たい雨」が大部分なので、ここではそのできかたを紹介しましょう。

雲を作っているのは、気温の低い高度10㎞くらいのところだと、ほとんどが氷の結晶（氷晶）です。厚い雲だと氷晶も多く、ぶつかり合って大きく成長して、徐々に下りてきます。氷晶は周りの水蒸気を凍らせてくっつけてさらに成長。上昇気流で支えきれなくなると、雪となって降り始めます。この雪が地上までに0℃以上の空気の層を通ると、そこで解けて雨になります。

雨・雪が降るしくみ

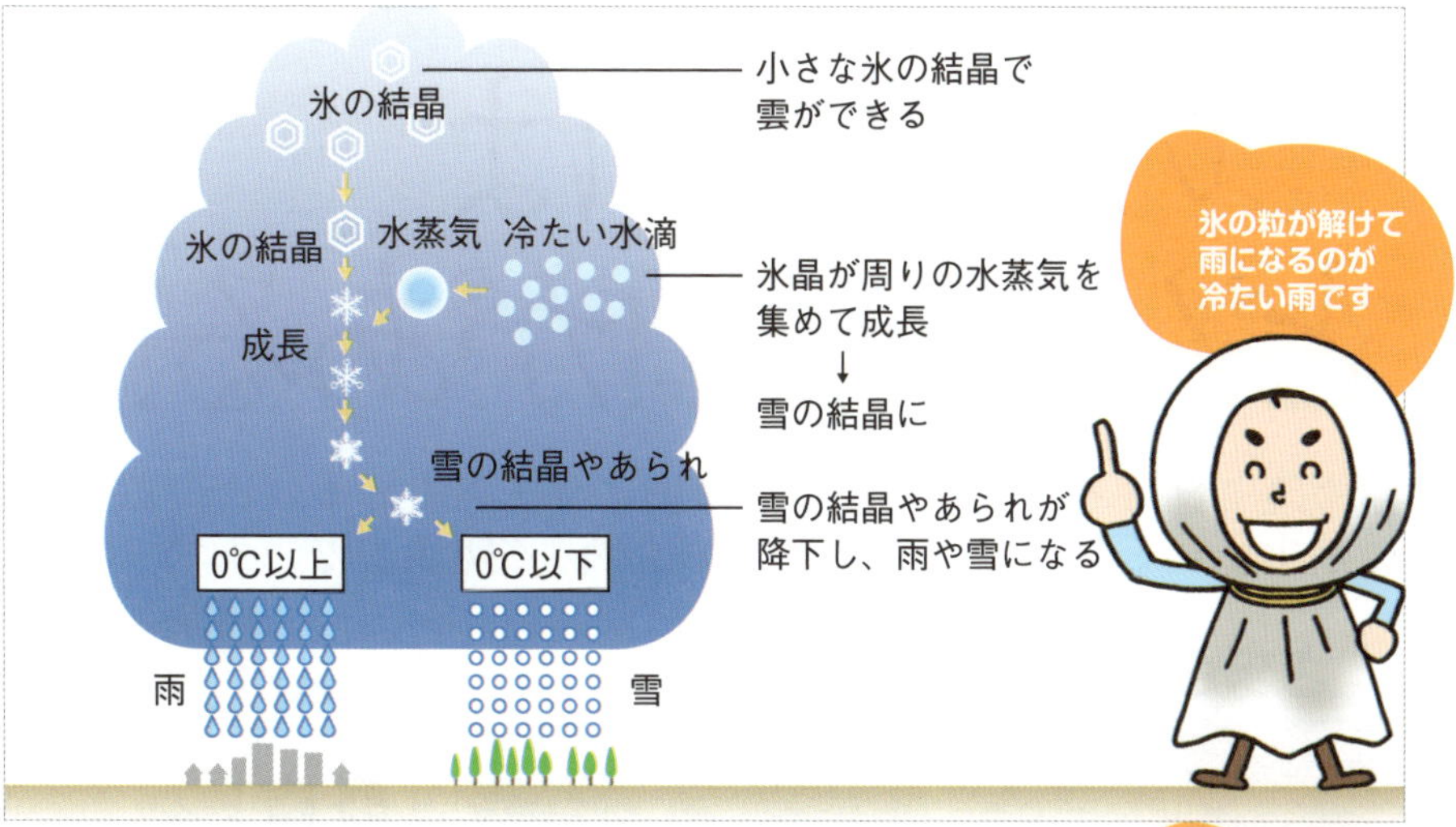
氷の結晶
小さな氷の結晶で
雲ができる
氷の結晶
水蒸気
冷たい水滴
成長
氷晶が周りの水蒸気を
集めて成長
↓
雪の結晶に
雪の結晶やあられ
雪の結晶やあられが
降下し、雨や雪になる
0℃以上
0℃以下
雨
雪
氷の粒が解けて
雨になるのが
冷たい雨です

雨の降る速度

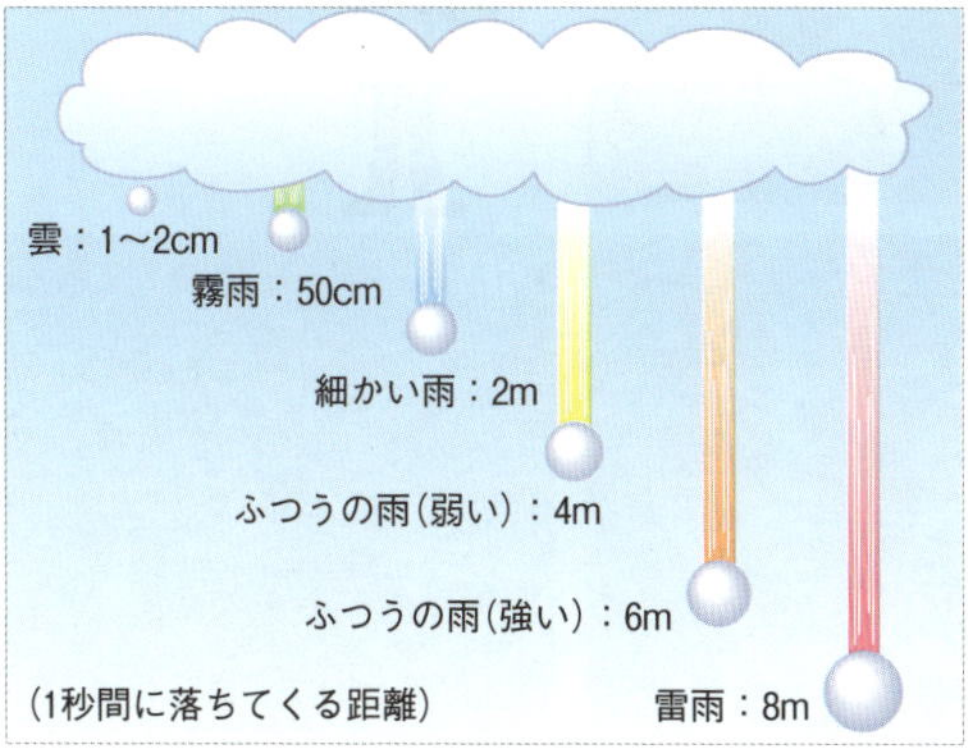
雲：1～2cm
霧雨：50cm
細かい雨：2m
ふつうの雨(弱い)：4m
ふつうの雨(強い)：6m
(1秒間に落ちてくる距離)
雷雨：8m

雨の激しさは
雨粒の大きさも
関係しています

column おもしろ天気コラム 07

雨粒は まんじゅう形

雨粒を絵で描くとき、上が細い雫形を描く人が多いかもしれませんが、実際はまんじゅうのような形で降ってきます。もともと球形で落ちる雨粒が空気の抵抗を受け、底が平らになるためです。粒が大きければ大きいほど空気抵抗が大きく、まんじゅう形になりやすくなります。

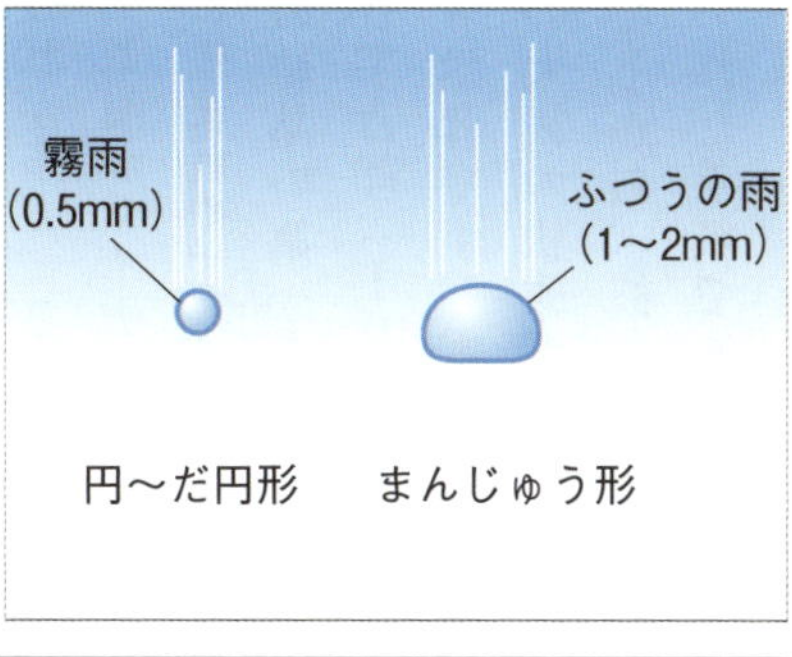
霧雨
(0.5mm)
ふつうの雨
(1～2mm)
円～だ円形
まんじゅう形

雪の種類

雪の結晶にはどんな種類がある？

顕微鏡で見ると、雪の結晶の形は実にさまざまです。このような違いが生まれる原因には、湿度と気温が深く関係しています

さまざまな雪の結晶

撮影：吉田六郎

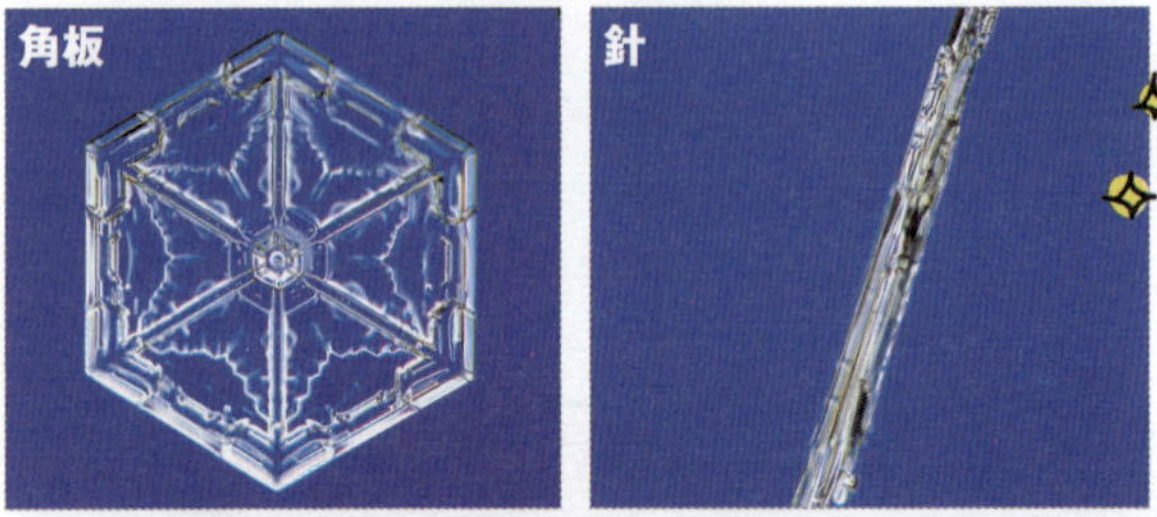
角板
針

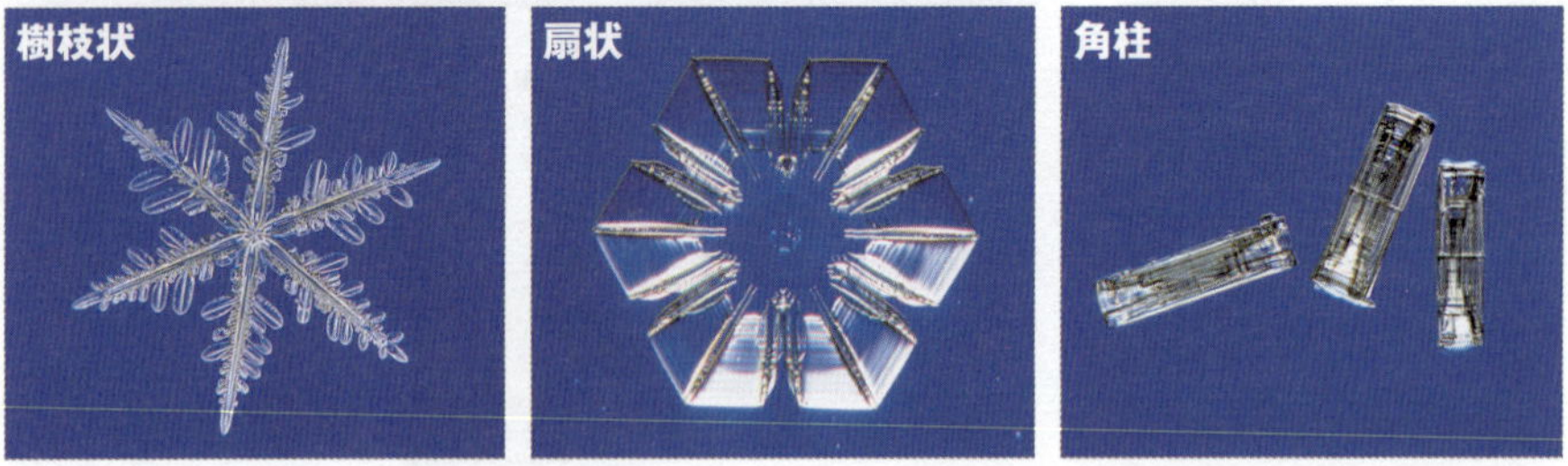
樹枝状
扇状
角柱

美しい雪の結晶は
気温と湿度で
形が決まります

雲の中の温度と湿度で結晶の形が変わる

96ページで雨のでき方を説明しましたが、地上まで気温が0℃以下だと、氷晶は雪として降ってきます。

雪の結晶は、気温と湿度に関係して、さまざまな形に変化します。例えば、肉眼でもわかるほど大きな結晶を持つぼたん雪の結晶は樹枝状が多く、これは湿度が高めで、気温がマイナス15℃前後のときに生まれやすくなります。

雪の結晶の第一人者は、日本の中谷宇吉郎（1900―62）という学者です。雪の結晶には上空の大気の状態が記録されていることから、彼は「雪は天から送られた手紙である」という言葉を残しました。

温度・湿度と結晶の形

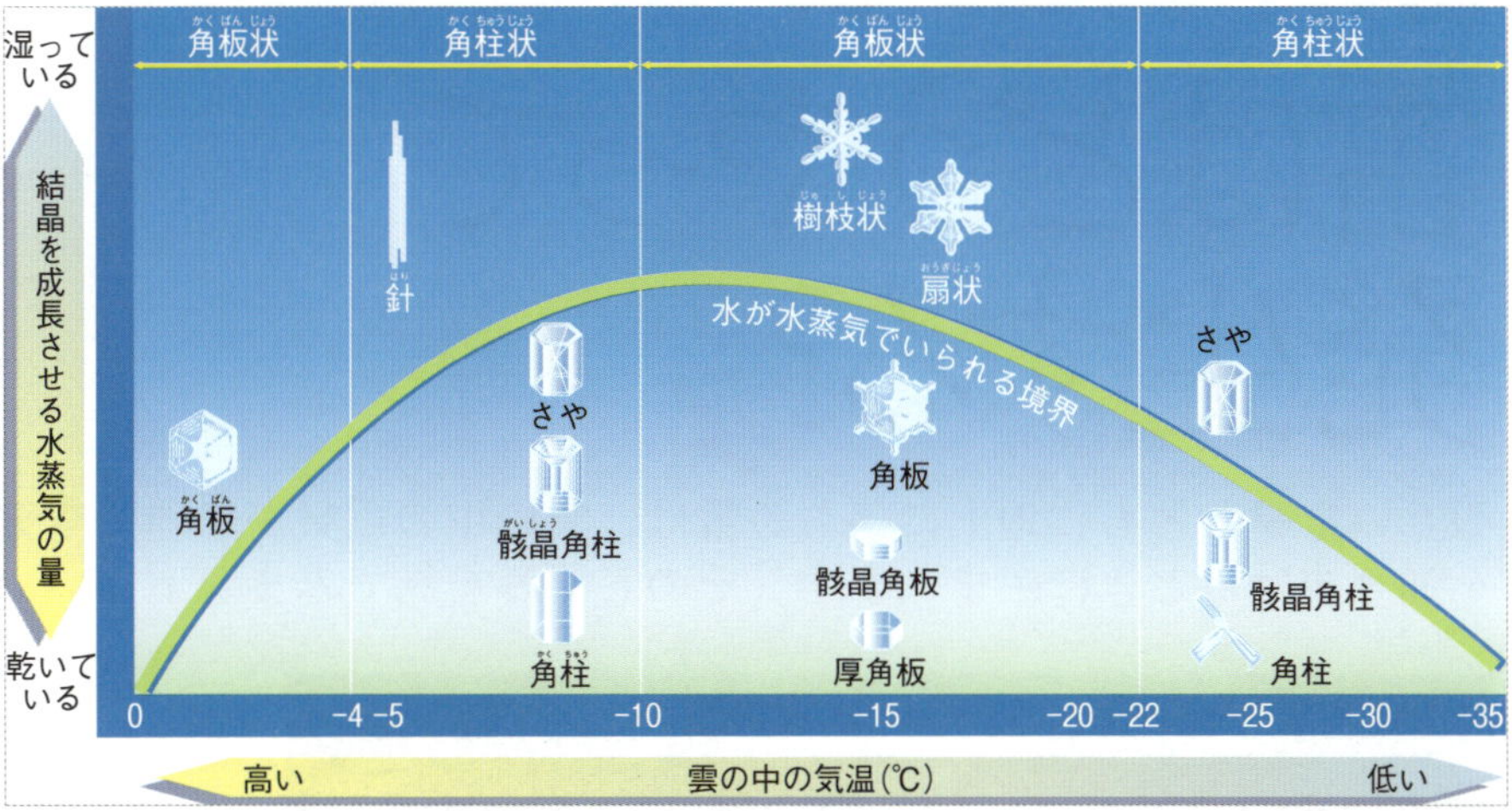

雪の結晶は、湿度が高いほど樹枝状などのように複雑な形になりやすく、湿度が低いほど角張った形になる

ひょう・あられができるしくみ

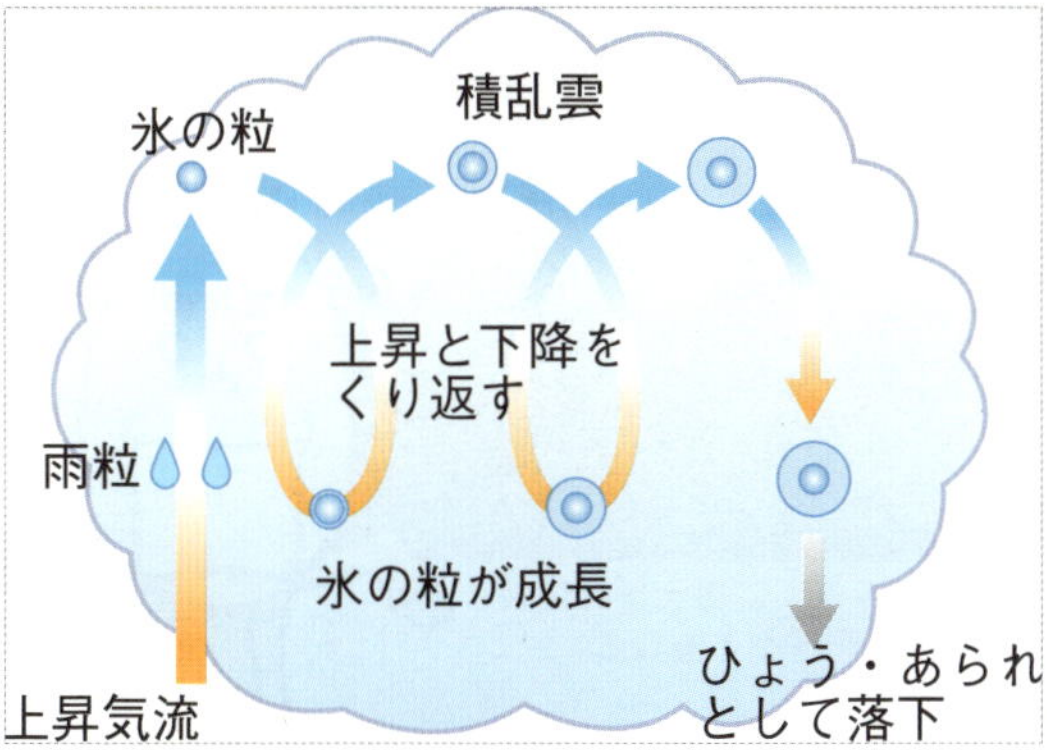

ある程度大きくなった氷の粒に、水滴がついて凍ったりすることで、ひょうやあられに成長する

column おもしろ天気コラム

08

雪が降るのは2℃以下？

水が氷になる温度は0℃なので、雪が降るのも「地上が0℃以下になったとき」なのでしょうか。実は天気予報では、地上の気温が2℃以下になると、雪の確率が高くなります。これは地上の気温が2℃以下だと上空の気温はもっと低く、雪が解ける前に降ってくると推測されるからです。

雷のメカニズム

雷はどうやって発生する?

激しい雷鳴とともに地上に落ちる雷は、雲の中の電気が無理に空気を通り抜けるときに生まれます。そのしくみを見てみましょう

雷は最大約10億ボルトという膨大な電気エネルギー。この大量の電気がわずか100～1000分の1秒という短い時間で空気中を流れる

提供：音羽電機工業株式会社“雷”写真コンテスト

すごい雷ですね！
雷は主に積乱雲の
中で発生します

雷は積乱雲に含まれる氷の粒が起こす静電気

下敷きで頭をこすると、静電気が発生して髪の毛がくっつきますよね。雷もこの静電気がもとで起こる現象です。

上昇気流の激しい積乱雲の中では、氷晶も激しくぶつかり合っています。すると氷晶に静電気が発生し、プラスの電気を持つ氷晶は雲の上の方に、マイナスの電気の氷晶は下の方に集まります。空気は本来電気を通しませんが、雲にたまった電気が大きくなると、やがて電気は空気を強引に通り抜け、一気に地上まで流れます。これが雷です。

ゴロゴロと雷鳴が鳴るのは、雷が落ちるときのエネルギーで空気が激しく震えるためです。

雷が発生するしくみ

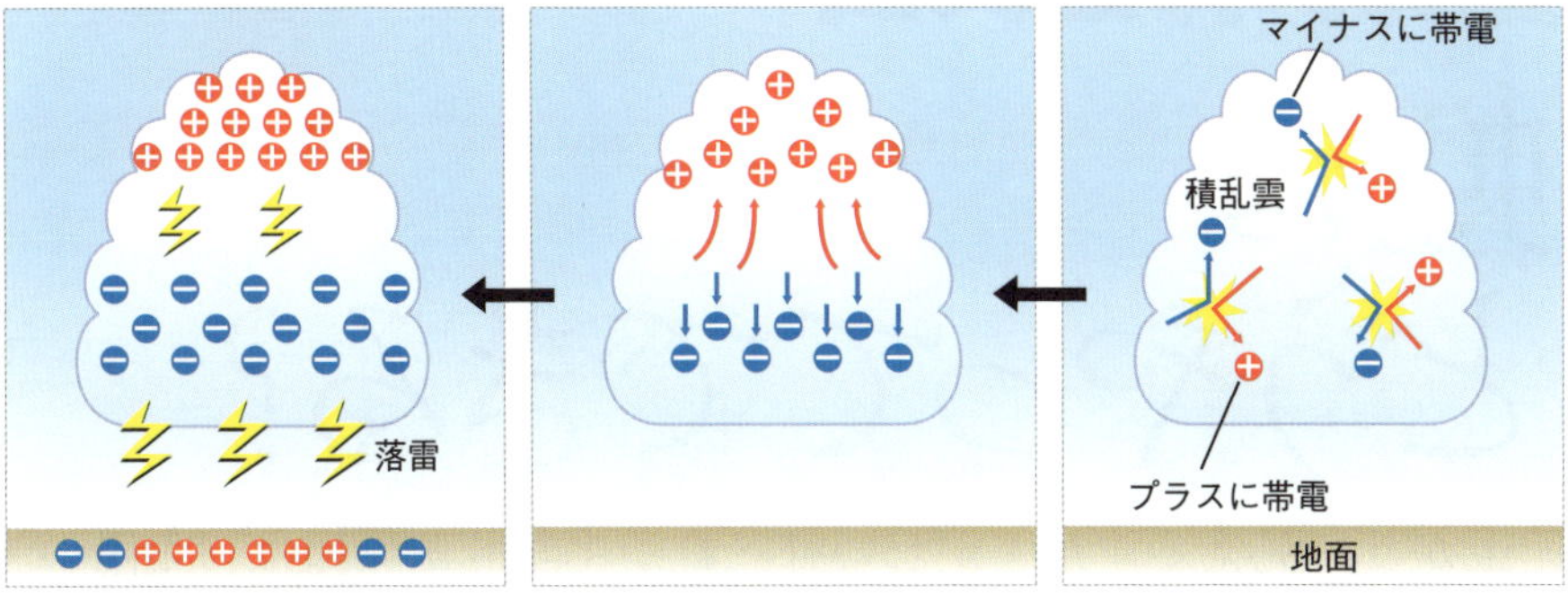
落雷
マイナスに帯電
積乱雲
プラスに帯電
地面

雲の上下にたまった電気が、雲の中や雲と地面の間で放出される。この放出が落雷である

プラスの電気を帯びた粒は雲の上側へ、マイナスの電気を帯びた粒は雲の下側へと集まる

積乱雲中の乱気流で氷晶などがぶつかり合い、プラスとマイナスの電気を帯びた粒子ができる

雷の光と音の関係

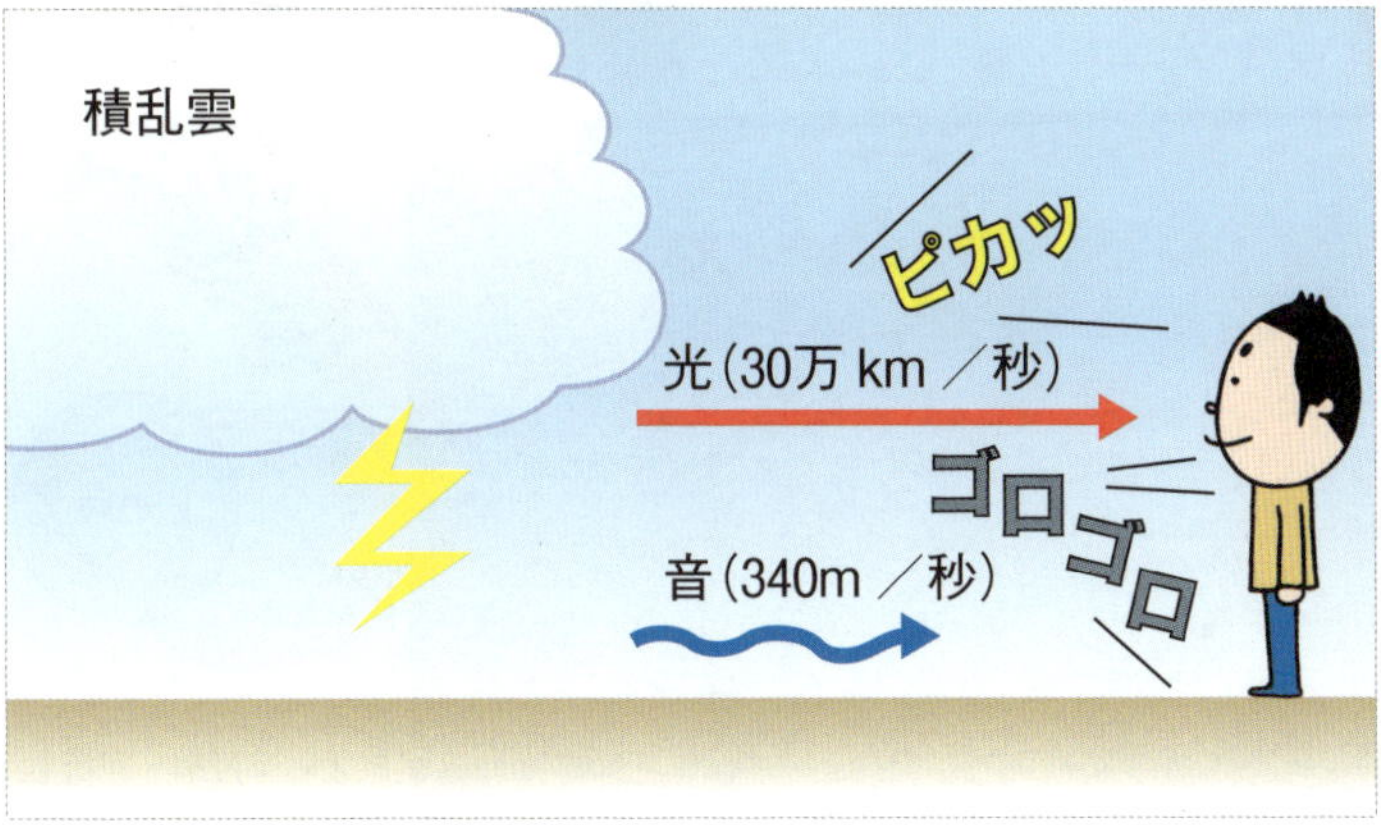
積乱雲
ピカッ
光(30万 km ／秒)
ゴロゴロ
音(340m ／秒)

光と音の間隔で
積乱雲との
距離がわかります

音は1秒で約340m進む。雷が光ってから10秒後に雷鳴が聞こえた場合、約3400m先に積乱雲があると計算できる

column おもしろ天気コラム

60

雷が鳴ったらココへ避難

木には近づきすぎず、
2～4m は離れましょう！

車内では電流が車体の表面を流れて抜け、感電しないこともある。しかし安全とはいい切れない
2m 以上
4m以上
45°
この位置に避難
危険
危険

雷が発生したときに屋外で避難する場合は、4m以上の建物や木を45度以上の角度で見上げる範囲に入りましょう。

虹のメカニズム

虹は どうやってできる？

雨上がりに見えるすがすがしい虹。虹が生まれる原因は、太陽の光が雨粒を通り抜けることにあります。虹の光は、太陽の光です

虹ができるしくみ

写真：大沼英樹

虹は、太陽の光に含まれる色と、雨が関係しています

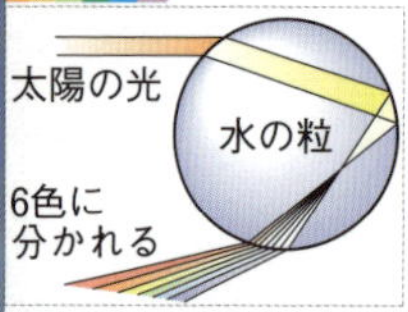
太陽の光
水の粒
6色に分かれる

太陽の光が空気中の水滴によって反射・屈折し、赤、オレンジ、黄、緑、青、紫に分かれる。この6色が虹の各色となる

雨粒が太陽の光を6つに分けてできる

プリズムに太陽光を通すと、中で屈折し、6色（7色）に分解されます。虹も、このように太陽光が分解されて生まれます。

自然界でプリズムの役割を果たしているのは、雨粒。遠くで雨が降っていると、その雨粒の中で太陽の光が屈折して、虹色に分かれて私たちの目に届くのです。ホースで水を霧のようにまくと虹ができますが、それと全く同じ状態です。

虹は太陽を背にして、雨雲が去って行った方向に見えます。鮮明さは雨粒のサイズに関係していて、大きいと鮮やかに、小さいとぼんやりと見えます。虹の向こうには、雨があるのですね。

虹が見える場所

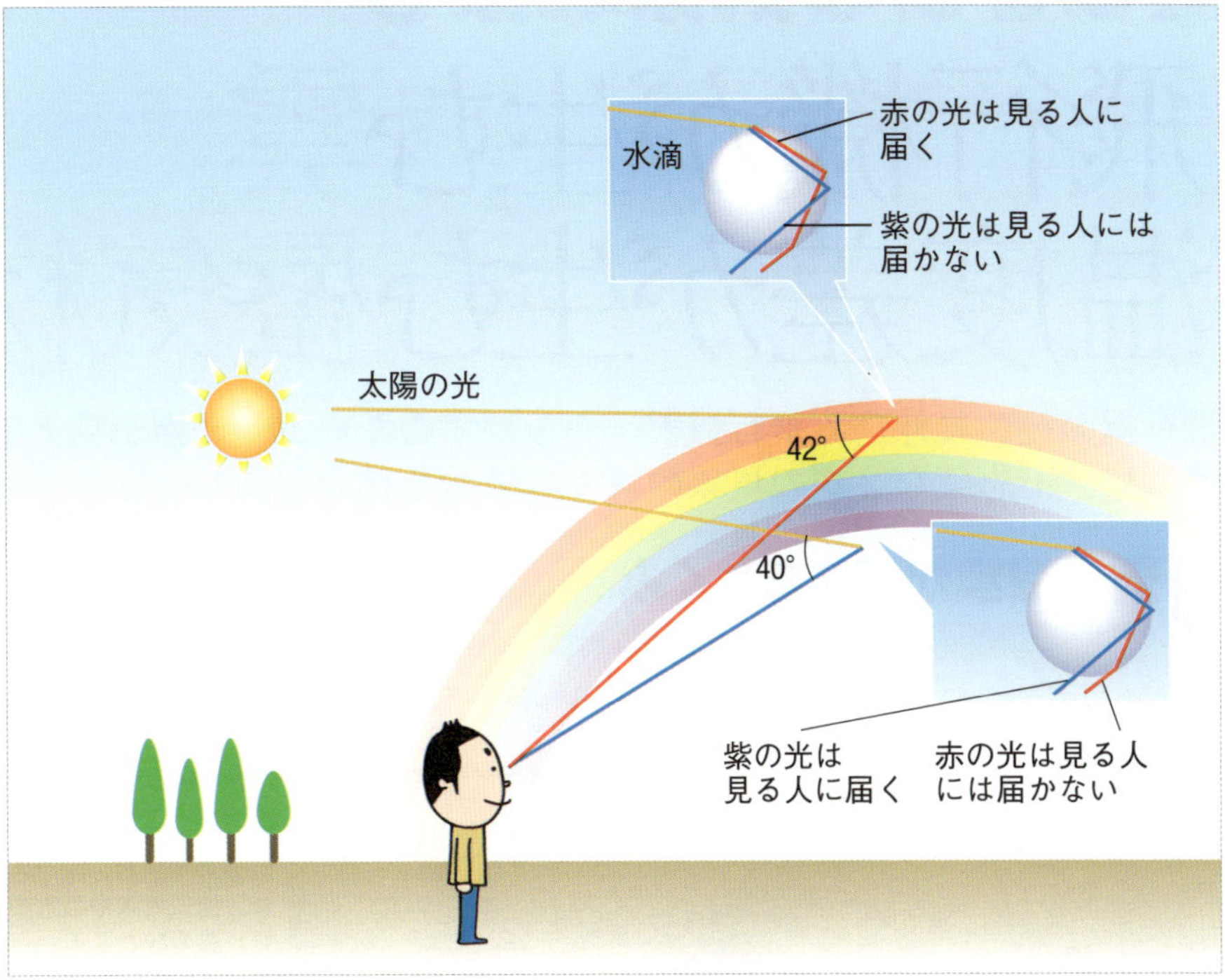
水滴
赤の光は見る人に届く
紫の光は見る人には届かない
太陽の光
42°
40°
紫の光は見る人に届く
赤の光は見る人には届かない

虹は見る人の後ろに太陽があり、前に雨が降っているときに見えることが多い。このことから、虹の根元のほうは雨が降っていることがわかる。夕立の後、東の空に虹が見えるのはこの位置関係のため

column おもしろ天気コラム 10

写真：大沼英樹

光が生み出す現象

太陽光によって見える現象はたくさんあります。ここでは4つの現象を紹介しましょう。まず「光芒」は、太陽光が雲間から差す現象。大気状態によって光の差し方も異なります。「ブロッケン現象」は雲が眼下にあり、太陽を背にして影を映すと見えやすくなります。太陽や月に薄い雲がかかっていると見える「ハロ（暈）」は、雲の粒で光が屈折し、光の輪ができる現象。「彩雲」は太陽光が雲の水滴中で屈折することで、雲が虹色に見える現象です。

光芒（こうぼう）天使のはしご

ブロッケン現象

ハロ

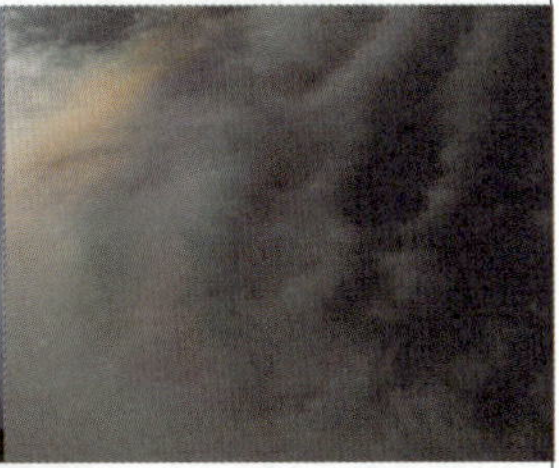
彩雲

さまざまな気象現象①

飛行機が生む雲 温度差が生む蜃気楼

飛行機の後ろに伸びる飛行機雲。あるはずのない方向に物が見える蜃気楼。不思議な２つの現象のメカニズムを紹介しましょう

飛行機雲ができるしくみ

写真：大沼英樹

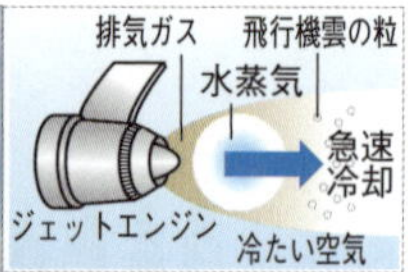

ジェットエンジンの排気ガスが急激に冷やされ、排気ガス中の水蒸気が雲の粒となる

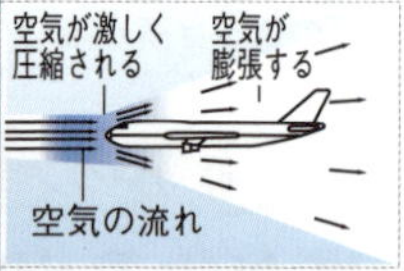

飛行機が通過する際に空気が前方で圧縮され、後方で急激に膨張することで温度が下がり、できる

排気ガスや空気の圧縮・膨張でできる雲

飛行機が飛び去った後にできる飛行機雲。その生まれる原因には、ジェットエンジンの排気ガスと、飛行機が高速移動することが大きく関係しています。

ジェットエンジンからの排気ガスの水蒸気が雲の粒になったり、細かいチリ（エアロゾル）が雲の粒の核になるのが第１の場合。第２の高速移動の場合は、上の図で説明したように、気体が膨張すると温度が下がるという性質が関係しています。

一方の蜃気楼は、温度の違う空気の層が重なっているときに生まれます。光が温度の違う空気の層の境目を通過するときに曲がる性質と関係しています。

蜃気楼が見えるしくみ

提供：魚津埋没林博物館

蜃気楼には主に
2つの見え方が
あります

2005年5月20日、富山湾で撮影された上位蜃気楼。「蜃」は大ハマグリを意味し、蜃気楼という言葉は「大ハマグリが妖気を吐き出して、空中に楼閣を見せている」という古人の想像からきている

上位蜃気楼

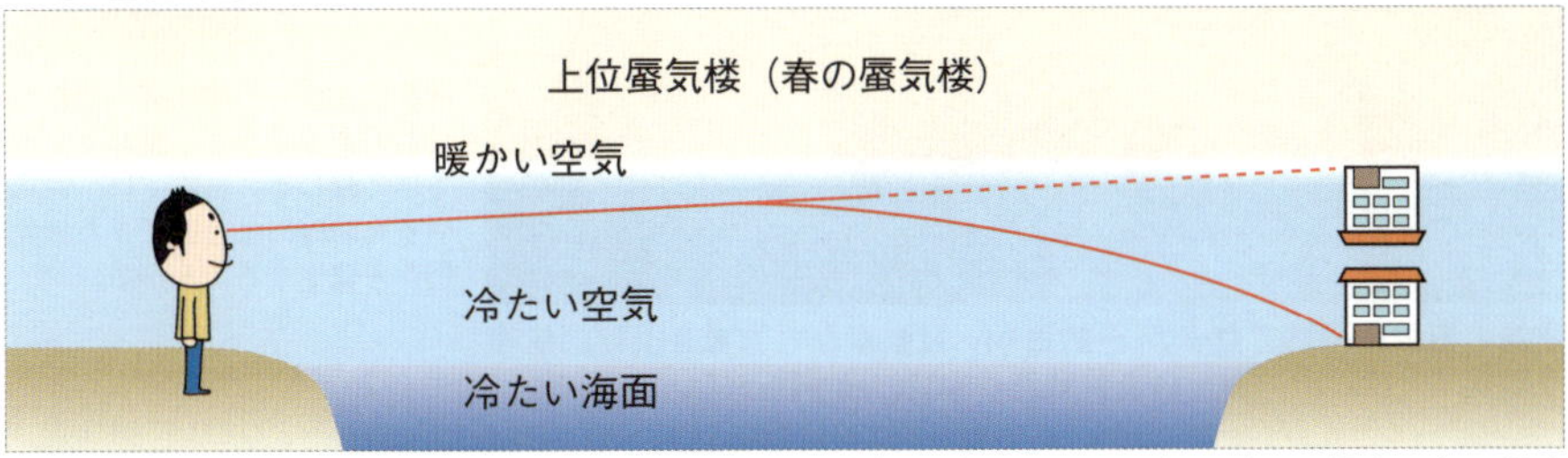
上位蜃気楼（春の蜃気楼）
暖かい空気
冷たい空気
冷たい海面

光は温度の低いほうへ曲がる性質がある。海面近くの空気が冷たく、その上は暖かい場合、上に行く光の一部が曲がり、観察者の上側から光が届く。この光が虚像を結び、逆さまの蜃気楼を見せる

下位蜃気楼

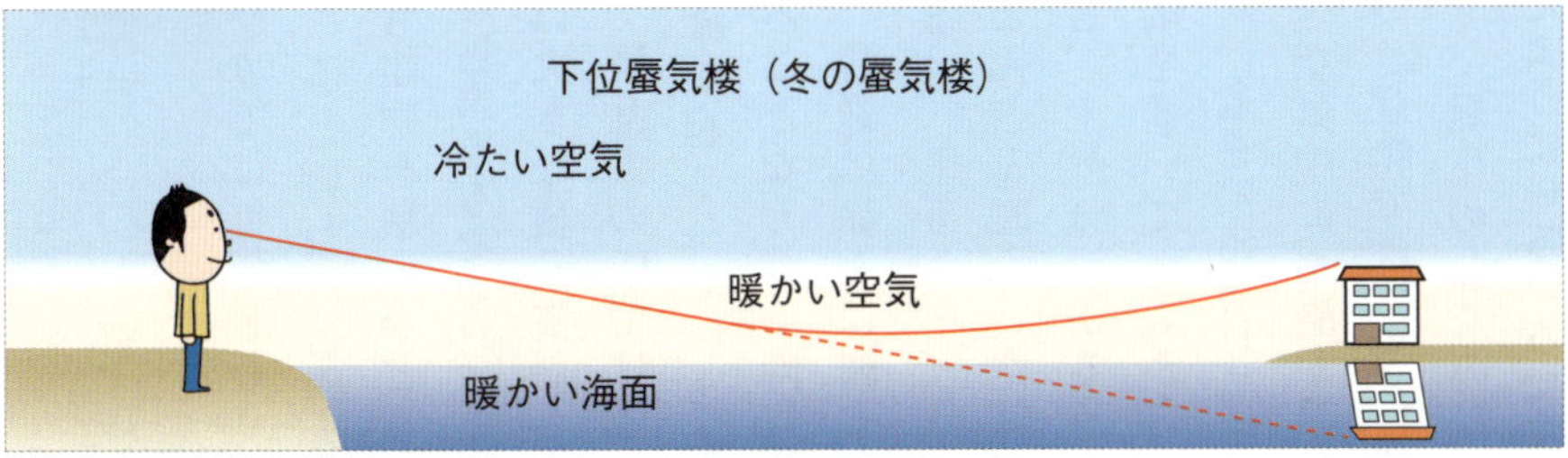
下位蜃気楼（冬の蜃気楼）
冷たい空気
暖かい空気
暖かい海面

上位蜃気楼とは逆に海面近くは暖かく、その上が冷たい空気の場合、下に行く光の一部が曲がって観察者の下側から光が届く。光が下側から届くため、下側に逆さまになった蜃気楼が見える

さまざまな気象現象②

積乱雲が起こす竜巻と雲と同じしくみの霧

ときに大災害となる竜巻は、日本の夏の風物詩である積乱雲から生まれます。霧は地上の雲ともいえますが、発生のしくみは独特です

竜巻が起こるしくみ

提供：海上保安庁

竜巻の直径は平均で数十ｍ～数百ｍ。自動車などを巻き上げ、建物を破壊するほどの、激しい上昇気流と大気の渦を持っている

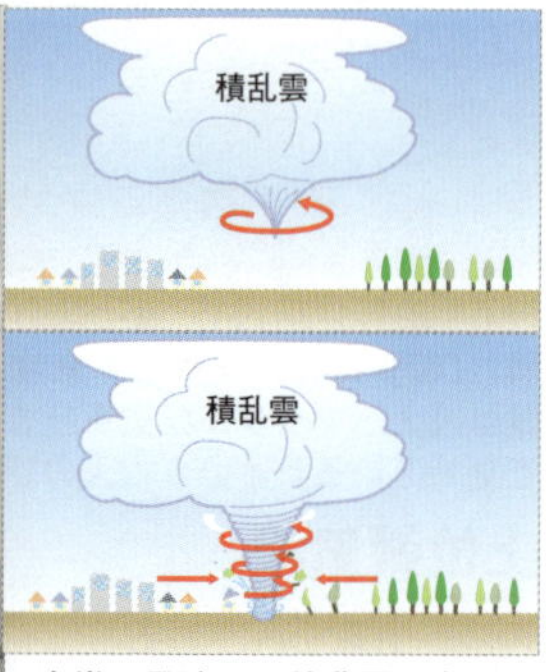

竜巻は発達した積乱雲の底がろうとのようになり、垂れ下がってきて起こる。日本では、台風や寒冷前線によってできた積乱雲から発生することが多い

激しい上昇気流が渦を巻いて流れる現象

アメリカでは毎年８００個近くも起こるといわれる竜巻は、日本でも建物を壊すなど、ときに深刻な被害をもたらします。

竜巻は大きな積乱雲から生まれます。積乱雲の中では激しい上昇気流が起こっていますが、雨が降ることなどで下降気流も生まれ、普通は徐々に弱くなっていきます。しかし、そこに地表からどんどん暖かい空気が流れ込むと、上昇気流がろうとのように渦を巻いて地表からの流れとなり、竜巻に発達します。

霧は、空気中に水滴が浮いているという意味では、雲と同じ。とはいえ、発生のしくみは、図で示したようにいろいろです。

霧ができるしくみ

写真：大沼英樹

実は霧と雲は
同じ成分で
できているんです

海上で発生した霧。山や海で発生する霧は夏に発生しやすいが、盆地での放射霧は秋に発生しやすく、発生する場所や時期によって霧のでき方はさまざま

移流《いりゅう》霧

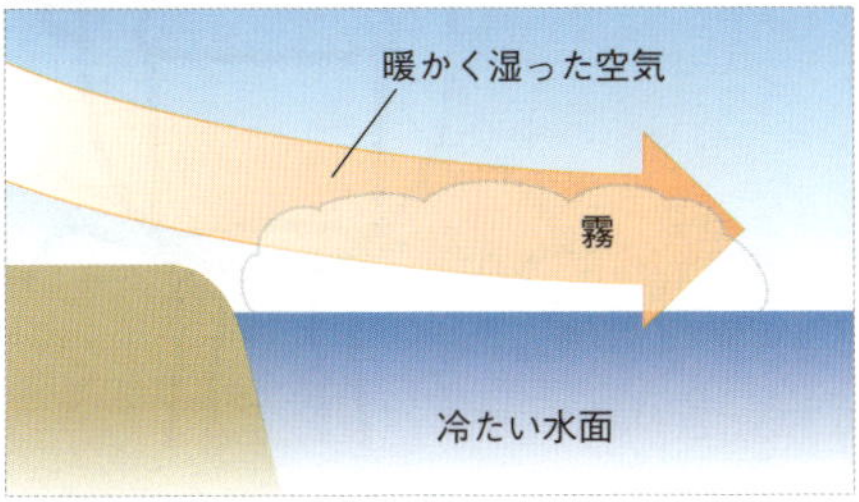
暖かく湿った空気
霧
冷たい水面

暖かい湿った空気が冷たい海面に流れ込み、冷やされる。三陸沖の海霧はこのしくみで発生

放射霧

熱の放射
晴れて風が弱い夜
霧
地面が冷える

晴れて風が弱い夜に熱が放射され、地面近くの空気が冷えることでできる。盆地で起こりやすい

滑昇《かっしょう》霧

霧
湿った空気
膨張して冷える

山の斜面に沿って湿った空気が上昇。膨張して温度が低下することで霧が発生する

蒸気霧

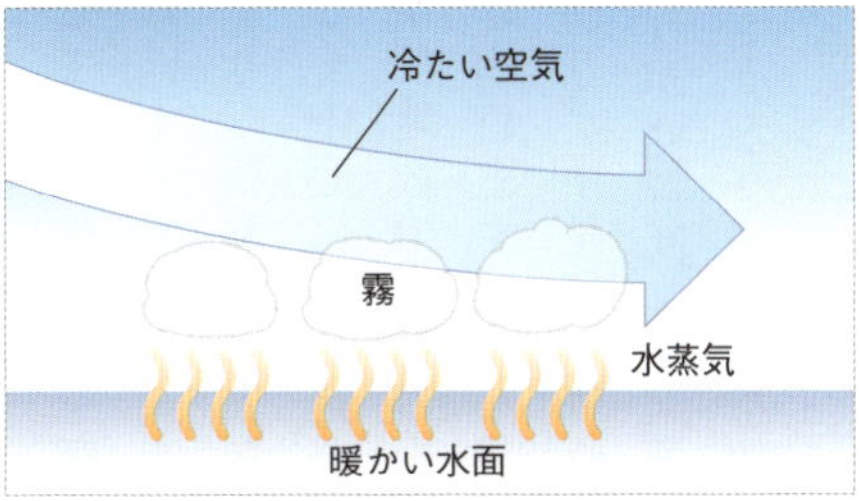
冷たい空気
霧
水蒸気
暖かい水面

暖かい水面上で蒸発した水蒸気が、冷やされてできる。風呂の湯気と同じ原理で、冬に多い霧

台風のメカニズム❶

台風の中ではなにが起こっているの？

激しい雨と風をもたらす台風は、赤道近くの暖かい海で生まれ、日本にまでやってきます。そのメカニズムをのぞいてみましょう

2003年9月10日、沖縄などの南西諸島に接近する台風第14号『Maemi』

Jacques Descloitres, MODIS Land Rapid Response Team at NASA GSFC

あ、大きな台風！
中はどうなっているのでしょう？

中心に向かう風の力と遠心力で「目」ができる

毎年日本を襲う台風は、熱帯低気圧が発達したものです。緯度の低い、水温26〜27℃の暖かい海で海水が蒸発すると、強い上昇気流が生まれます。これにより、積乱雲が成長します。水蒸気が水滴（雲の粒）になるとき、水蒸気は持っていた熱を出して周りの空気を暖めます。これによって上昇気流はさらに強まり、積乱雲は大きく成長。激しく中心に吹き込む空気は、やがて地球の自転の影響で渦を巻き始めます（北半球では反時計回り。南半球では時計回り）。これが熱帯低気圧。その最大風速が17・2m／秒を超えたものが「台風」です。

台風の断面図

※北半球の場合

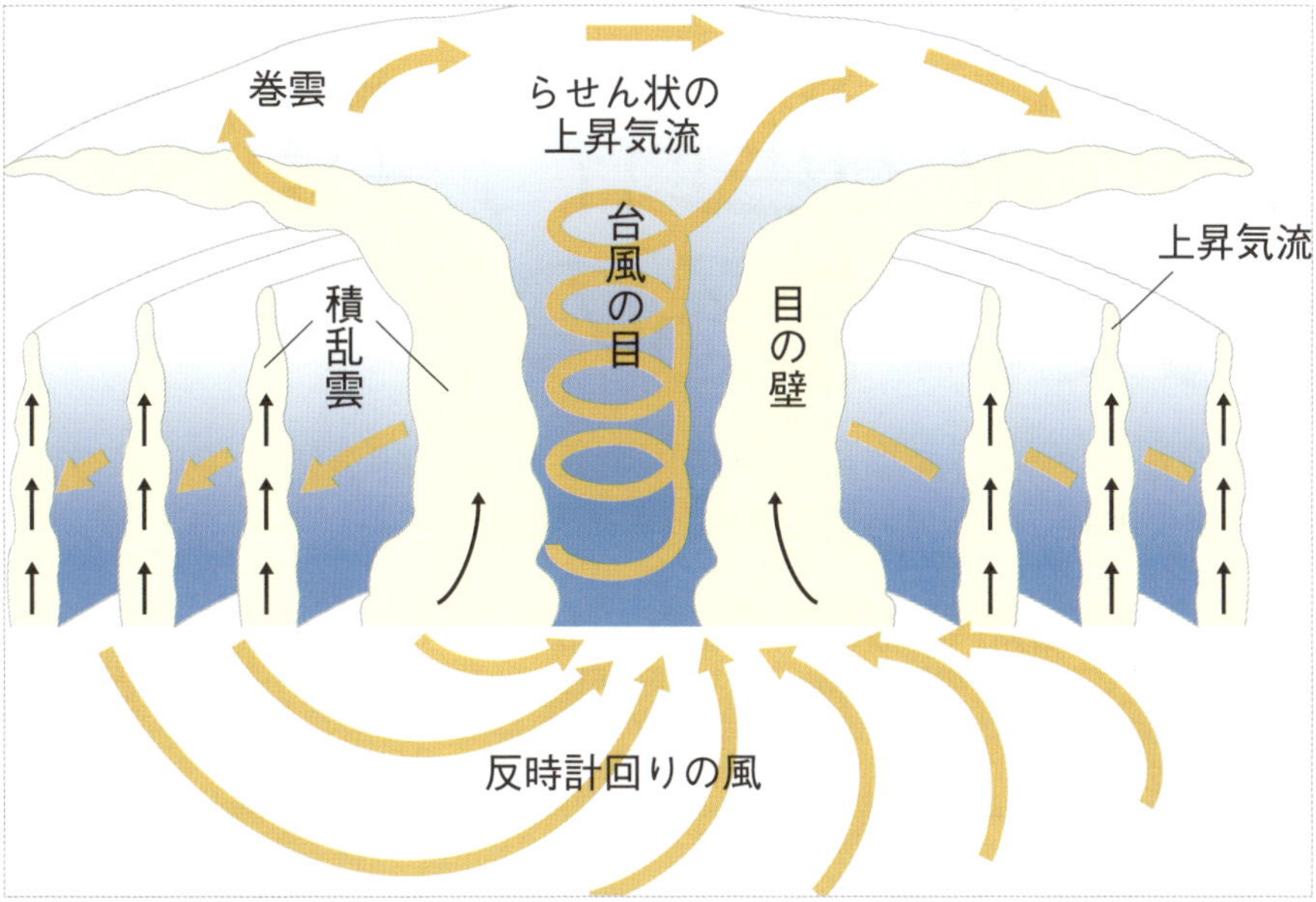

台風の中では、反時計回りの上昇気流が中心へと吹いている。中心に近いほど風は強く、「目の壁」付近の風がもっとも強い。中央にはらせん状の上昇気流があり、この遠心力で「台風の目」ができる

台風の一生

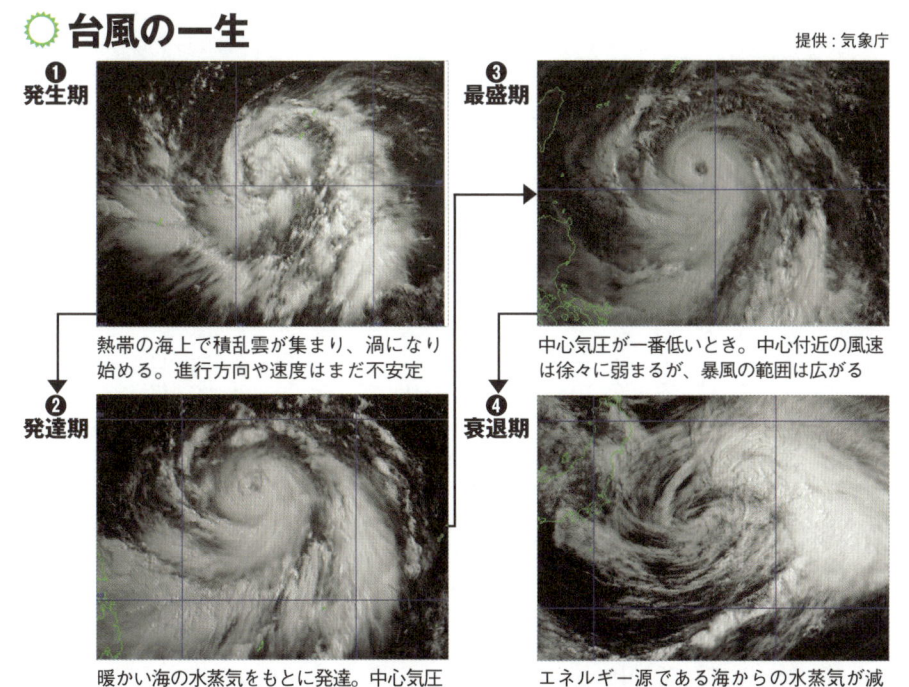

提供：気象庁

❶ **発生期**

熱帯の海上で積乱雲が集まり、渦になり始める。進行方向や速度はまだ不安定

❷ **発達期**

暖かい海の水蒸気をもとに発達。中心気圧はぐんぐん下がり、風速も急激に強まる

❸ **最盛期**

中心気圧が一番低いとき。中心付近の風速は徐々に弱まるが、暴風の範囲は広がる

❹ **衰退期**

エネルギー源である海からの水蒸気が減り、熱帯低気圧や温帯低気圧に変わる

台風のメカニズム②

台風の進路予報図はあてになるの？

台風の進路予報でよく見る予報円の正しい意味を知っていますか？
約７割の確率で、その円の中に台風の中心がくる、という意味です

台風の進路予報図の見方

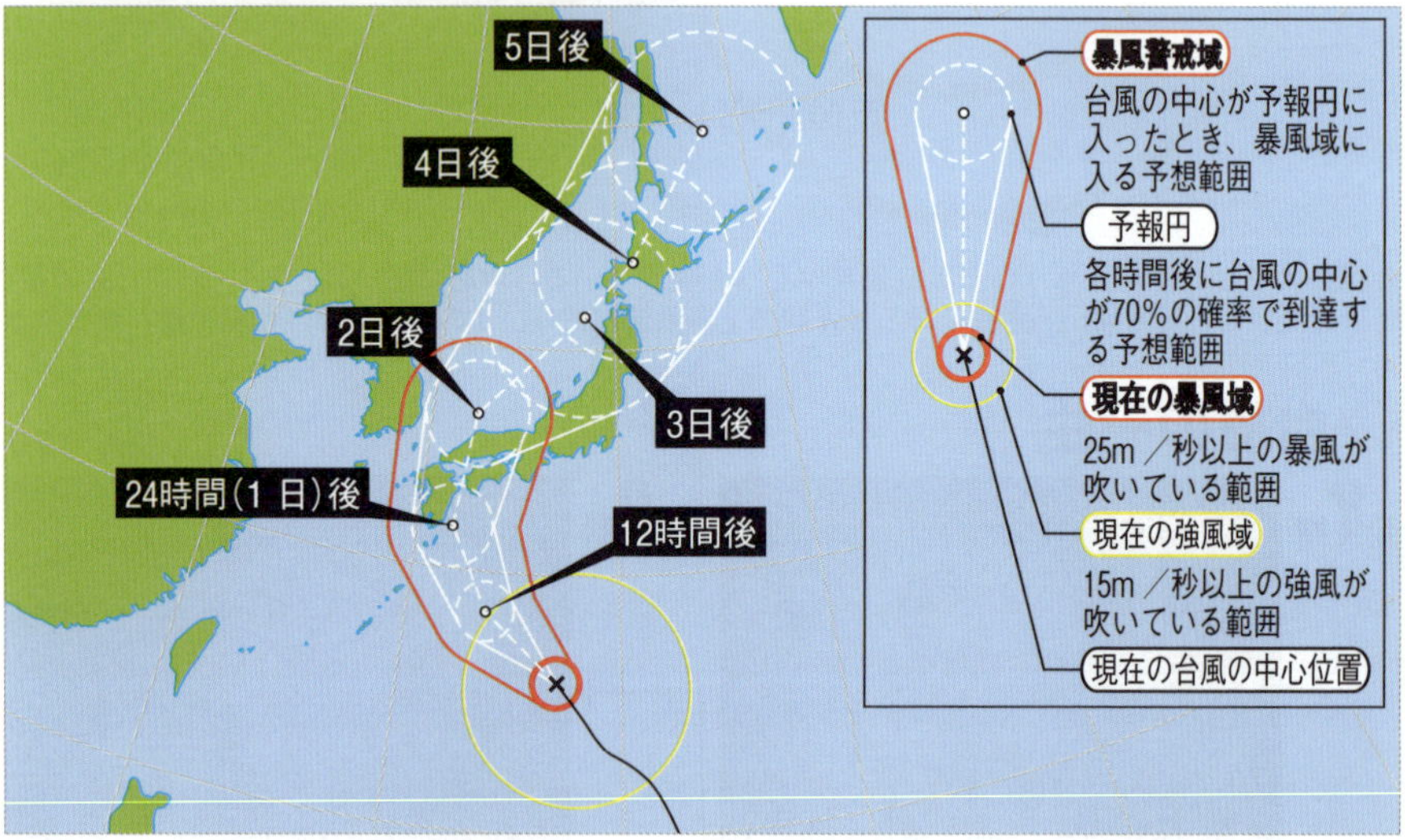
5日後
4日後
2日後
3日後
24時間（1日）後
12時間後
暴風警戒域
台風の中心が予報円に入ったとき、暴風域に入る予想範囲
予報円
各時間後に台風の中心が70％の確率で到達する予想範囲
現在の暴風域
25m／秒以上の暴風が吹いている範囲
現在の強風域
15m／秒以上の強風が吹いている範囲
現在の台風の中心位置

精度が上がっている日本の台風進路予報図

夏になると、台風のルートを予報する進路予報のニュースがよくテレビで流れます。昔から台風災害に悩まされ、多くの犠牲者を出してきた日本では、努力して台風進路予報の精度を高めてきました。その甲斐あって、現在の台風予報の精度は、約70％まで向上。これは世界でもトップクラスの実力です。

といっても、油断は禁物。台風の予報円は、今後台風の中心が入ると予測されるエリアですが、はずれる恐れもあるのでその外にいる人も要注意です。台風は、場所によって風向きが違います。防災知識として、覚えておくといいでしょう。

台風の月ごとのコース

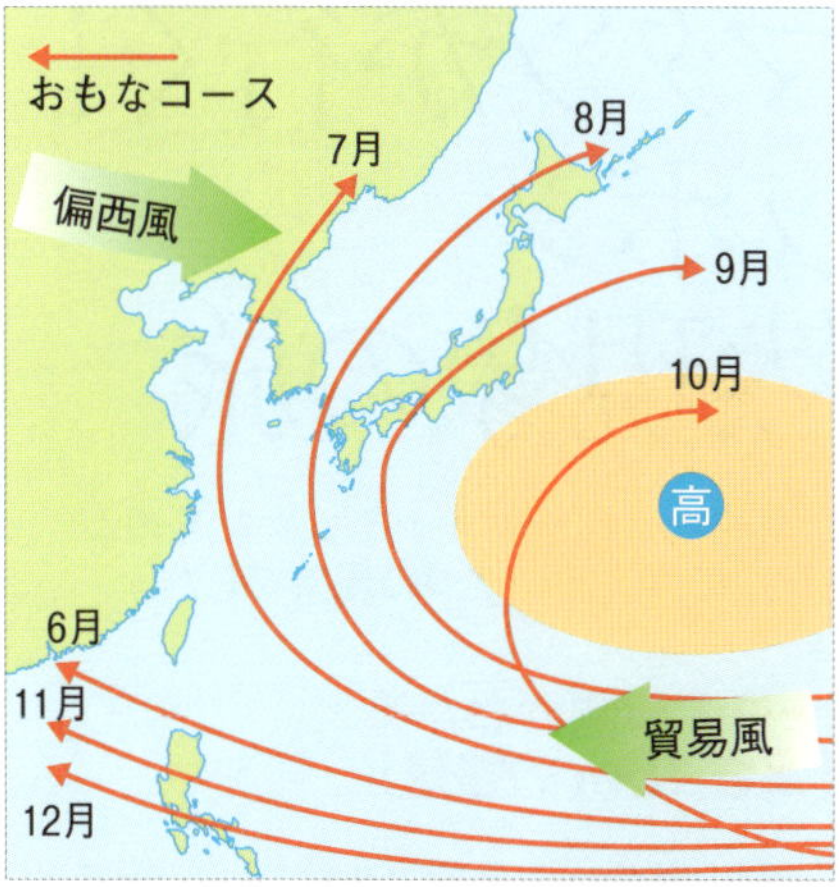

日本付近で発生した台風は、太平洋高気圧の縁を回り込むように進む。9月に台風が多く上陸するのは、太平洋高気圧の張り出しが弱まるため

台風の発生域

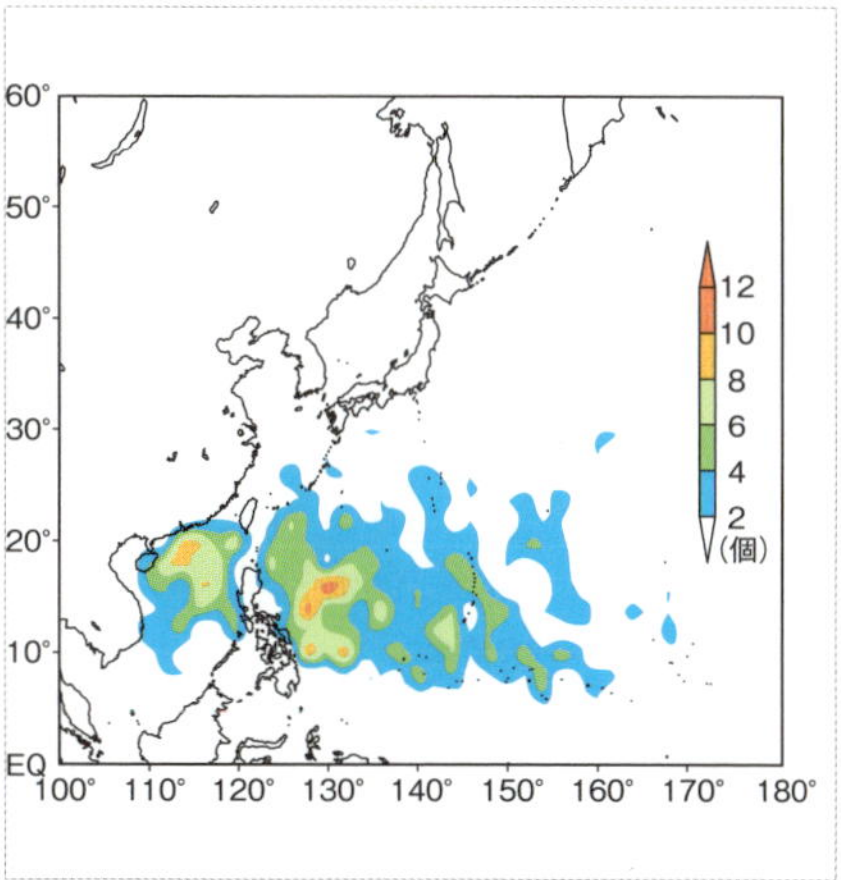

図は1971～2000年の台風の発生分布。北緯10～20度、東経110～150度の海域で多く発生する。フィリピンの東海上が特に発生頻度が高い

世界の台風

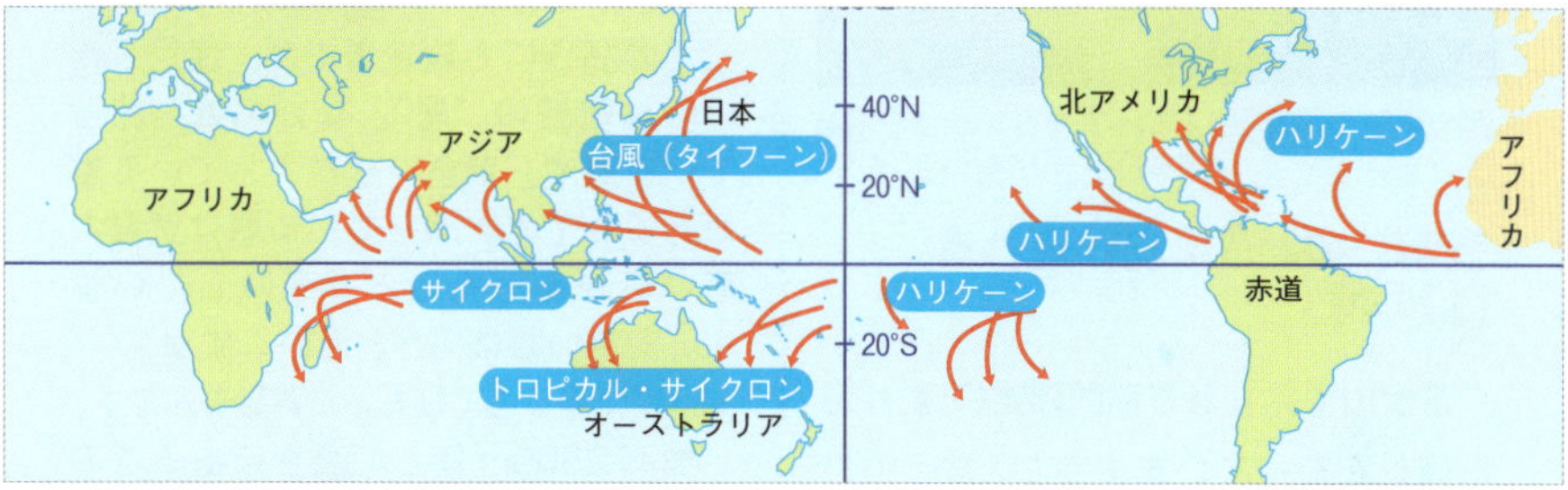

勢力の強い熱帯低気圧は、発生する場所によって「サイクロン」「ハリケーン」など呼び方が異なる

column おもしろ天気コラム

11

台風では高潮に注意！

台風が接近すると、海面の水位が異常に高くなる高潮（たかしお）という現象が起こります。台風の上昇気流で海水が吸い上げられるように上昇すること、強風によって海水が湾の奥に吹き寄せられることなどが原因です。特に南向きの湾の西側に台風がある場合は、海から湾の奥へと強風が吹くため、大きな高潮が押し寄せやすく、注意が必要です。

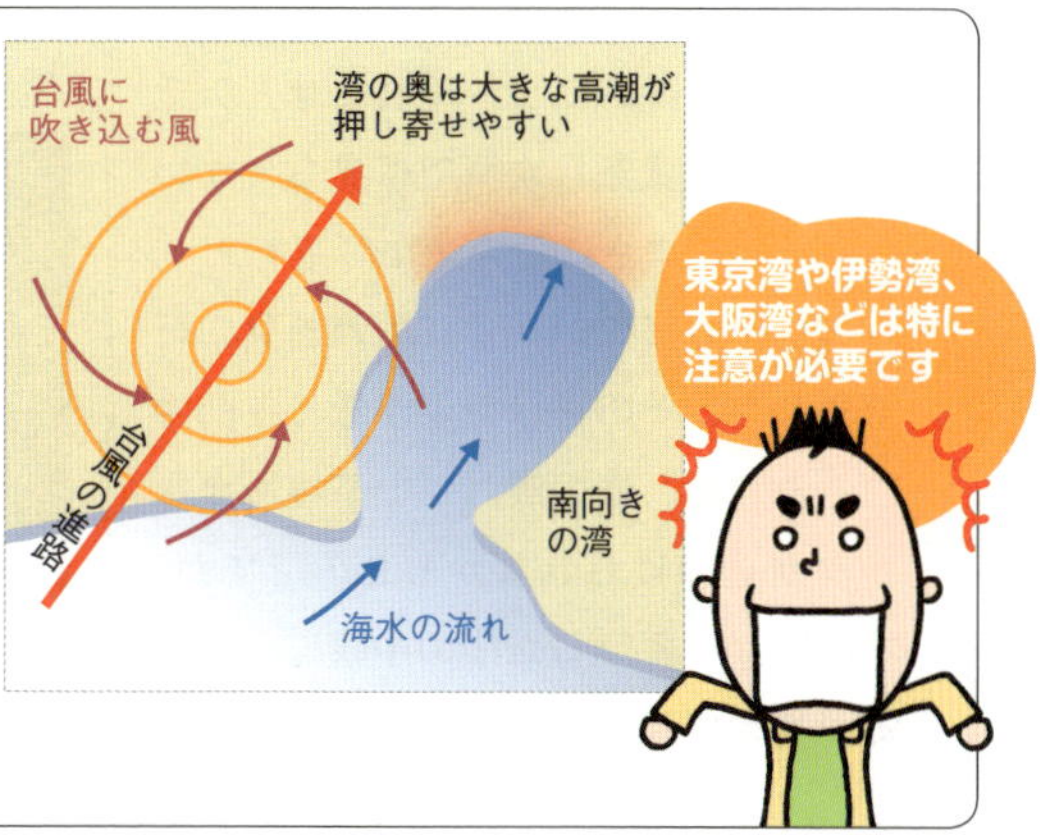

参考：すべて気象庁

だから天気はおもしろい!!
イラスト・題字：天達武史

アマタツが行く！ニッポン自然現象の旅

気象現象によって生まれる自然現象は、神秘的なものやダイナミックなものがたくさん。実際に僕が見に行って特に感動したのは、次の２つの現象でした

提供：小山町観光協会

沢の上流から下流に向けて流れていく。昼頃がもっとも見られる可能性が高いとか

雪解けのときにだけ現れる「幻の滝」

富士山で見られる期間限定の滝、「幻の滝」を知っていますか？　富士山の７合目辺りに、雪解け水によって一時的に滝が生まれるのです。

この滝の水は雪解け水なので、５～６月の雪解け時にしか現れません。そのうえ、気象条件次第では見られない日もあり、まさに幻の滝なのです。

僕はテレビのロケでこの滝を見に行きました。その日は気温が低く午前中だったため、滝の流れている場所がなかなか見つけられなかったのですが、木の少ない乾燥した山の中腹に、突然滝が見えたときは感動しました。

一冬の現象がわかる「高さ 15m の雪壁」

富山県の立山黒部アルペンルートで見られる「雪の大谷」にも感動しました。雪の大谷とは、積雪を除雪することによって作られる、高さ 15m ほどの雪壁。やはり春先、４～５月頃に見ることができます。

その高さにも驚きますが、注目したいのは雪壁の“層”。なかには、凍っている層や、黄色い線が入っている層があるんです。凍っている層は気温の高い日があったことを意味しています。黄色い線は何だと思いますか？　実は雪に混じって積もった黄砂なんです。

標高 2500m ほどの高さにあるこの場所は、大気が山などにぶつかることはありません。つまり、その冬の大気の状態が、そっくりそのままこの雪壁に現れます。この雪壁で、一冬の自然現象がわかってしまうのです。

日本では立山でしか見られない雪の大谷。気候変動などの研究にも使われている

提供：立山黒部貫光株式会社

第5章

地球は大丈夫？世界の気象と異常気象に迫る！

ニュースでも多く取り上げられる、異常気象や環境問題。
地球大気のしくみとともに、そのメカニズムを解説します。
天気にいま、どんな問題が起こっているかを考えましょう

地球の大気

地球の空気は循環している？

大気は常にかき混ぜられている、と聞いたら信じますか？
地球では大気は、３種類の大きな対流によって常に動いています

空気の動き

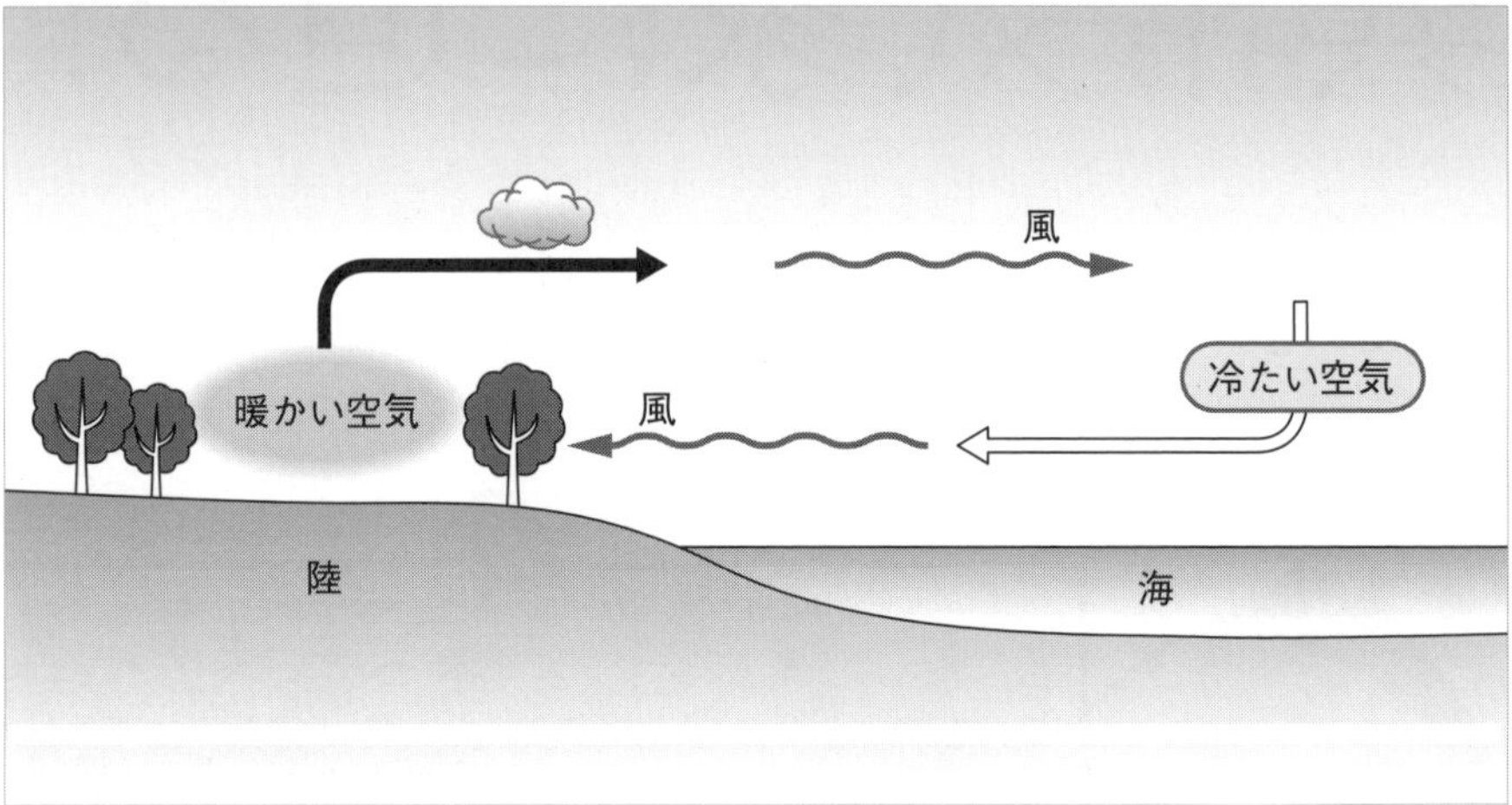

暖められた空気は軽くなって上に昇り、そこへ冷たい空気が流れ込む。暖められた空気は冷やされ、また重くなって下に降りる。この動きが繰り返され、空気は循環している

3種類の循環をする地球で一番大きな風

理科で習った対流を覚えていますか。液体や気体の温度に偏りがあると、それを均一にしようとして起こる流れのことです。

地球上では、隣り合う暖かい空気と冷たい空気は、互いに向かって流れ込み、対流しています。風が起きる原理は、このように説明することもできます。

対流は、大きな規模でも起こります。地球への太陽光のあたり方は均一ではないので、大気は赤道近くが暖まりやすく、極近くは冷えやすくなっています。北半球・南半球ではこれをもとに3種類の大きな対流が起こり、一定の風が吹いています。これを「大気の大循環」といいます。

大気の大循環のしくみ

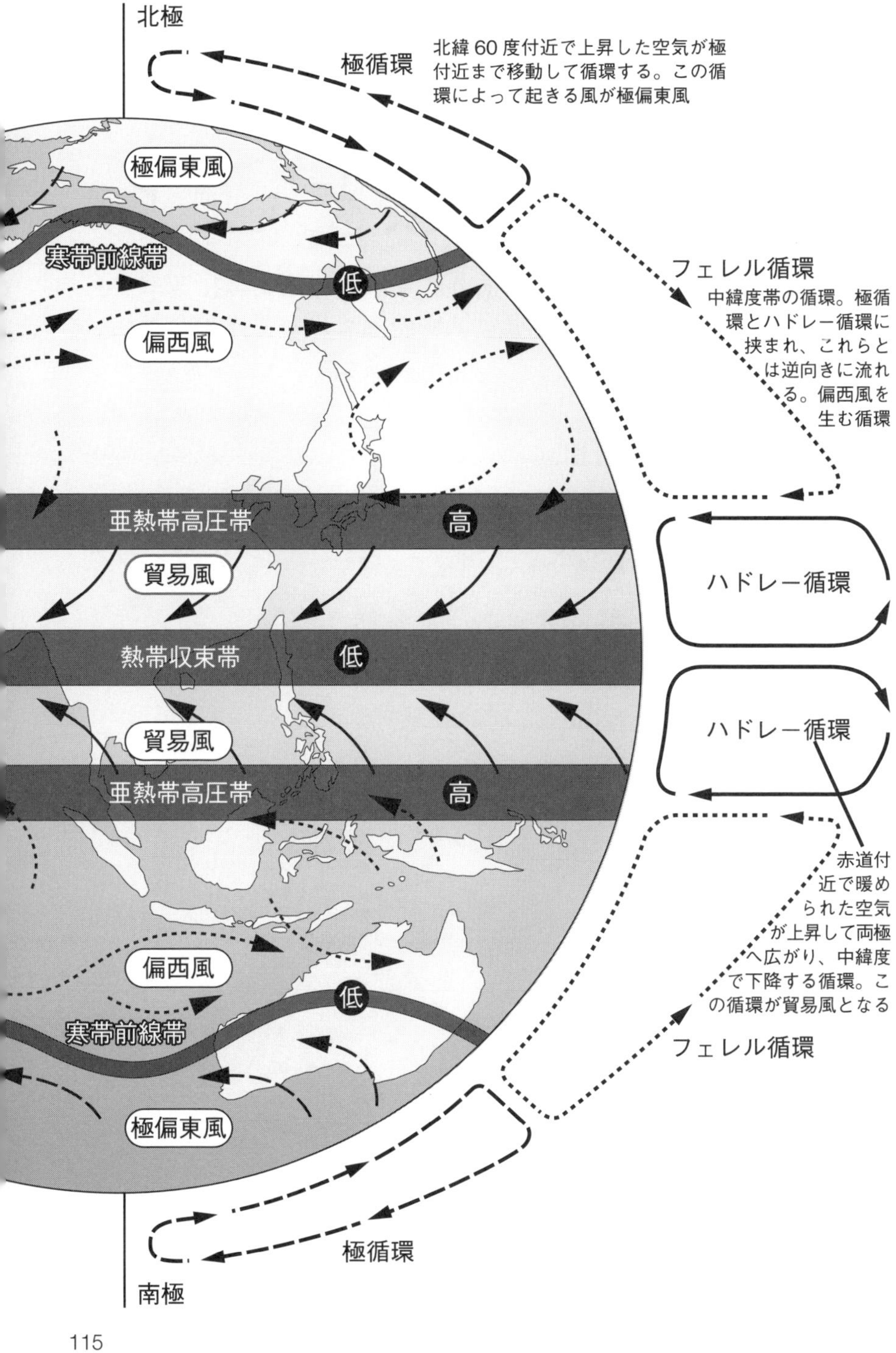
北極
極循環
北緯60度付近で上昇した空気が極付近まで移動して循環する。この循環によって起きる風が極偏東風
極偏東風
寒帯前線帯
低
偏西風
フェレル循環
中緯度帯の循環。極循環とハドレー循環に挟まれ、これらとは逆向きに流れる。偏西風を生む循環
亜熱帯高圧帯
高
貿易風
ハドレー循環
熱帯収束帯
低
ハドレー循環
貿易風
亜熱帯高圧帯
高
赤道付近で暖められた空気が上昇して両極へ広がり、中緯度で下降する循環。この循環が貿易風となる
偏西風
低
寒帯前線帯
フェレル循環
極偏東風
極循環
南極

世界の気候

日本と同じ気候の国はどこ？

年中暑い国もあれば、寒い国もあります。日本のように四季がある国は実は少数派。日本と同じ温帯気候の国を探してみましょう

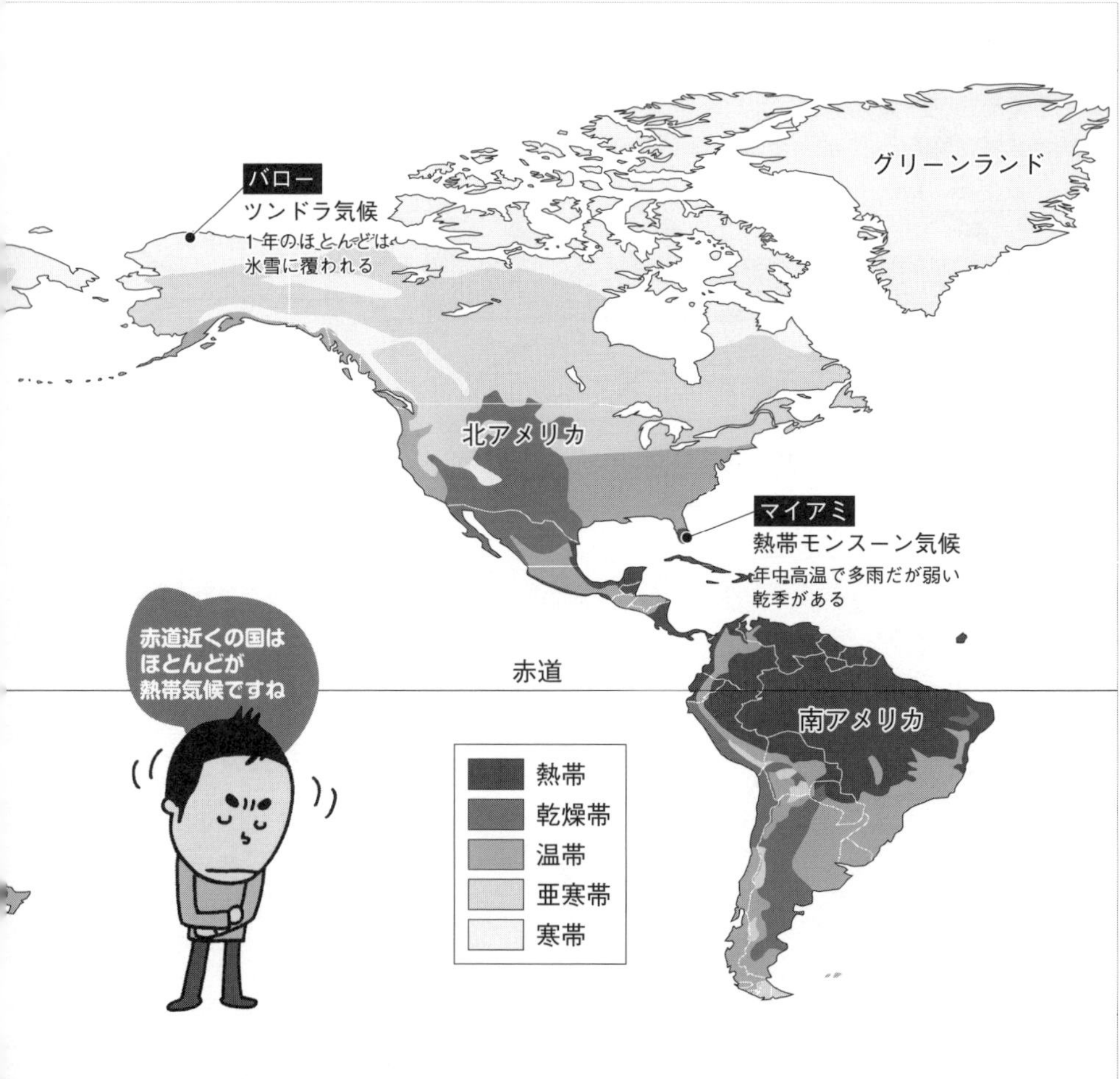

バロー
ツンドラ気候
1年のほとんどは氷雪に覆われる
グリーンランド
北アメリカ
マイアミ
熱帯モンスーン気候
年中高温で多雨だが弱い乾季がある
赤道近くの国はほとんどが熱帯気候ですね
赤道
南アメリカ
熱帯
乾燥帯
温帯
亜寒帯
寒帯

日本と同じ温帯気候は比較的せまいエリア

日本には四季があり、1年を通してみると毎年大体同じパターンで暑さや寒さ、雨・雪の降りやすさなどが変化します。毎日天気は異なりますが、おおまかな天気の傾向はある程度決まっていて、毎年周期的に繰り返されているわけです。これを「気候」といいます。

地球上の気候は、降水量、気温の変化の幅をもとに、熱帯・乾燥帯・温帯・亜寒帯・寒帯の5つに分けられます（もちろんもっと細かく分けることも可能です）。日本の気候は温帯になります。マップを見ればわかるように、気候の分布は、大体、緯度に関係しています。

ケッペンの気候区分図

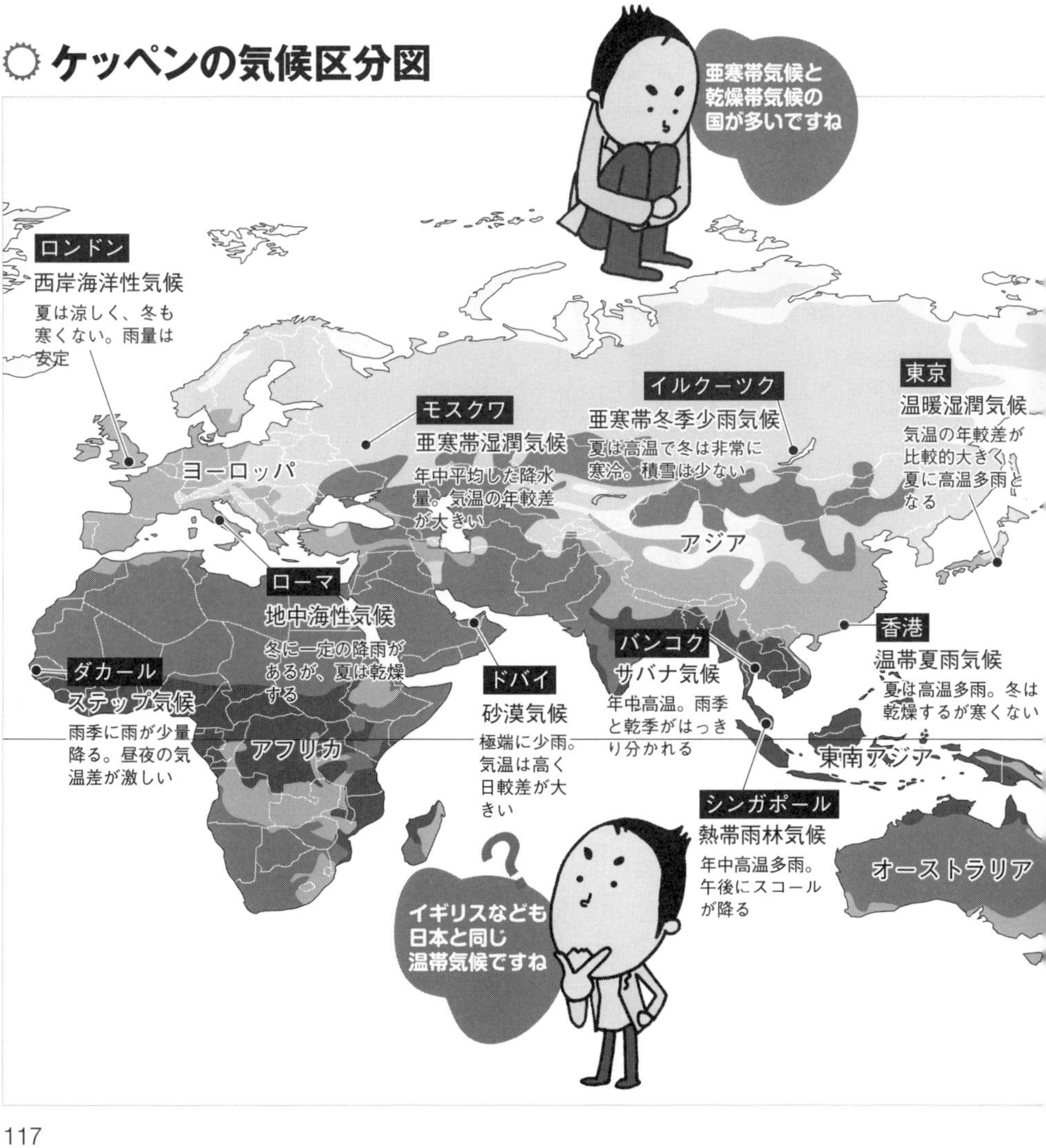
亜寒帯気候と
乾燥帯気候の
国が多いですね
ロンドン
西岸海洋性気候
夏は涼しく、冬も
寒くない。雨量は
安定
モスクワ
亜寒帯湿潤気候
年中平均した降水
量。気温の年較差
が大きい
イルクーツク
亜寒帯冬季少雨気候
夏は高温で冬は非常に
寒冷。積雪は少ない
東京
温暖湿潤気候
気温の年較差が
比較的大きく
夏に高温多雨と
なる
ヨーロッパ
アジア
ローマ
地中海性気候
冬に一定の降雨が
あるが、夏は乾燥
する
香港
温帯夏雨気候
夏は高温多雨。冬は
乾燥するが寒くない
バンコク
サバナ気候
年中高温。雨季
と乾季がはっき
り分かれる
ダカール
ステップ気候
雨季に雨が少量
降る。昼夜の気
温差が激しい
ドバイ
砂漠気候
極端に少雨。
気温は高く
日較差が大
きい
アフリカ
東南アジア
シンガポール
熱帯雨林気候
年中高温多雨。
午後にスコール
が降る
オーストラリア
イギリスなども
日本と同じ
温帯気候ですね

地球温暖化とは

なぜ地球が暖かくなっているの？

環境問題として心配される地球温暖化。どうして地球は暖かくなっているのでしょうか。原因とみられるのが、温室効果ガスです

温室効果のしくみ

〈温室効果ガスが増加した状態〉
熱が地球外へ逃げにくい
温室効果ガス CO_2など
熱
太陽からの光
熱の吸収大
気温が上昇
地球温暖化
温室効果ガスが熱を逃げにくくしているんです
〈通常の状態〉
熱が地球外へ逃げやすい
温室効果ガス CO_2など
太陽からの光
熱
熱の吸収小
適度な温度

温室効果ガスが熱を逃げにくくしている

「地球温暖化」は、環境問題としてもっともよく話題に上るテーマの1つ。どうして地球温暖化が進むのかといえば、そこには人間が工業活動などで排出する二酸化炭素やメタン、一酸化二窒素などの「温室効果ガス」が関係しています。

地球はかつて、太陽光から熱を受け取るのと同じ量の熱を放出することで、バランスが保たれていました。しかし、温室効果ガスが大気中に増えると、熱を蓄えてしまい、バランスが崩れてしまうのです。地球温暖化が進むことで、気候の変化を始めとするさまざまな悪影響が心配されています。

地球の熱の収支

地球に届く熱（太陽からの熱を100としたとき）

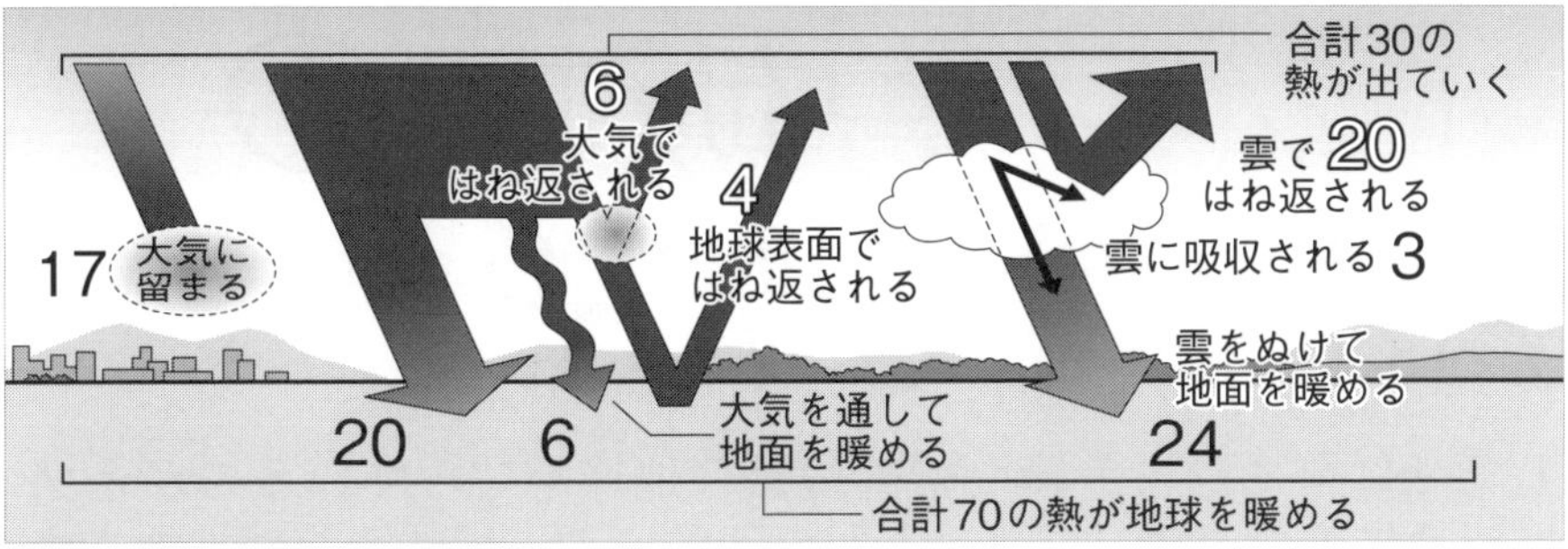
合計30の
熱が出ていく
6
大気で
はね返される
4
地球表面で
はね返される
雲で 20
はね返される
雲に吸収される 3
17
大気に
留まる
雲をぬけて
地面を暖める
20
6
大気を通して
地面を暖める
24
合計70の熱が地球を暖める

地球から出ていく熱（太陽からの熱を100としたとき）

合計70の
熱が出ていく
6
地球表面から
そのまま宇宙
へ出ていく
64
雲や大気から
宇宙へ出ていく

太陽からの熱100のうち、30はすぐにはね返され、残りの70は一度地面などに吸収される。その後大気と地面から合計70の熱が出ていく。こうして地球に届く熱と出ていく熱のバランスが取られている

参考：NASA Earth's energy budget

温暖化の影響

砂漠化が進む

大雨や集中豪雨が増える

キャー！
ササササッ

害虫が増え、伝染病が発生し広がる

暑くなる世界の気温

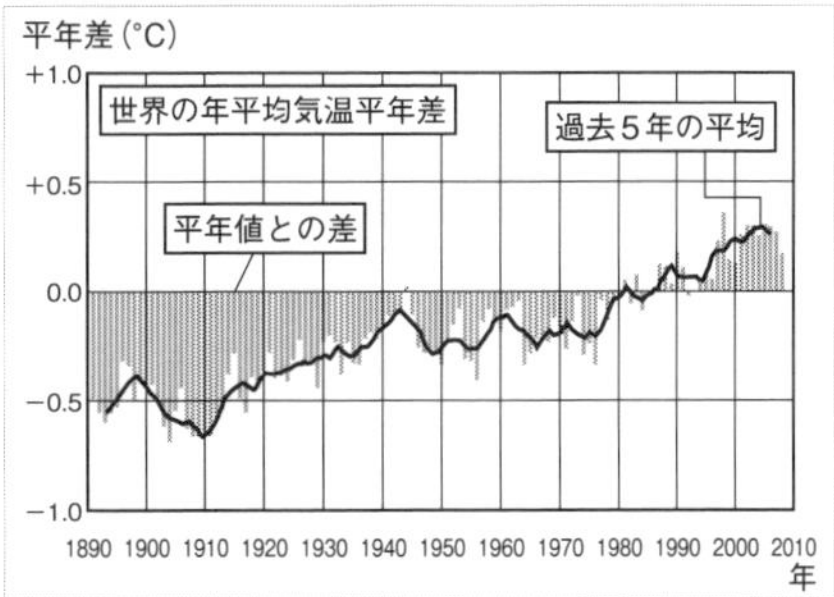
平年差（°C）
+1.0
+0.5
0.0
−0.5
−1.0
世界の年平均気温平年差
過去5年の平均
平年値との差
1890 1900 1910 1920 1930 1940 1950 1960 1970 1980 1990 2000 2010
年

ここでの平年値は、1971～2000年の30年平均。100年ほどで気温は約0.7°Cも上昇。特に1990年代半ば以降、高温となる年が多くなっている

このほかに
海面の上昇なども
心配されています

オゾン層の破壊とは

オゾン層破壊の原因はなに？

太陽光に含まれる危険な紫外線から地球を守っているのがオゾン層。近年そのオゾン層が、人間の活動によって破壊されています

マンガでわかるオゾン層破壊のしくみ

鉄（F)、炭素（C)、塩素（Cl）の原子が組み合わさったフロンが紫外線と反応し、塩素原子（Cl）が放出される

酸素原子（O）が３つ結びついたオゾンに塩素原子が割り込み、酸素原子と結びついて一酸化塩素（ClO）となる

一酸化塩素はすぐ塩素原子と酸素原子に分かれる。塩素原子は再び❷のようにオゾンに割り込み、破壊を繰り返す

フロンに含まれている塩素がオゾンを壊す

太陽光に含まれている紫外線は、人間ほか、さまざまな生物にとって有害です。では、なぜ人間や動物は、地球上で暮らしていけるのでしょう。

それは、オゾン層のおかげ。オゾンとは、酸素原子が3つ集まった分子で、紫外線を吸収する性質を持っています。このオゾンが主に地上から10〜50㎞の高さに集まり、層となって地球を紫外線から守っているのです。

工業製品で使われていたフロンはオゾン層に届くと、分子内の塩素原子が反応してオゾンを壊します。こうしてオゾンが減り、地上に届く紫外線が増えることが心配されているのです。

オゾン層の役割

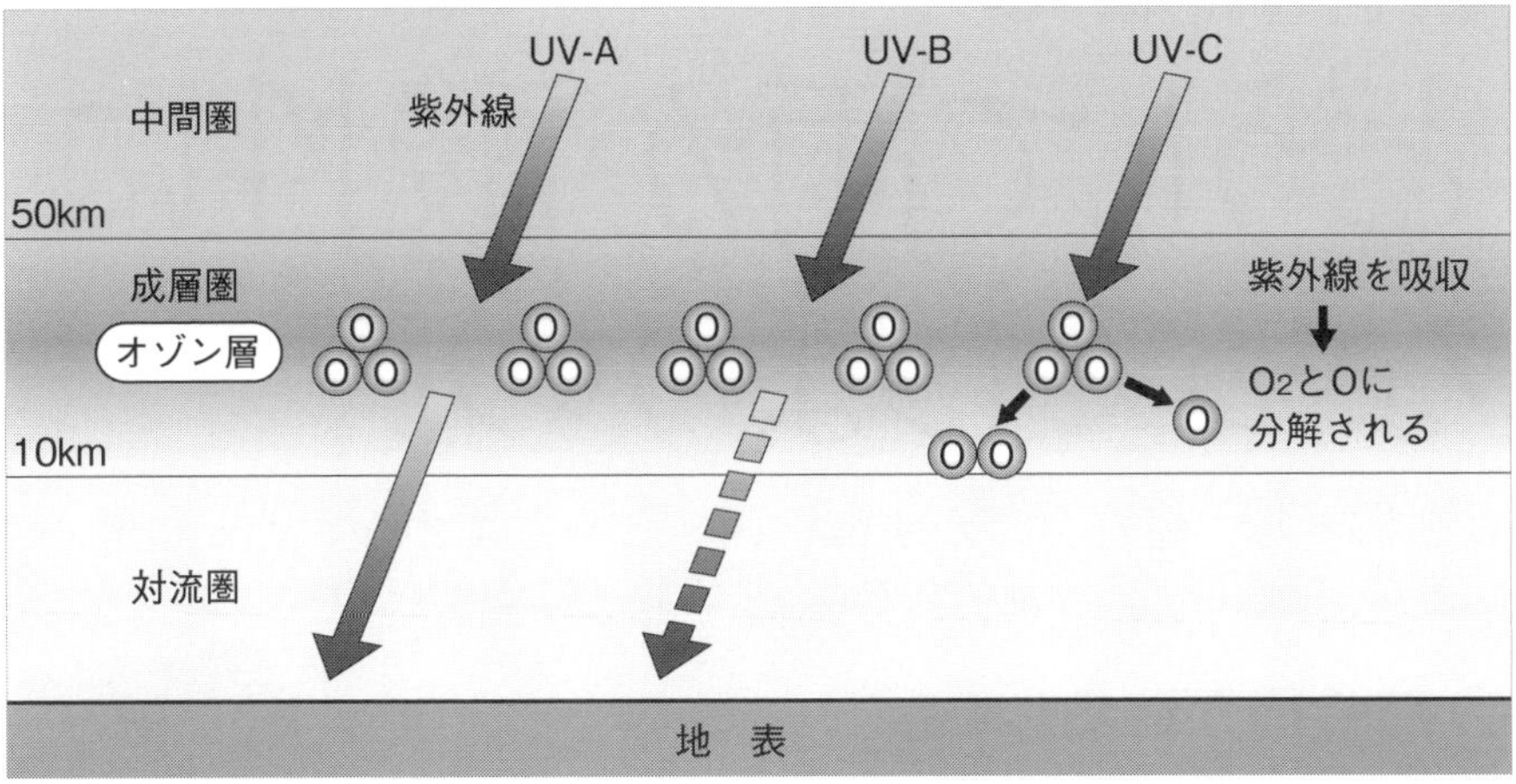
UV-A
UV-B
UV-C
中間圏
紫外線
50km
成層圏
オゾン層
紫外線を吸収
O_2とOに
分解される
10km
対流圏
地　表

オゾン層は太陽光に含まれる紫外線のうち、最も有害なUV-Cを吸収・分解する。次に有害なUV-Bも、地表にはほとんど届かない。オゾン層が破壊されると、この紫外線が地表に届き、生物に悪影響を与える

減っているオゾン

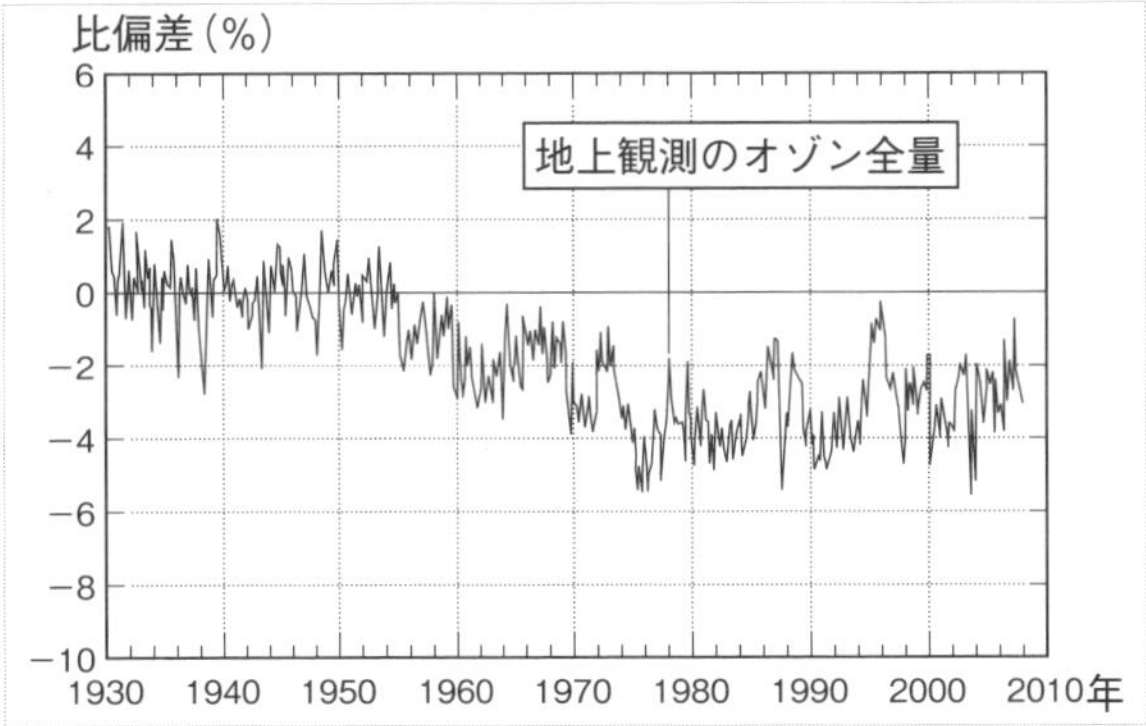
比偏差（%）
6
4
2
0
−2
−4
−6
−8
−10
地上観測のオゾン全量
1930
1940
1950
1960
1970
1980
1990
2000
2010年

約80年間で
こんなにも
破壊されて
いるんです

グラフは世界の地上観測によるオゾン全量の偏差（1970〜1980年の平均に対する比）を示したもの

身近にあるフロン製品

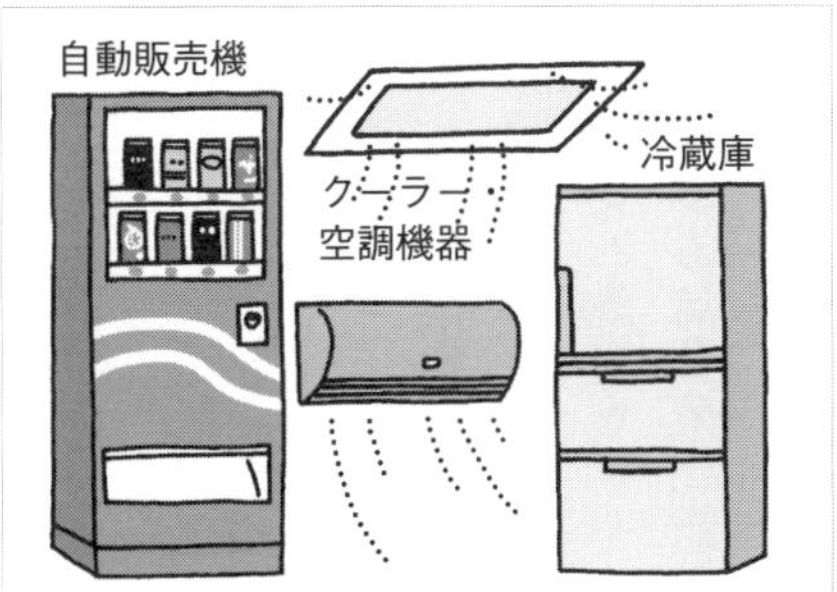
自動販売機
冷蔵庫
クーラー・
空調機器

フロンは冷媒として多く使われていたが、現在は法律で使用・回収が厳しく定められている

オゾン層破壊による紫外線増加の影響

皮膚がんが
増える
白内障など
目の病気が
増える
免疫力の低下

酸性雨とは

どうして雨が酸性になってしまうの？

森を枯らし、建物を溶かす酸性雨。どうして雨が、そんな恐ろしいものに変化して、地上に降り注ぐようになったのでしょうか

酸性雨が降るしくみ

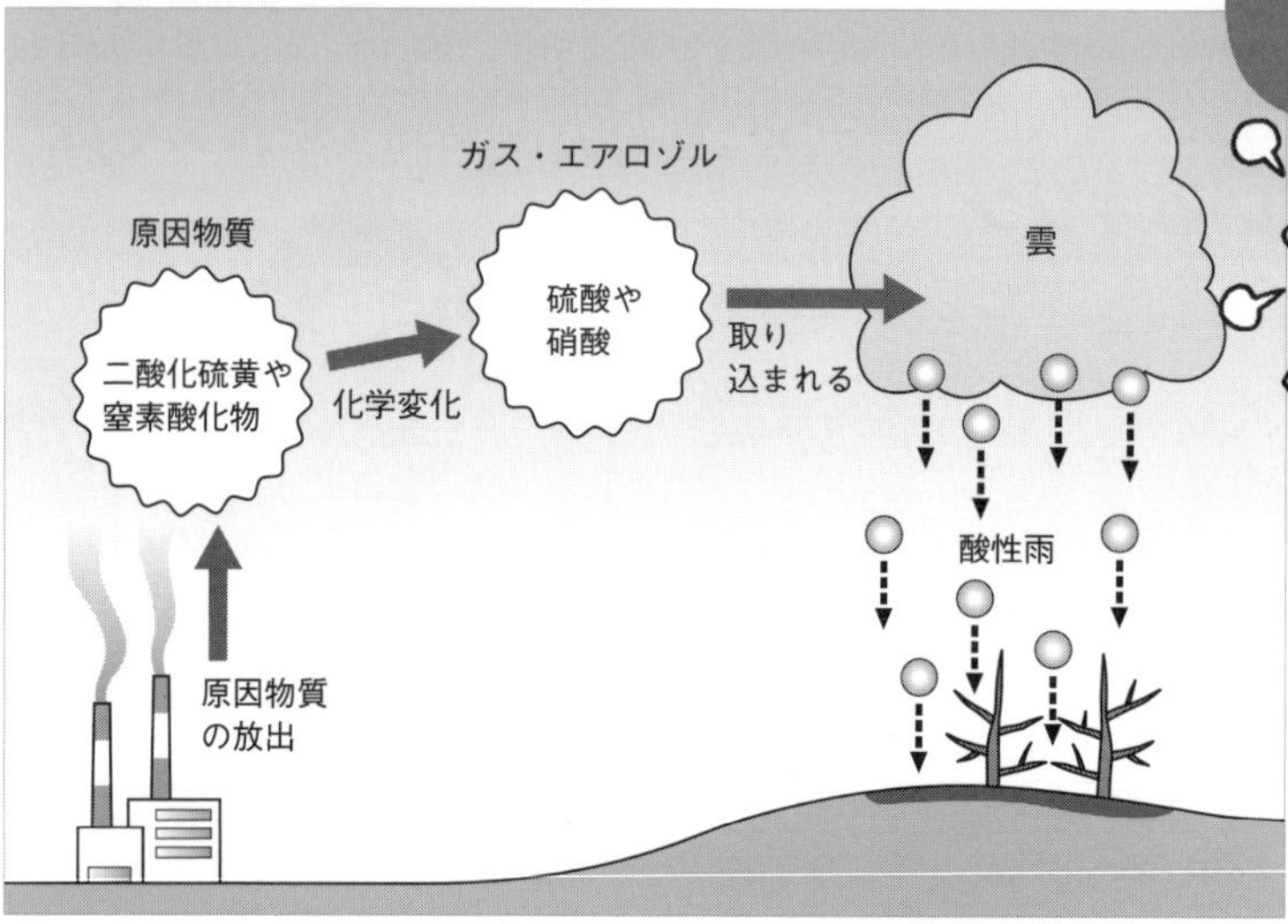

ガス・エアロゾル
原因物質
二酸化硫黄や窒素酸化物
化学変化
硫酸や硝酸
取り込まれる
雲
酸性雨
原因物質の放出

工場からの煙や車の排気ガスが原因なんですね

酸性雨の原因は工場の煙などに含まれる、二酸化硫黄や窒素酸化物。これらが化学変化を起こし、雨や雪となって降る

排気ガスが化学変化し酸性物質となって降る

「恵みの雨」と言いますが、その雨こそが環境破壊となることもあります。「酸性雨」です。

酸性雨の原因は、工場や発電所などが化石燃料を燃やしたときに発生する硫黄酸化物や窒素酸化物。これらは太陽光で化学反応を起こすと硫酸や硝酸に変化して、雲の中に溶け込みます。その雲から降る雨が酸性雨なのです。硫酸や硝酸は大気中の細かい粒（エアロゾル）にくっついて降りてくることもあり、晴れの日も油断できません。

環境を守るためにまずできることは、省エネ。なるべく節電して、化石燃料を燃やさずにすむ生活を送りたいですね。

酸性雨の被害

撮影：佐竹研一（立正大学地球環境科学部）

酸性雨の被害を受けた、チェコ北西部の山岳地帯の森林。火力発電所の煙が原因で酸性雨が降り、多くの木が枯れている。このほか、日本では銅像が溶けるなど、世界各地で被害が起こっている

酸性雨を防ぐには

省エネを心がける

- 冷房の設定温度をいつもより +1°C にする
- 使わない家電はコンセントを抜く
- 車のアイドリングをやめる
- 近場へは車を使わず、自転車で移動するなど

こまめに
OFF

↓

Z Z Z…

工場や車の動く時間が短くなる

↓

酸性雨の原因となる排出ガスが減る

身近なものの pH 値

pH は酸性・
アルカリ性の
濃度を示す値です
14
13
12
11
10
9
8
7
6
5
4
3
アルカリ性
中性
酸性
アンモニア
粉石けん水
海水
蒸留水
牛乳
酸性雨
(5.6以下の雨)
スポーツ
ドリンク
レモン汁
樹木などに
影響が出る
生物が生きていくのが困難

局地的豪雨と都市型水害

都市化は
局地的豪雨のもと？

都市部に限る局地的な集中豪雨が増えています。都市の排水能力を超えた雨は地下鉄や地下道へ流れ込み、人々を脅かします

都市で増える豪雨と水害

提供：東京都建設局

道路に水があふれている様子（東京／中野区弥生町、1993年）水害は交通機関をまひさせ、都市機能に影響を与える

大雨で増水した神田川の様子（東京／高田馬場駅付近、1981年）都心では雨水の逃げ場が少なく川が増水しやすい

都市化で気候が変わり半人工的な雲が発生

夏のにわか雨は、積乱雲のしわざ。都市化が進んだ地域では、この積乱雲が半人工的に発生して豪雨をもたらし、都市水害を起こす原因となっています。

都市の気温は、126ページで説明するヒートアイランド現象により、周囲の地域よりも高いのが特徴です。また、ビルにぶつかって激しく方向を変える局地風が強い上昇気流を生み、大きな積乱雲が急速に発達しやすいという説など、さまざまな原因が考えられています。

この積乱雲から生じる突発的な集中豪雨は予測が非常に難しいため、新聞やテレビなどで「ゲリラ豪雨」と呼ばれています。

都市型水害が起こる原因

都市化する前

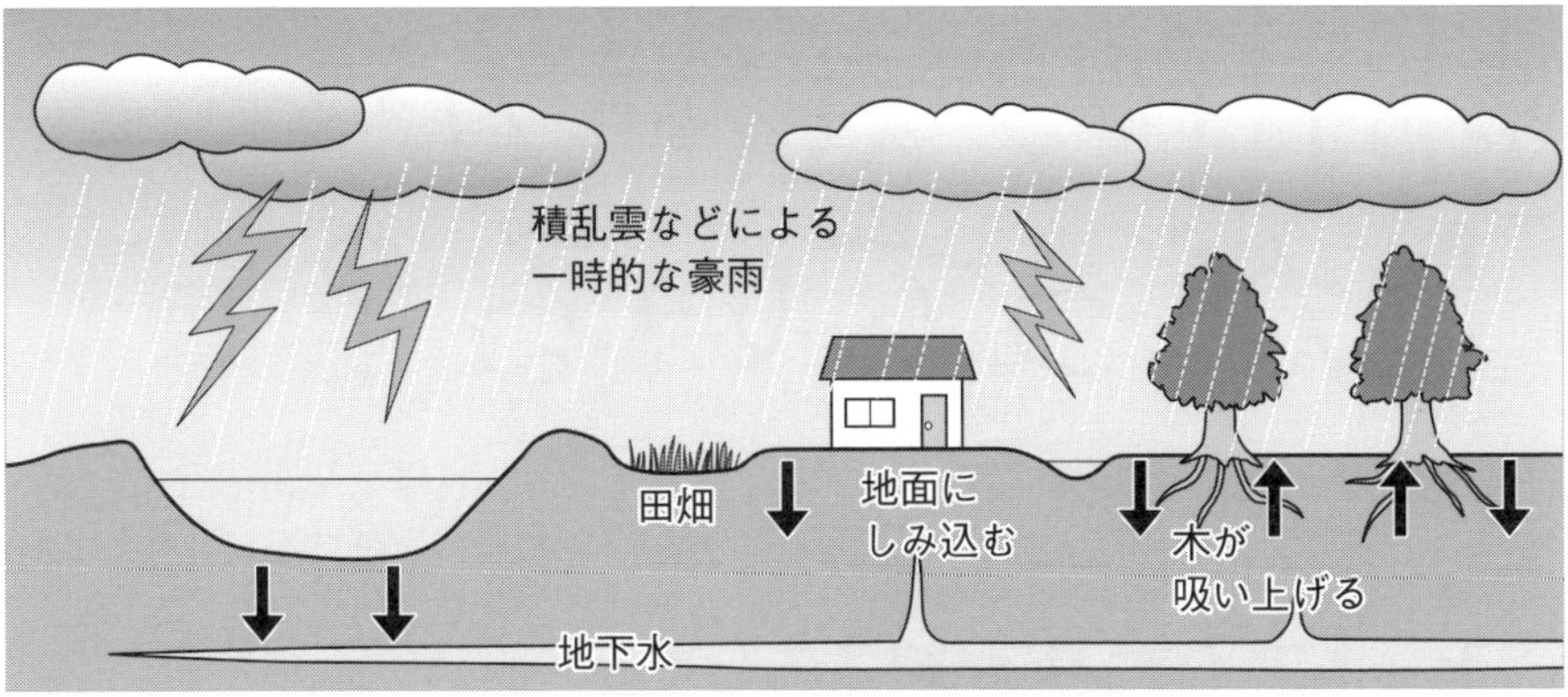

地面がコンクリートに覆われていないため、雨水は土にしみこんで地下に流れたり、水田に溜まるなどしていた。そのため雨水の逃げ場が多く、川が急に増水してあふれることが少なかった

都市化後

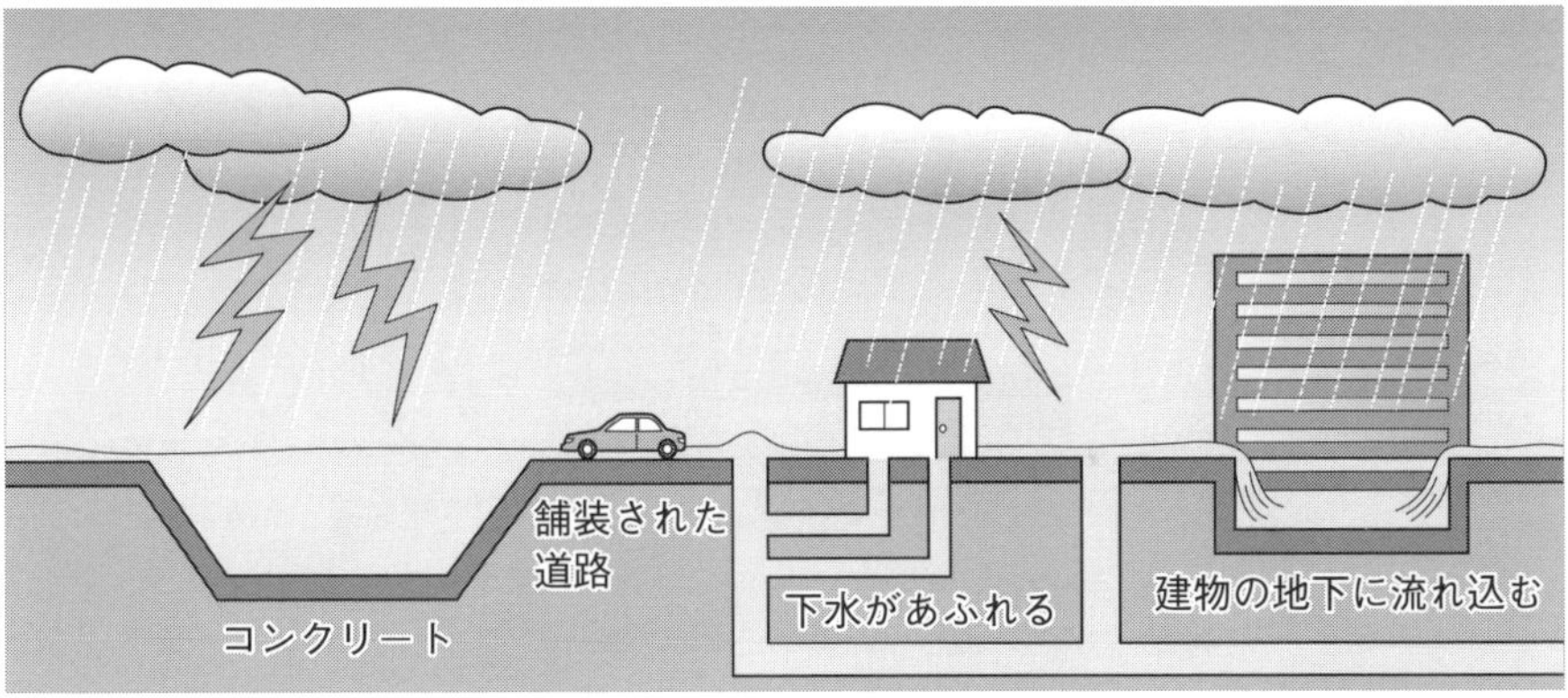

雨水の流れる場所が下水道や川に集中し、地下街や地下室が多い都市部。あふれた雨水が地下に流れ込んで、水没する被害も多い。近年は地下に巨大な放水路を作るなど、新たな対策に乗り出している

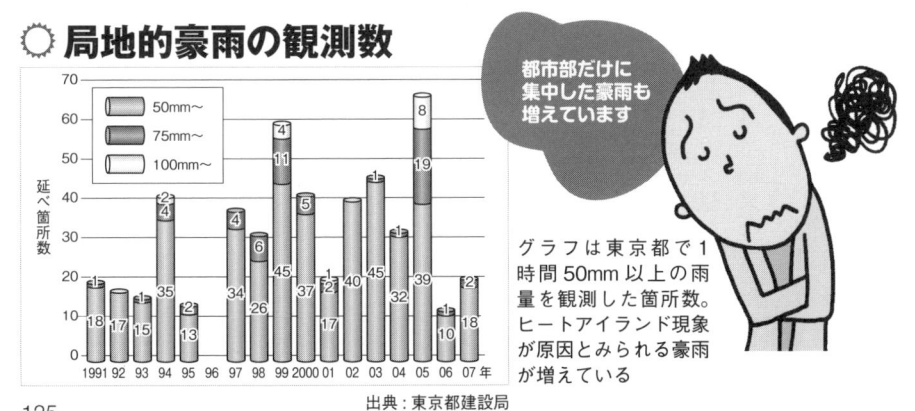

局地的豪雨の観測数

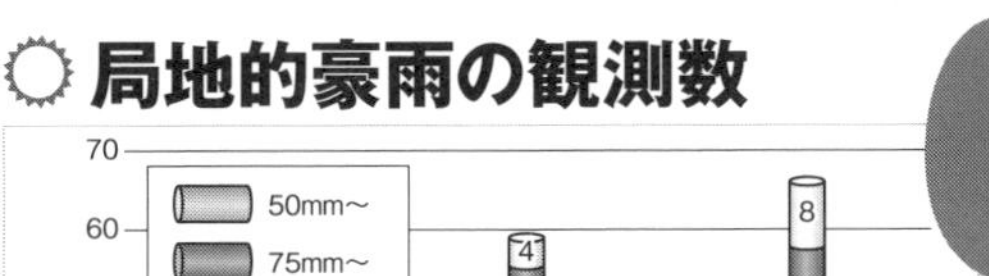

グラフは東京都で1時間50mm以上の雨量を観測した箇所数。ヒートアイランド現象が原因とみられる豪雨が増えている

出典：東京都建設局

ヒートアイランドとは
都市の気温が上がっている？

都市の気温は、年々暖かくなっています。その原因は、人間の生活自体。
ヒートアイランド現象と呼ばれるこの事態について見ていきましょう

ヒートアイランドが起こるしくみ

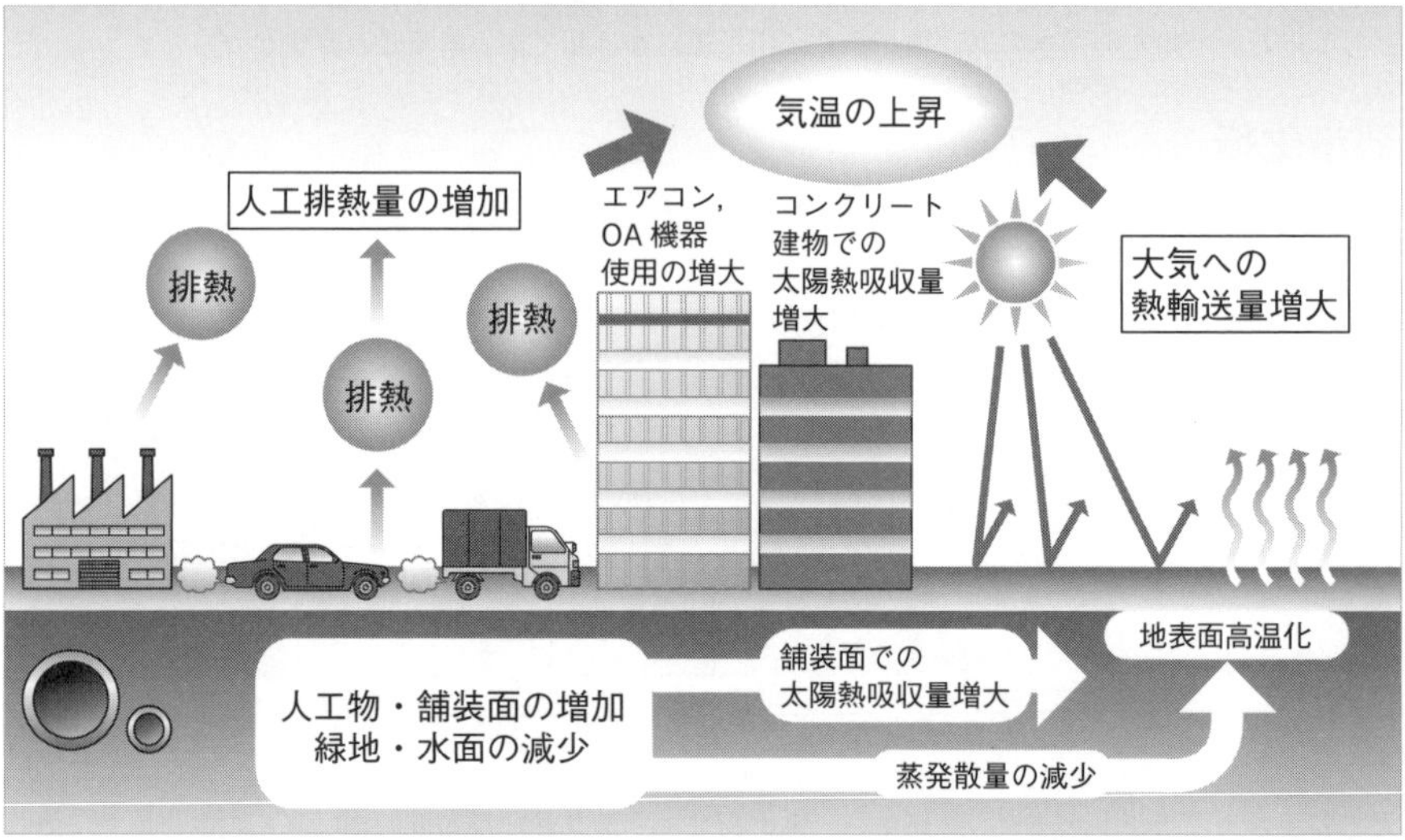
気温の上昇
人工排熱量の増加
排熱
排熱
排熱
エアコン，
OA 機器
使用の増大
コンクリート
建物での
太陽熱吸収量
増大
大気への
熱輸送量増大
舗装面での
太陽熱吸収量増大
地表面高温化
人工物・舗装面の増加
緑地・水面の減少
蒸発散量の減少

便利な生活の裏にある都市中心の気候変化

「ヒートアイランド現象」とは、都市の気温が郊外より高くなる現象のこと。都市近郊に同じ気温の地点を結ぶ線を引いたとき、その線の様子が海に浮かぶ島のように見えることから、こう呼ばれるようになりました。

ヒートアイランド現象の原因は、人間の都市生活そのもの。家庭やオフィスでのエアコン・OA機器の使用、自動車の排熱、舗装道路の熱反射などなど、挙げればきりがありません。工場や車の排気ガスは、都市部の上空を覆い温室効果をもたらします。また、高いビルは昼に吸収した熱を日没後に放出し、夜間の空気を暖めているのです。

暑くなる都市部

出典：気象庁

地点	統計開始年	100年あたりの上昇量（℃/100年）				
		平均気温			日最高気温（年平均）	日最低気温（年平均）
		（年）	（1月）	（8月）		
札幌	1901年	+2.3	+3.0	+1.5	+0.9	+4.1
仙台	1927年	+2.3	+3.5	+0.6	+0.7	+3.1
東京	1901年	+3.0	+3.8	+2.6	+1.7	+3.8
名古屋	1923年	+2.6	+3.6	+1.9	+0.9	+3.8
京都	1914年	+2.5	+3.2	+2.3	+0.5	+3.8
福岡	1901年	+2.5	+1.9	+2.1	+1.0	+4.0
大都市平均		+2.5	+3.2	+1.8	+1.0	+3.8
地方都市平均		+1.0	+1.0	+1.0	+0.7	+1.4

100年間の各都市での平均気温などの変化量を表している。地方都市は、網走、根室、寿都、山形、石巻、伏木、長野、水戸、飯田、銚子、境、浜田、彦根、宮崎、多度津、名瀬、石垣島の平均

東京の熱帯夜と冬日の日数変化

出典：気象庁

熱帯夜日数の推移
（5年移動平均）

グラフの熱帯夜は、夜の最低気温が25℃以上の日のことをいう

冬日日数の推移
（5年移動平均）

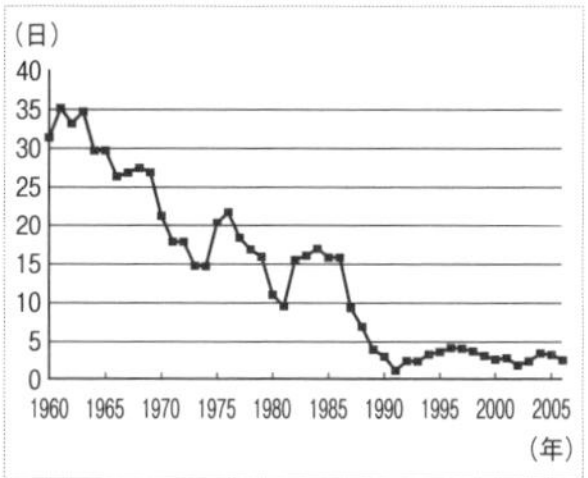

ここでは1日の最低気温が0℃未満の日を冬日としている

column **おもしろ天気コラム**

12

環八に発生する雲？

東京都心を走る環状八号線の大きな道路に沿って、ずらりと雲が並ぶことがあります。これは東京湾と相模湾それぞれから吹く海風が、環状八号線沿いでぶつかって上昇気流が生じ、雲ができる現象です。この雲は「環八雲」と呼ばれていて、海風が吹く原因にヒートアイランドが関係していることから、都心特有の現象として研究が進められています。

提供：甲斐憲次

光化学スモッグとは

光化学スモッグはなぜ夏の都市に集中するの？

光化学スモッグも都市活動が原因の現象です。ヒートアイランド現象や中国大陸からの汚染物質などで、最近また増え始めています

光化学スモッグが起こるしくみ

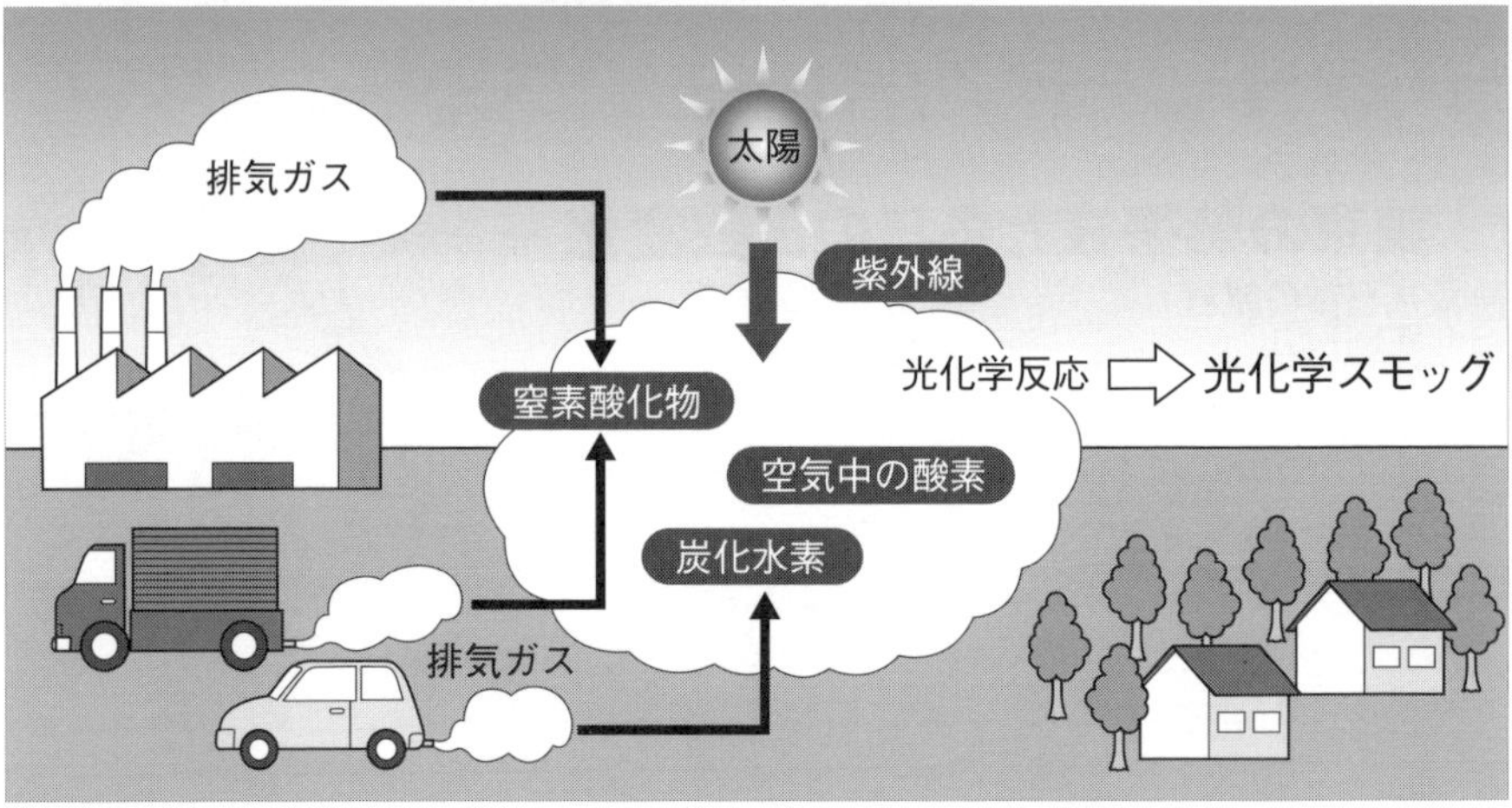

工場や自動車などの排気ガスに含まれる窒素酸化物や炭化水素が、有害物質を発生させる。これらやエアロゾルという細かなチリが空気中に溜まり、霧のようになった状態を光化学スモッグと呼ぶ

大気が安定する夏に注意したい現象

光化学スモッグ。難しそうな言葉ですが、聞いたことはありますね。光化学（反応）とは、光によって物質が化学変化を起こすこと。スモッグとは、工場や都市部で化石燃料の大量消費から生じる煙霧のことです。

光化学スモッグとは、自動車や工場などからの排気ガスが太陽光で化学変化を起こし、有害物質となってスモッグのようによどんだ状態のことです。

光化学スモッグの有害物質は、マスクなどではブロックしにくいので、注意報や警報が出たら、屋内でおとなしくしているのが賢明です。特に夏の暑い日に起こりやすいので注意しましょう。

全国の光化学スモッグ注意報の日数

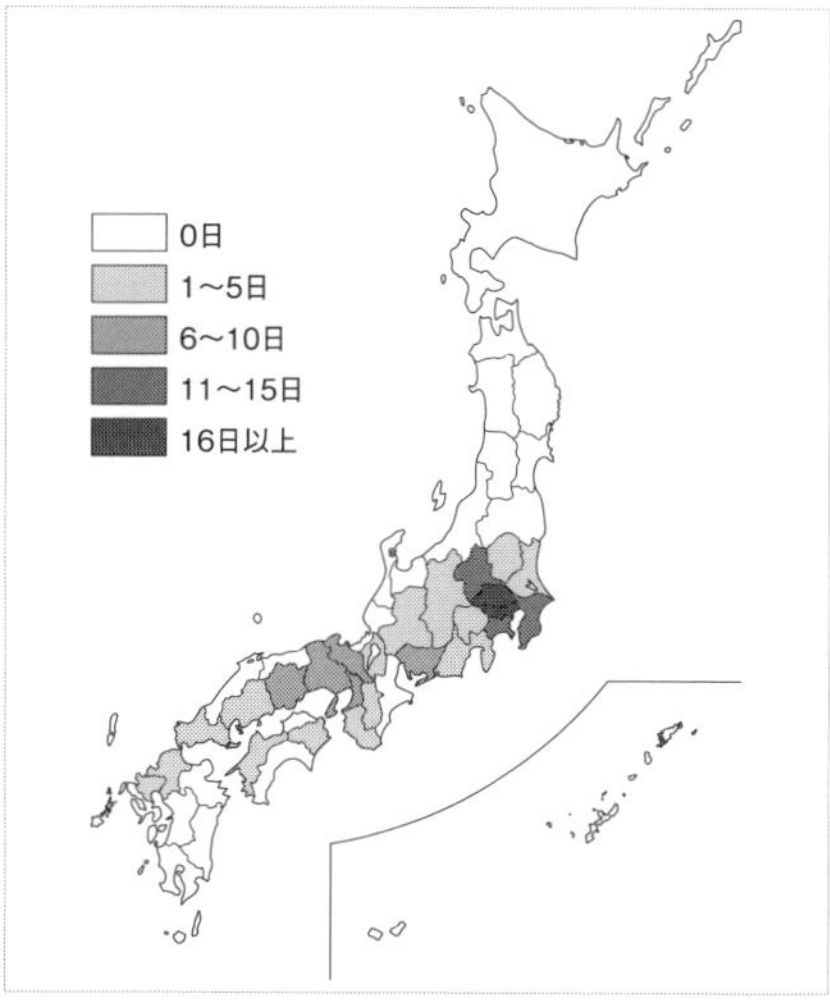
0日
1～5日
6～10日
11～15日
16日以上

図は2008年に発令された日数。平均気温が高い南部より、東京や大阪などの都市化が進んでいる場所に多く発令されたことがわかる

出典：環境省資料

光化学スモッグが発生しやすい条件

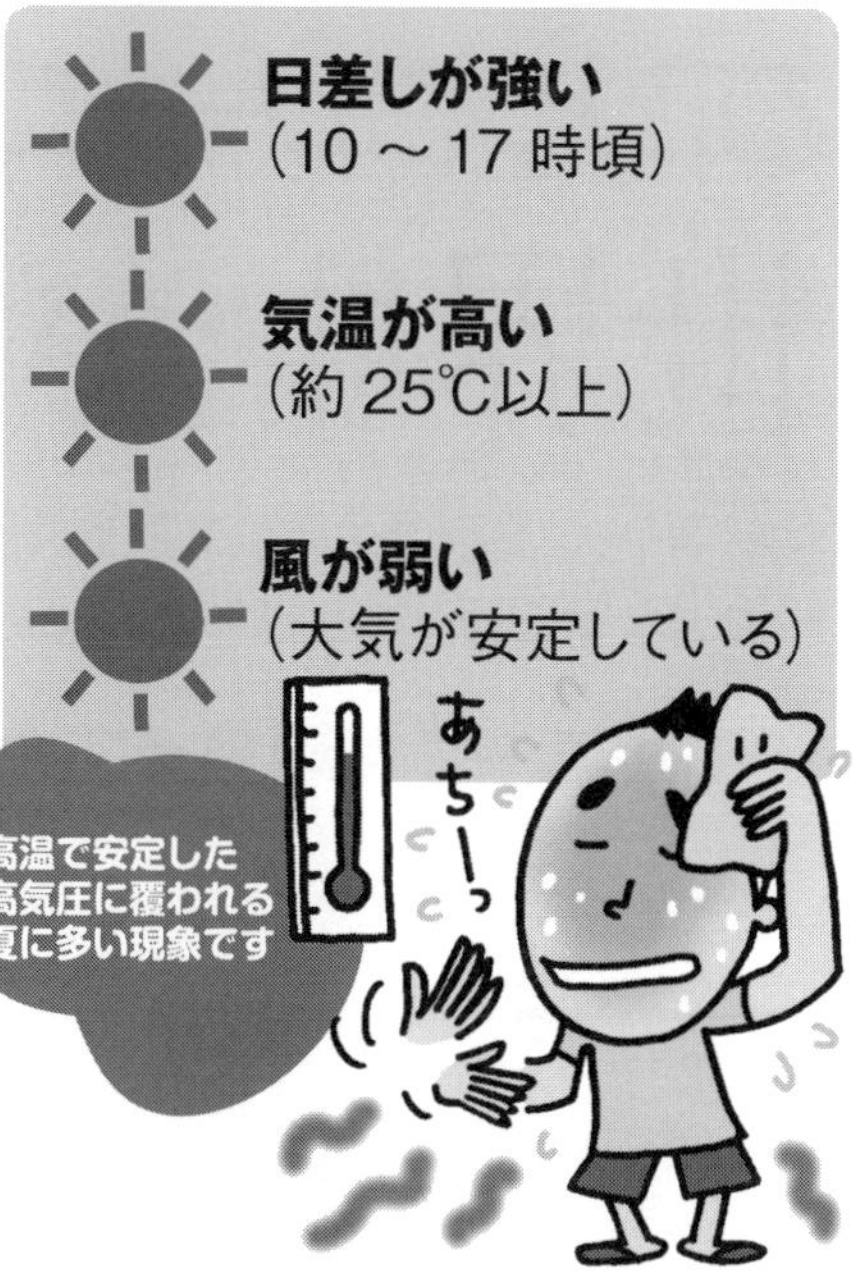
日差しが強い
（10～17時頃）
気温が高い
（約25℃以上）
風が弱い
（大気が安定している）
あちー
高温で安定した
高気圧に覆われる
夏に多い現象です

光化学スモッグによる人体への影響

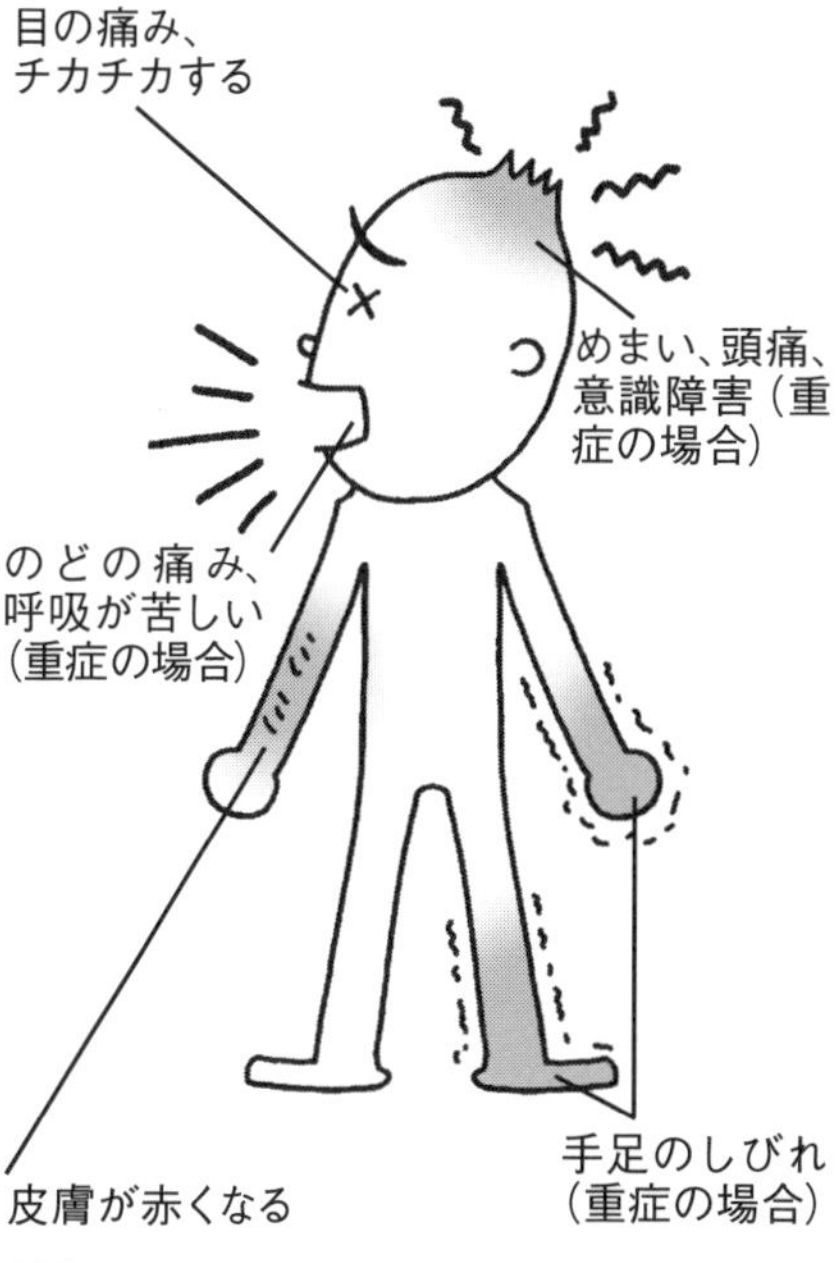
目の痛み、
チカチカする
めまい、頭痛、
意識障害（重症の場合）
のどの痛み、
呼吸が苦しい
（重症の場合）
手足のしびれ
（重症の場合）
皮膚が赤くなる

月別の光化学スモッグ注意報の日数

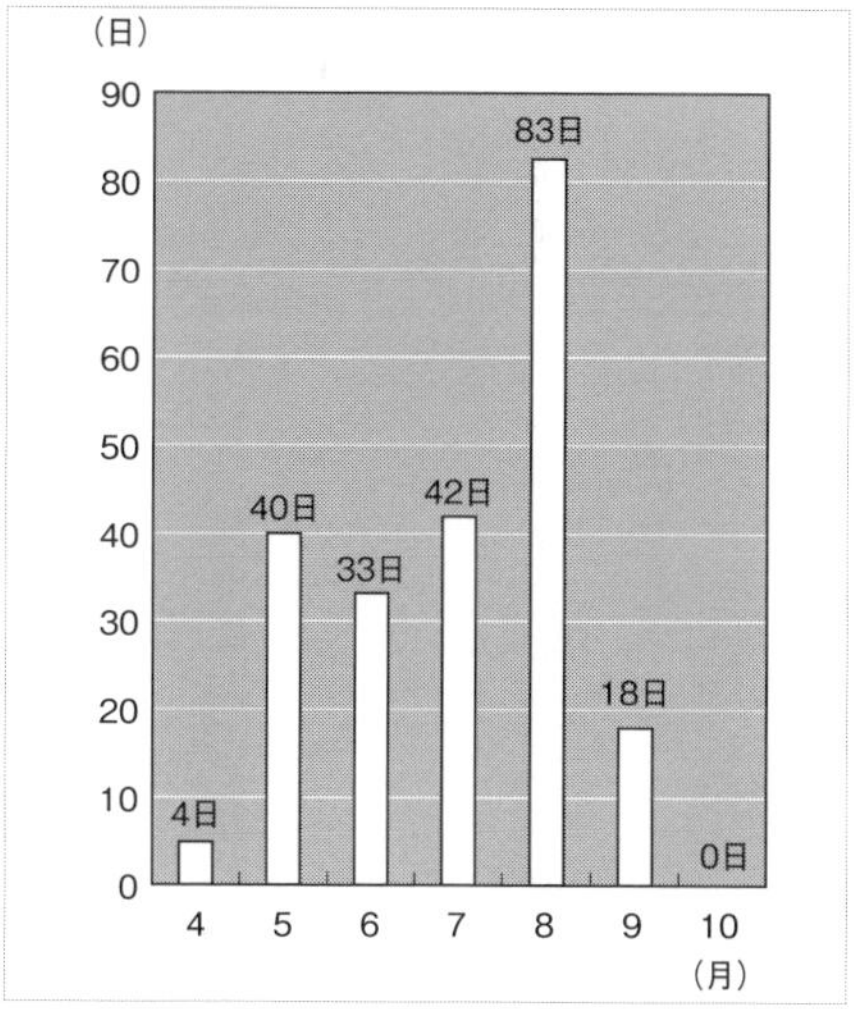
（日）
90
80
70
60
50
40
30
20
10
0
4日
40日
33日
42日
83日
18日
0日
4
5
6
7
8
9
10
（月）

2007年に全国で発令された日数の合計。晴れた暑い日が続く8月は、注意報や警報も多い。年によっては10月に発令されることもある

出典：環境省資料

エルニーニョ・ラニーニャ現象とは

エルニーニョ現象で世界中が大混乱？

エルニーニョ現象が起こると、日本をはじめ、世界各地で異常気象が発生します。その正体とは、いったいなんなのでしょうか

エルニーニョ現象ってなに？

太平洋の西側、インドネシア近海の温度が高い海域が広がり、ペルー沖の海まで温度が上がってしまう現象。エルニーニョはスペイン語で「神の子」「男の子」という意味で、キリストを指す言葉

ペルー沖の海の温度が数年ごとに上がる現象

地球上のある気象の変化が、遠く離れた場所で別の気象現象を引き起こすことがあります。その代表的な例が「エルニーニョ現象」です。

エルニーニョ現象とは、日付変更線付近からペルー沖の海面近くの水温が、いつもより暖かくなること。夏に起こると日本では冷夏、冬に起こると暖冬になる傾向があります。反対に、この海域が冷たくなる現象はラニーニャ現象といいます。

エルニーニョ現象は、世界各地で大洪水を招く大雨、森林火災が起こるまでの干ばつをもたらすなど、人間の暮らしに深刻な影響を及ぼすことがあります。

エルニーニョ・ラニーニャ現象のしくみ

通常の場合

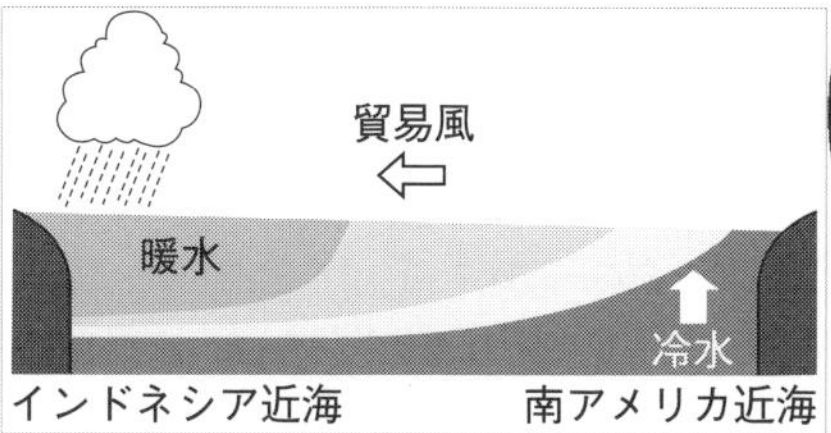
貿易風
暖水
冷水
インドネシア近海
南アメリカ近海

西に向かって吹く貿易風により、暖水は西に押し寄せられる。東では冷水がわき上がっている

雲ができる場所が変わるので、天候の変化も起こります

エルニーニョ現象

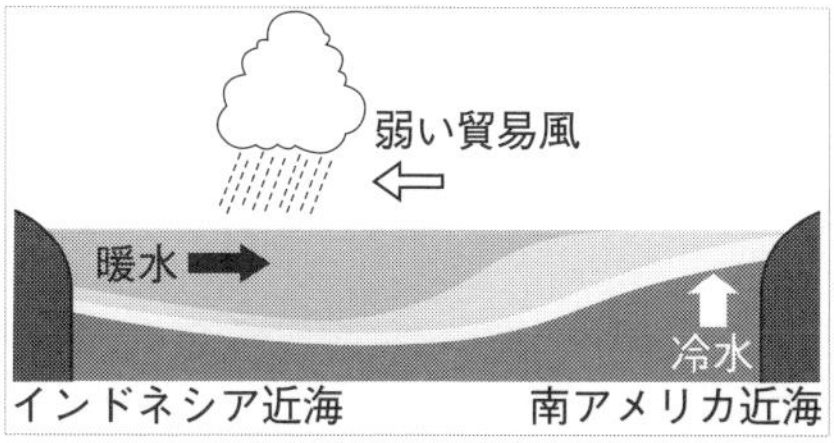
弱い貿易風
暖水
冷水
インドネシア近海
南アメリカ近海

貿易風が弱くなり、暖水が広がって東側の海面温度が上がる。雲の発生場所も東寄りになる

ラニーニャ現象

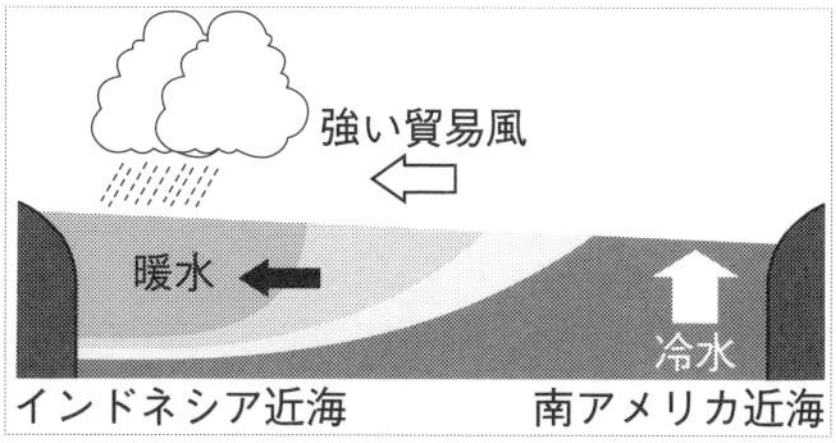
強い貿易風
暖水
冷水
インドネシア近海
南アメリカ近海

貿易風が強く吹き、暖水は西に強く吹き寄せられる。東側の海では冷水のわき上がりが強くなる

エルニーニョ現象で起こる世界の天候の特徴 出典：気象庁

春（3～5月）

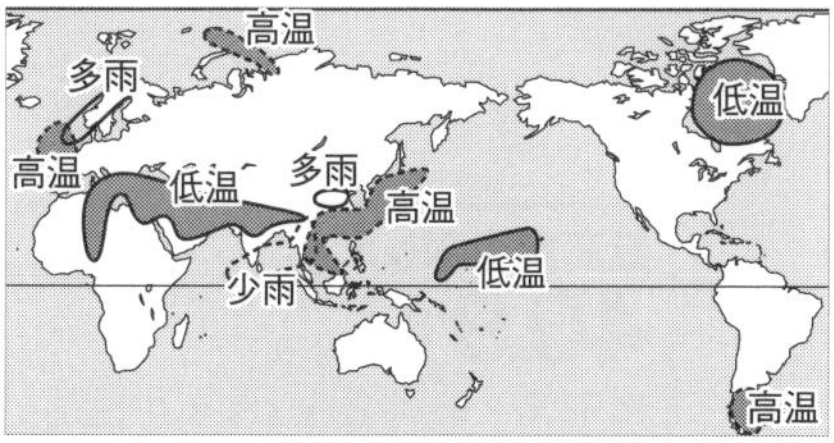
高温
多雨
高温
低温
多雨
高温
少雨
低温
低温
高温

日本からインドシナ半島にかけてなどで気温が上がり、中国やヨーロッパ北部で雨が多くなる

夏（6～8月）

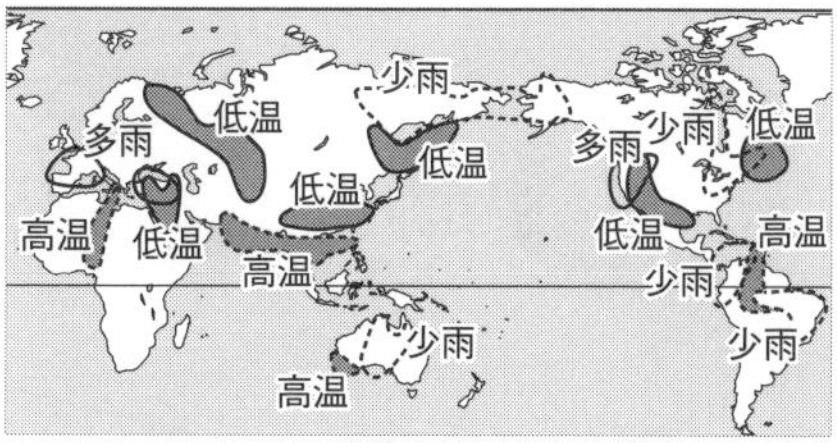
少雨
低温
多雨
低温
低温
多雨
少雨
低温
高温
低温
高温
低温
高温
少雨
少雨
少雨
高温

ほかの季節と比べて雨が少なくなる場所が多い。日本では九州より南が低温になる傾向がある

秋（9～11月）

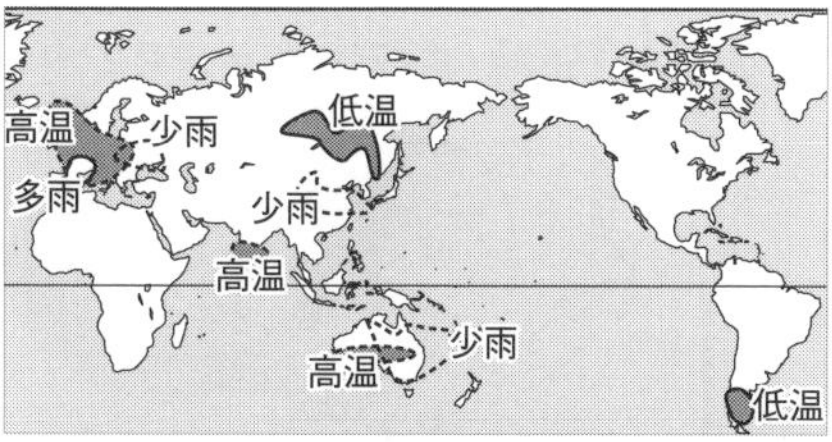
低温
高温
少雨
多雨
少雨
高温
少雨
高温
低温

インド南部やオーストラリア南部などで気温が上がる。降水量が増えるのはフランス周辺のみ

冬（12～2月）

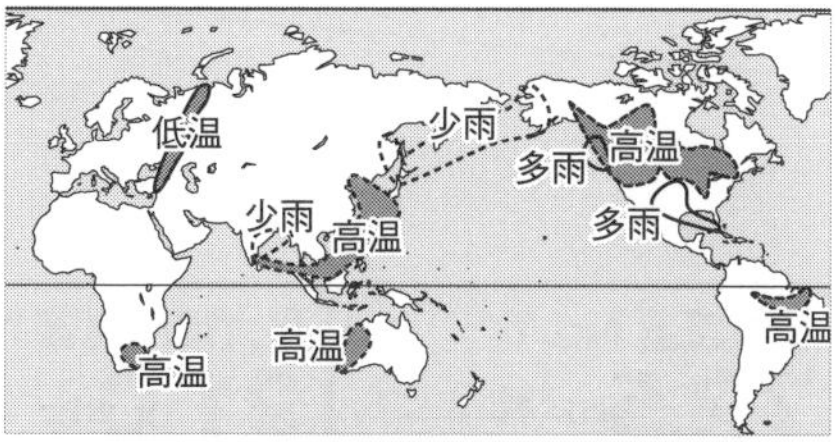
少雨
低温
高温
多雨
少雨
多雨
高温
高温
高温
高温

西日本～インド南部、北米中部などで気温が高くなりやすく、日本では暖冬になることもある

気象記録なんでもNo.1

〜日本編〜

「日本で一番暑いのは沖縄」と思う人が多いかもしれませんが、観測史上で最高気温を観測したのは、埼玉県と岐阜県なんです

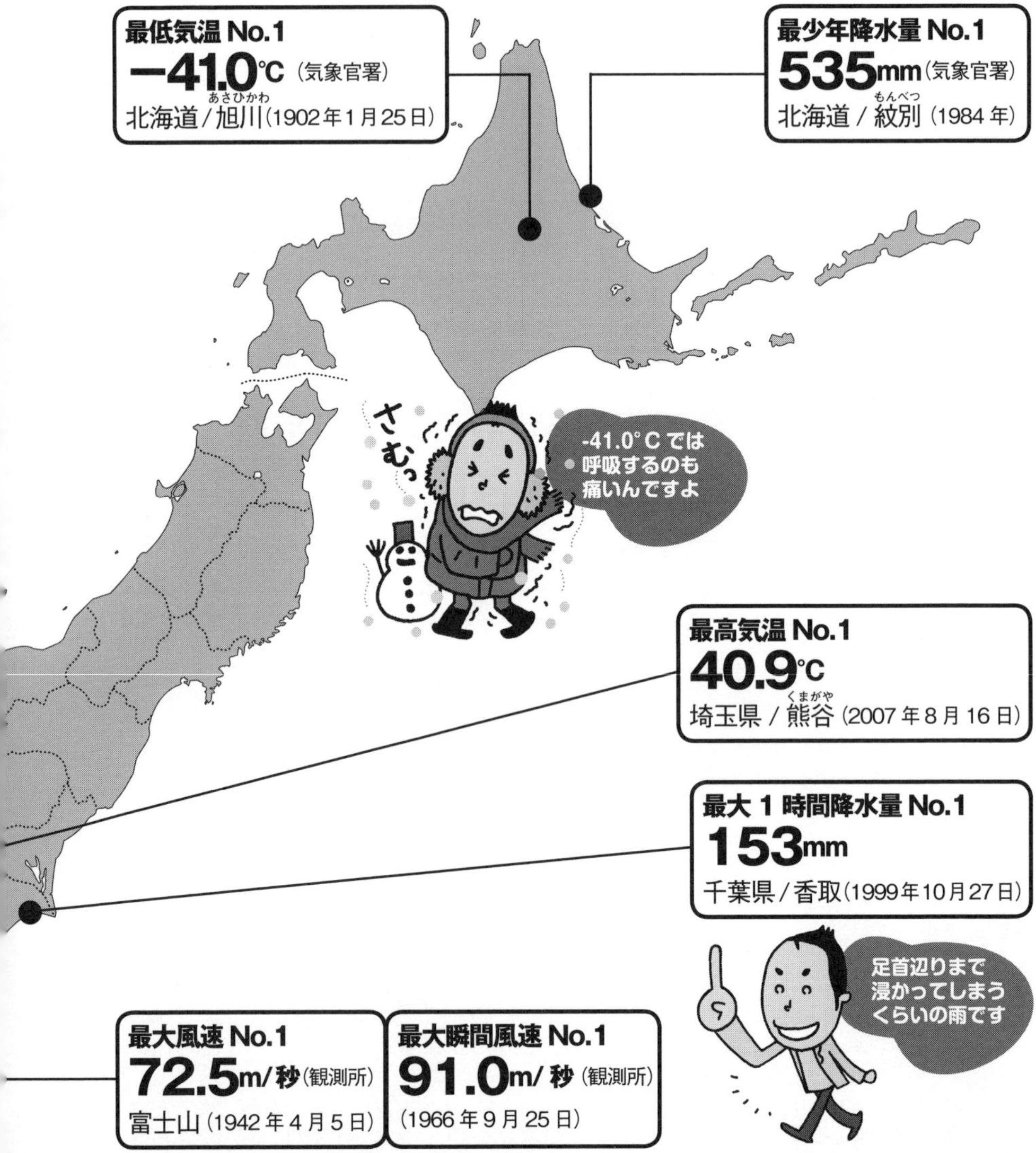

最低気温 No.1
−41.0℃（気象官署）
北海道/旭川《あさひかわ》（1902年1月25日）
最少年降水量 No.1
535mm（気象官署）
北海道/紋別《もんべつ》（1984年）
さむっ
-41.0°Cでは 呼吸するのも 痛いんですよ
最高気温 No.1
40.9℃
埼玉県/熊谷《くまがや》（2007年8月16日）
最大1時間降水量 No.1
153mm
千葉県/香取（1999年10月27日）
足首辺りまで 浸かってしまう くらいの雨です
最大風速 No.1
72.5m/秒（観測所）
富士山（1942年4月5日）
最大瞬間風速 No.1
91.0m/秒（観測所）
（1966年9月25日）

最大 10 分間降水量 No.1
49mm（気象官署）
高知県 / 清水（1946 年 9 月 13 日）

最大日降雪の深さ No.1
180cm（観測所）
富山県 / 真川《まがわ》（1947 年 2 月 28 日）

※気象官署とは、気象庁の直轄で全国各地に設置されている観測地点。気象庁のスタッフが常駐していて、気象台、管区気象台、地方気象台、測候所などがある。観測所とは、地域気象観測所や気象庁の委託観測所のこと

40.9°C はお風呂の
お湯の適温と
同じくらいです

最多年降水量 No.1
8670mm（観測所）
宮崎県 / えびの（1993 年）

最高気温 No.1
40.9℃
岐阜県 / 多治見《たじみ》市（2007 年 8 月 16 日）

無降水継続日数 No.1
92 日
大分県 / 大分（1917 年 11 月 3 日 ～ 1918 年 2 月 2 日）

最大 1 時間降水量 No.1
153mm
長崎県 / 長浦岳《ながうらだけ》（1982 年 7 月 23 日）

最深積雪 No.1
1182cm（観測所）
滋賀県 / 伊吹山《いぶきやま》（1927 年 2 月 14 日）

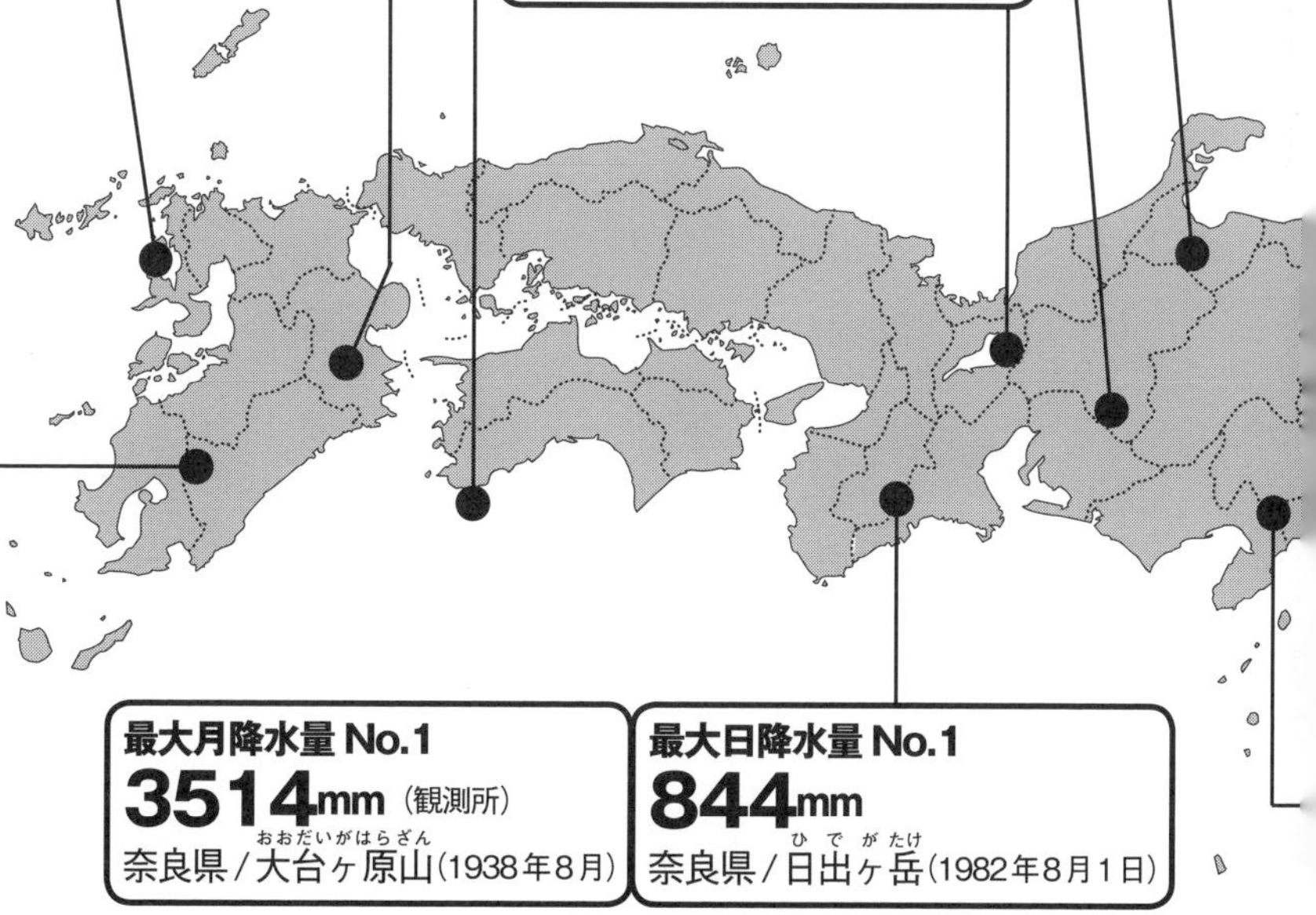

最大月降水量 No.1
3514mm（観測所）
奈良県 / 大台ヶ原山《おおだいがはらざん》（1938 年 8 月）

最大日降水量 No.1
844mm
奈良県 / 日出ヶ岳《ひでがたけ》（1982 年 8 月 1 日）

出典：『気象年鑑』

気象記録なんでもNo.1
〜世界編〜

ここでは世界各地の気象記録を一挙紹介！　世界のNo.1と日本のNo.1記録を比べてみると、おもしろいかもしれません

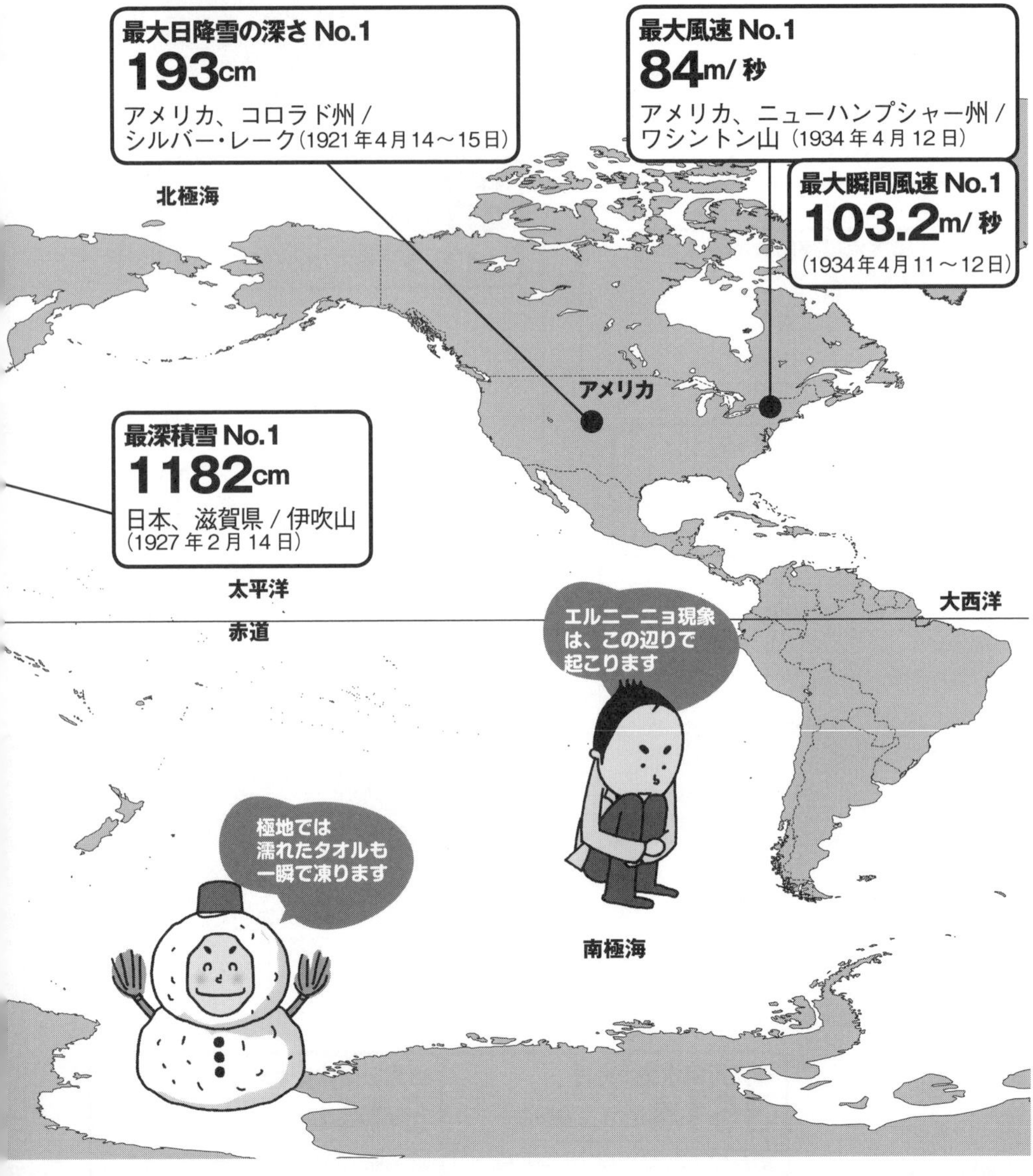

最大日降雪の深さ No.1
193cm
アメリカ、コロラド州 / シルバー・レーク（1921年4月14〜15日）
最大風速 No.1
84m/秒
アメリカ、ニューハンプシャー州 / ワシントン山（1934年4月12日）
最大瞬間風速 No.1
103.2m/秒
（1934年4月11〜12日）
北極海
アメリカ
最深積雪 No.1
1182cm
日本、滋賀県 / 伊吹山（1927年2月14日）
太平洋
赤道
大西洋
エルニーニョ現象は、この辺りで起こります
極地では濡れたタオルも一瞬で凍ります
南極海

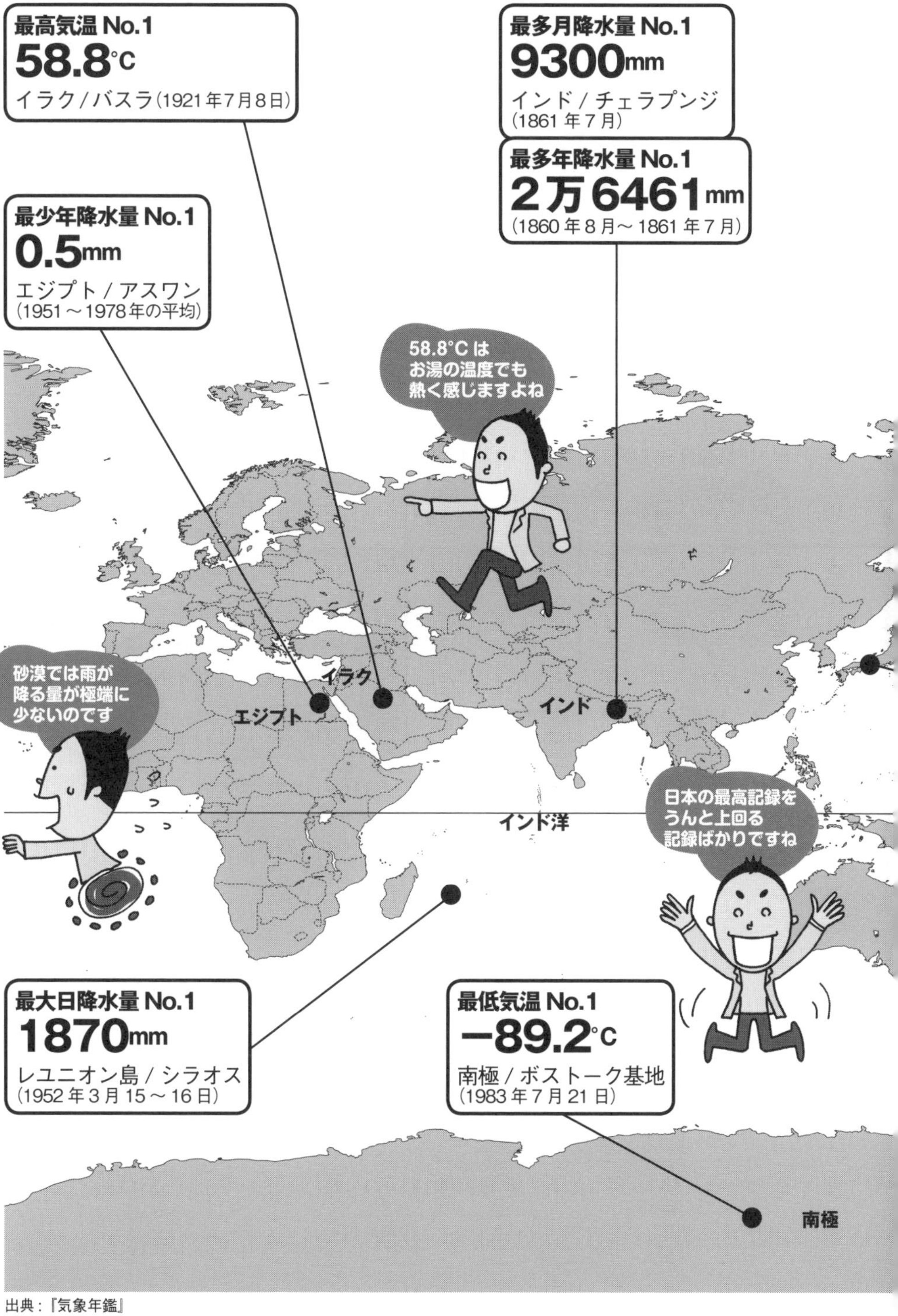
最高気温 No.1
58.8℃
イラク / バスラ（1921年7月8日）
最多月降水量 No.1
9300mm
インド / チェラプンジ
（1861年7月）
最多年降水量 No.1
2万6461mm
（1860年8月～1861年7月）
最少年降水量 No.1
0.5mm
エジプト / アスワン
（1951～1978年の平均）
58.8℃は
お湯の温度でも
熱く感じますよね
砂漠では雨が
降る量が極端に
少ないのです
イラク
エジプト
インド
インド洋
日本の最高記録を
うんと上回る
記録ばかりですね
最大日降水量 No.1
1870mm
レユニオン島 / シラオス
（1952年3月15～16日）
最低気温 No.1
−89.2℃
南極 / ボストーク基地
（1983年7月21日）
南極

出典：『気象年鑑』

天気に関する情報はココでチェック！

数時間先の天気予報や天気の知識を得るには、リアルタイムに近い情報が更新されるインターネットサイトが役立ちます

☼ 気象庁HP http://www.jma.go.jp/jma/

天気予報をはじめ、地上や海上の観測データがまとまったサイト。天気の用語集や気象庁の業務紹介もあり。気象情報を調べたいときは、まずここへ

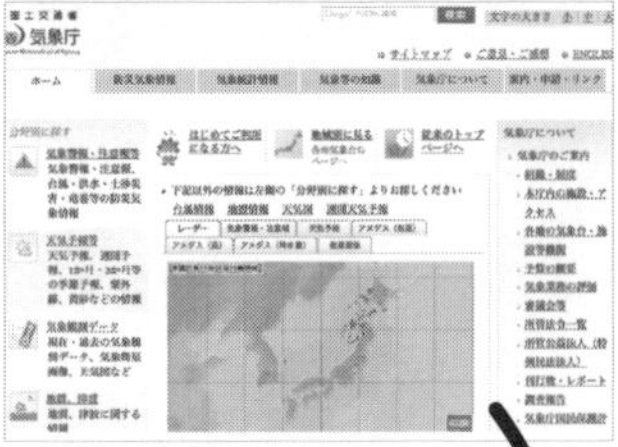

気象庁HPで
見ることができる
気象情報の一例です

❸気象警報・
注意報
❶天気予報
❷週間天気予報
❹衛星画像
台風情報
地震情報
天気図
週間天気予報
レーダー
気象警報・注意報
天気予報
アメダス（気温）
アメダス（風）
アメダス（降水量）
衛星画像
平成21年11月04日11時55分
mm/h
80
50
30
20
10
5
1
All rights reserved. Copyright © Japan Meteorological Agency

❶天気予報

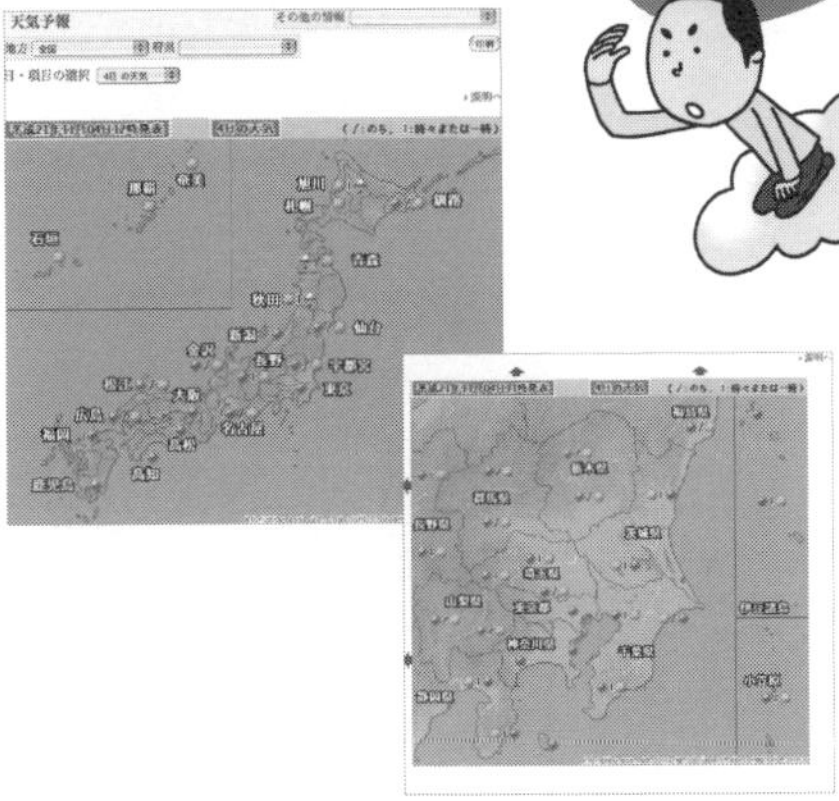

今日の天気予報を公開している。地図をクリックすると、その地域の明後日までの天気予報や時系列予報を見ることができる （→ P.20）

❷週間天気予報

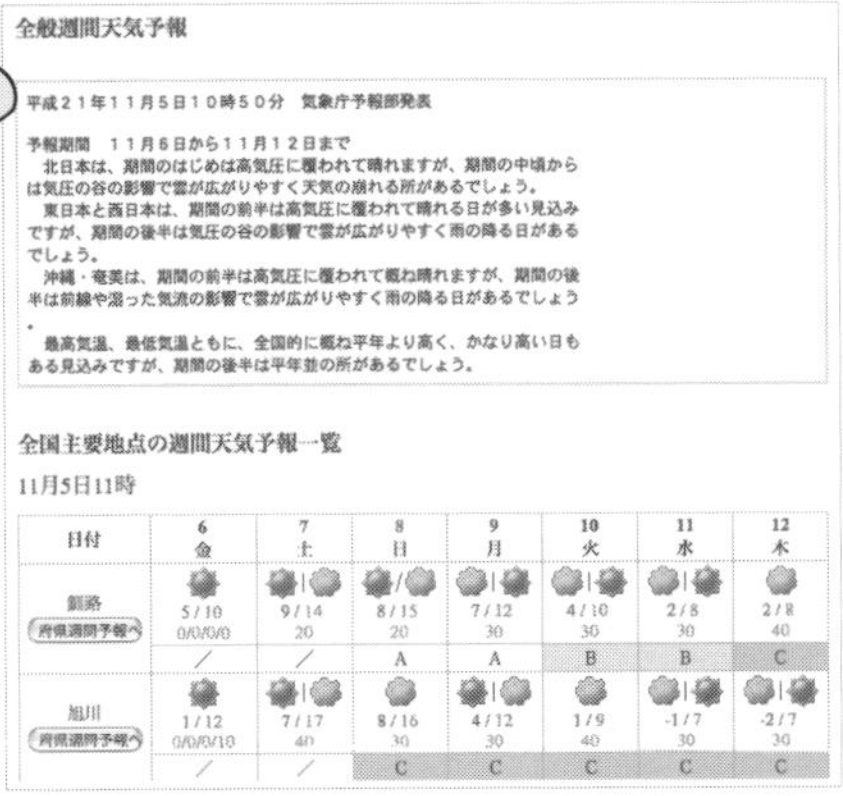

全般週間天気予報

平成２１年１１月５日１０時５０分　気象庁予報部発表

予報期間　１１月６日から１１月１２日まで
　北日本は、期間のはじめは高気圧に覆われて晴れますが、期間の中頃からは気圧の谷の影響で雲が広がりやすく天気の崩れる所があるでしょう。

　東日本と西日本は、期間の前半は高気圧に覆われて晴れる日が多い見込みですが、期間の後半は気圧の谷の影響で雲が広がりやすく雨の降る日があるでしょう。

　沖縄・奄美は、期間の前半は高気圧に覆われて概ね晴れますが、期間の後半は前線や湿った気流の影響で雲が広がりやすく雨の降る日があるでしょう。

　最高気温、最低気温ともに、全国的に概ね平年より高く、かなり高い日もある見込みですが、期間の後半は平年並の所があるでしょう。

全国主要地点の週間天気予報一覧

11月5日11時

日付	6 金	7 土	8 日	9 月	10 火	11 水	12 木
釧路 府県週間予報へ	5 / 10 0/0/0/0	9 / 14 20	8 / 15 20	7 / 12 30	4 / 10 30	2 / 8 30	2 / 8 40
	／	／	A	A	B	B	C
旭川 府県週間予報へ	1 / 12 0/0/0/10	7 / 17 40	8 / 16 30	4 / 12 30	1 / 9 40	-1 / 7 30	-2 / 7 30
	／	／	C	C	C	C	C

気象庁予報部の発表文のほか、地域ごとに予報の詳細を見ることができる。予報の適中しやすさを示す「信頼度」も公開されている （→ P.21）

❸気象警報・注意報

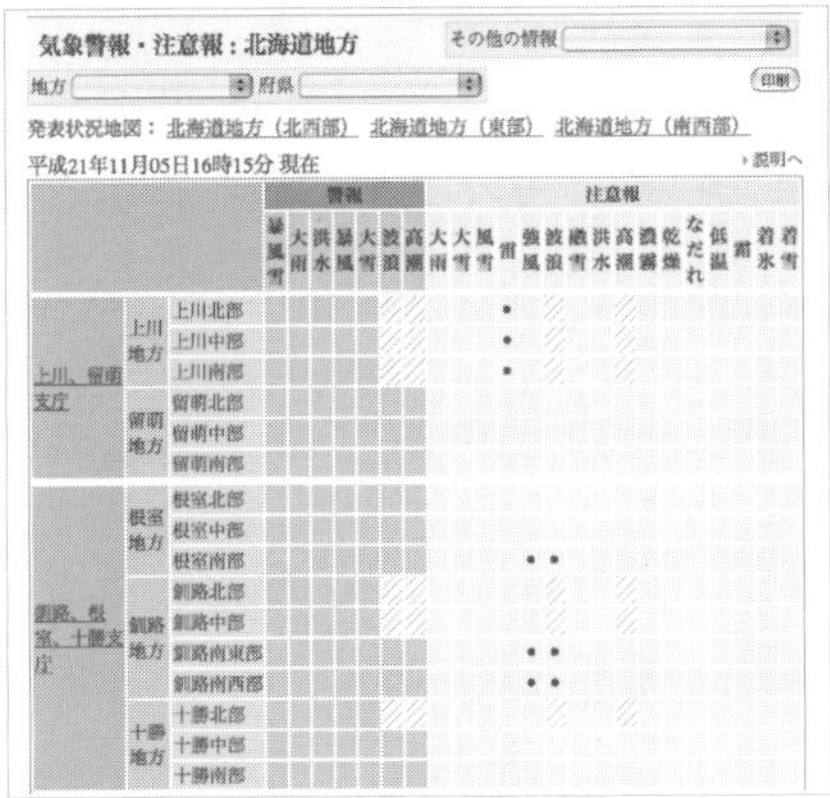

地図や表形式で警報・注意報が発令されている都道府県を一覧表示。都道府県ごとに発表文の詳細も見ることができる （→ P.16）

❹衛星画像

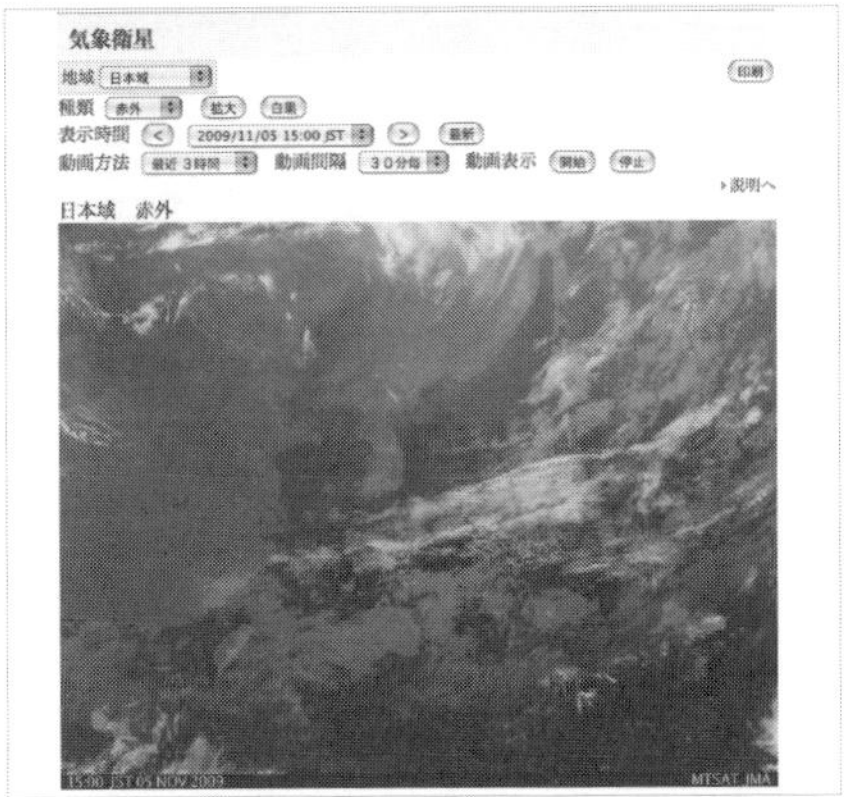

1 時間ごとに全球、約 30 分ごとに北半球を観測し、24 時間前～最新の衛星画像を公開。雲の動きを動画で再生することもできる （→ P.43）

その他の天気に関する HP

日本気象協会 tenki.jp　http://tenki.jp/

「服装指数」「風邪引き指数」など、独自の指数を紹介。そのほか、全国のユーザーからの気象情報もリアルタイムで公開される、ユーザー参加型サイト

ウェザーニューズ　http://weathernews.jp/

ウェザーニューズ提供。「ゴルフ天気」などのシチュエーションごとの天気予報や、バラエティ番組「天気のチカラ Ch.」など、さまざまな気象情報を公開

気象人　http://www.weathermap.co.jp/kishojin/

毎日の天気図をカレンダー形式で公開する「気象ダイアリー」などを提供する気象専門 Web マガジン。気象現象や出来事をまとめた「暦と出来事」など、過去のデータベースが充実

気象・天気用語集

気象や天気には、
専門的な言葉もたくさん。
本文で紹介していない
用語をまとめました

凡例
● = 大気や現象などの用語
■ = 科学的な専門用語など
↓ = 関連ページ・関連用語

あ

■伊勢湾台風《いせわんたいふう》 ↓Ⓟ108
昭和時代に日本に大きな被害をもたらした、「昭和の三大台風」のひとつ。1959（昭和34）年9月26日に和歌山県の潮岬（しおのみさき）辺りから上陸。伊勢湾沿岸で発生した高潮の影響もあり、全国で死者・行方不明者が5098人にも上った。

●渦雷《うずらい》 ↓Ⓟ100
雷の種類のひとつ。発達した低気圧などで、周囲から吹き込む気流が上昇気流を起こすことで起こる。台風の内部で発生する雷もこれにあたる。低気圧や台風とともに移動するため、移動速度が速い。

■エアロゾル エアロゾル、エーロゾル ↓Ⓟ122、128 日傘効果
空気中に浮遊している砂、チリ、花粉などの固体や、液体の微粒子のこと。雲や霧の核になって、酸性雨や光化学スモッグの原因になることもある。太陽の光を通さないため、日傘効果があることでも知られている。

●オーロラ ↓Ⓟ25
北極や南極など、極地域の上空100～500㎞辺りで見られる、大気が発光する現象。極光（きょっこう）とも呼ばれる。酸素や窒素の粒に、太陽から運ばれる電子がぶつかることでエネルギーが与えられ、そのエネルギーを光として放出。この光がオーロラを作り出す。

●遅霜《おそじも》 ↓Ⓟ62 放射冷却
晩春から初夏にかけて降りてくる霜。快晴の日の夜間に放射冷却が起こることで、地表の熱が急激に奪われてしまうことが原因。風がないときに発生しやすく、特に農作物に大きな被害を与える。茶畑などでは遅霜対策に、扇風機を回すところが多い。

か

●界雷《かいらい》 ↓Ⓟ100
雷の種類のひとつ。寒冷前線の近くで寒気が暖気を押し上げることで積乱雲ができ、発生する雷のことをいう。寒冷前線が移動するにつれて、広い範囲に影響があり、時間帯や季節に関係なく起こる。

●かなとこ雲《かなとこぐも》 ↓Ⓟ92
積乱雲の頂上が対流圏と成層圏の境目（圏界面）まで発達することで、頂上が水平方向へ平らに広がってしまった雲のこと（写真）。雲や風の現象は圏界面より上で起こらないため、かなとこのように平らに広がってしまう。

●空梅雨《からつゆ》 ↓Ⓟ66 長梅雨
降水量が例年より大幅に少ない梅雨のこと。夏の暑さをもたらす太平洋高気圧の勢力が強いと、空梅雨になりやすい。これは太平洋高気圧の力で梅雨前線が北上したり、消滅したりしやすくなるため。

■過冷却《かれいきゃく》 ↓Ⓟ83 霧氷
物質が液体や固体に変化する温度まで冷やされても変化せず、そのままの状態を保つこと。霧氷はこの過冷却状態の水滴が樹木などの地表物にぶつかることで起こる。

■気象病、季節病《きしょうびょう、きせつびょう》
気温や湿度、気圧の変化などによって発症したり、症状が悪化したりする病気のこと。天候と病状の変化が密接に関わっていて、神経痛や偏頭痛も気象病のひとつ。これに対し季節病は、花粉症や冷房病など、特定の季節になると発症、悪化する病気のこと。

●逆転層《ぎゃくてんそう》 ↓放射冷却
通常は上空へ行くほど温度が低下していく大気が、放射冷却などで、地表近くの気温より上部の気温が高くなること。逆転層では、煙がある高さまでしか上がらずに、水平方向へと広がる現象がみられる。

●月虹《げっこう》 ↓Ⓟ102
月の光によってできる虹のこと。見えるしくみは通常の虹と同じだが、月の光は弱く暗いため、空気が十分に澄んでいないと見ることができない。「ナイトレインボウ」「ムーンボウ」などとも呼ばれる。

■高層天気図《こうそうてんきず》 ↓Ⓟ22、46
上空の大気の状態を表した天気図。主にラジオゾンデで観測したデータをもとに描かれる。低気圧、高気圧を立体的にとらえることができ、上空にある気圧の谷などを読み取るのにも役立つ。

■コリオリの力《こりおりのちから》　→Ⓟ114

渦が起こる理由でもある、回転するものの上で起こる力。地球は自転しているため、風やものが南北方向へ進むときに、この力によって動く向きがずれる。北半球では進行方向を右へ、南半球は左へとそれる。

下図①のように、回転するものの中心AからBへとボールをけると、ボールはまっすぐ進んでいてもAからは右にそれたように見える②。

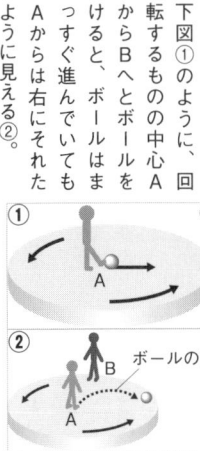

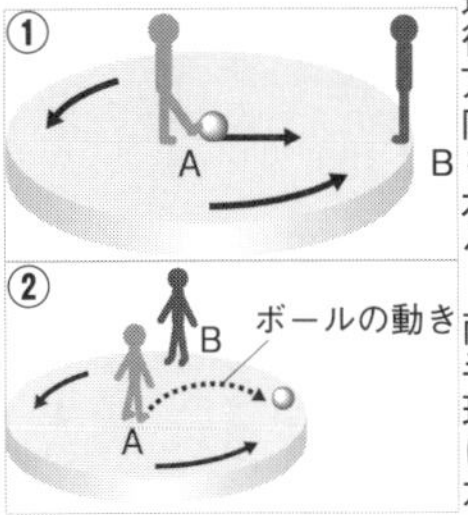

さ

●時雨《しぐれ》　→Ⓟ77

晩秋から初冬の頃に、降ったりやんだりする冷たい雨。木枯らしなどが吹き始めることで、日本海の海面で雲ができ、この雲が時雨を降らせる。

●湿舌《しつぜつ》

天気図で、暖かい湿った空気が舌のように伸びているところ。梅雨の終わり頃や、台風が接近したときなどに生じることが多く、豪雨を降らせることがある。

●霜《しも》　→霜柱、霧氷

気温が低下することで、気体の状態を保てなくなった空気中の水蒸気が、氷の結晶となって地面や植物の表面にくっついたもの。地中の水分で起こる霜柱に対し、空気中の水分によってできる。

●霜柱《しもばしら》　→霜

土の中の水分が上昇して地表に出たときに、地表の空気で冷やされて氷となったもの。地表の気温が低いときにできる。柱のようになるのは水分が小さな面積を取ろうと、土の粒のすき間を上昇していくため。これを毛細管現象といい、この現象で次々と水分が上がってくるため、柱のように伸びていく。

■昇華《しょうか》　→ダイヤモンドダスト、霧氷

気体のものが液体に変化せず固体になったり、固体のものが直接気体になったりすること。水の場合、氷から水蒸気に、水蒸気から氷になることをさす。ダイヤモンドダストはこの昇華によって生じる。

●スーパーセル　→Ⓟ106

大きな竜巻の発生源となる、特殊な積乱雲のこと。通常の積乱雲の中では上昇気流と下降気流がほぼ同じ場所で起こり、打ち消し合うことで勢力が衰える。これに対しスーパーセルでは上昇気流と下降気流の発生場所が違うため、上昇気流が特に持続し、これが大気の渦と重なって竜巻が起こる。

た

●ダイヤモンドダスト　→昇華

大気中の水蒸気が直接固体となってできた、小さな氷の結晶が降り注ぐ現象。晴れた日の朝や、気温がマイナス10℃以下の状態で発生する。日光に照らされると輝いて見えることから、その名がついた。

●ダウンバースト　→Ⓟ106

積乱雲の底から地表へと吹き降り、地上にぶつかって四方に散乱する突風。予測が難しく目に見えない現象のため、航空機の離着陸時にダウンバーストに巻き込まれ、墜落事故を起こすケースも少なくない。

●梅雨明け10日《つゆあけとおか》　→Ⓟ67

梅雨が明けてからすぐは、よい天気が続くことから使われるようになった言葉。梅雨明け後すぐは太平洋高気圧に広く覆われているため、晴れた日が続く。

■天候デリバティブ《てんこうでりばてぃぶ》

企業が「天候」にかける保険のようなしくみ。天気や気候によって収益が変わってしまう企業の、損害を補償するために生まれた新しい保険商品。土木工事業や輸送業などの業界でよく利用されている。

●転倒雷《てんとうらい》　→Ⓟ100

雷の種類のひとつ。気温が高く湿った暖気の上に冷たい寒気があると、入れ替わるように寒気が暖気を押し上げる。この際に発生する上昇気流で起こる雷が転倒雷。大気の状態が不安定になることから、不安定雷とも呼ばれる。

●土用波《どようなみ》　→Ⓟ108、111

数千km離れた海上にある、台風の影響で起こる波。沖合では目立たなくても、波打ち際で急に高くなり、引く力も強い。そのため海岸では土用波にさらわれる事故も多く、風が弱いときも注意が必要。7月20日前後の「夏土用」の時期に発生しやすいことから、こう呼ばれるようになった。

な

●長梅雨《ながつゆ》　→Ⓟ66　空梅雨

梅雨がなかなか明けず長く続くこと。エルニーニョ現象が起こることや、太平洋高気圧の勢力が弱いことなどが原因。梅雨前線が北上せず、日本に

かかったままになることで長梅雨となる。

●**凪**《なぎ》 →Ⓟ95

風が一時的に吹き止んだ状態のこと。海岸近くで吹く海陸風は昼間と夜間に吹く向きが逆のため、海風と陸風が移り変わる朝と夕は、一時的に無風状態となる。これらはそれぞれ朝凪、夕凪と呼ばれている。

●**菜種梅雨**《なたねづゆ》 →Ⓟ58

3～4月頃に前線が日本列島に停滞することで、雨やくもりの日が続くこと。菜の花が咲く頃と重なるため、その名がついた。通常の梅雨と異なり、梅雨前線のように発生する場所や時期が定まっていない。そのため菜種梅雨が発生しない年もある。

■**夏日**《なつび》 →熱帯夜、真夏日、猛暑日

1日の最高気温が25℃以上の日。

●**南岸低気圧**《なんがんていきあつ》 →Ⓟ26

西日本の南海上や東シナ海で発生し、日本の南岸を通過する低気圧。北から寒気を巻き込み、関東から九州にかけて強い雨や雪を降らせる。冬～春先にかけて、太平洋側に暴風や雪をもたらすのはこの低気圧のことが多い。

●**逃げ水**《にげみず》 →Ⓟ105

道路などの先に水たまりがあるように見える現象。晴れた暑い日に発生しやすい。下位蜃気楼と同じ原理で起こる現象で、道路の熱によって地面近くの空気が暖められることが原因で起こる。

●**熱帯夜**《ねったいや》 →夏日、真夏日、猛暑日

夜間の気温が25℃以上の日。気象庁では1日の最低気温が25℃以上の日を観測しているが、この観測と熱帯夜とは区別している。

●**熱雷**《ねつらい》 →Ⓟ100

夏や上空に寒気があるときに発生しやすい雷。地面近くの湿った空気が強い日射しで熱せられ、上昇気流を起こすことで発生する。山では暖められた空気が斜面を駆け上がるため、上昇気流が起こりやすく熱雷が起こりやすい。

は

●**爆弾低気圧**《ばくだんていきあつ》 →Ⓟ28

温帯低気圧が急激に発達して、熱帯低気圧並みの風や雨をもたらす低気圧のこと。東京と同じ緯度35度付近の場合、中心気圧が24時間で16hPa以上下がった場合にこう呼ばれる。気象庁では爆弾低気圧とはいわず、「急速に発達する低気圧」と表現する。

●**走り梅雨**《はしりづゆ》 →Ⓟ64

本格的な梅雨入り前の5月中旬～下旬頃に、数日間続く雨のこと。梅雨に先駆けて降り続ける雨であることから、「梅雨の走り」などとも呼ばれている。

■**日傘効果**《ひがさこうか》 →Ⓟ122、128 エアロゾル

排ガスなど、エアロゾルが原因でできた雲や黄砂などによって、太陽の光が地上に届きにくくなる効果。地上の平均気温を下げる冷却化を促す。

●**ビル風**《びるかぜ》 →Ⓟ126

大きなビルが建ち並ぶ場所で起こる風のこと。ビルにぶつかった風が回り込んだり、ビルとビルの間の細い場所に吹き込んだりすることで、予期せぬ強風になることがある。ヒートアイランド、局地的豪雨と並んで都市気候のひとつとして挙げられる現象。

●**2つ玉低気圧**《ふたつだまていきあつ》 →Ⓟ63

日本列島を挟んで、日本海側と南岸側の両方に低気圧が発生し東進している状態のこと。二つの低気圧の間、日本列島の上空に深い気圧の谷ができるため、荒れた天気になりやすい。

■**冬日**《ふゆび》 →真冬日

1日の最低気温が0℃未満の日のこと。

●**ブロッキング高気圧**《ぶろっきんぐこうきあつ》 →Ⓟ70

中・高緯度辺りで長期間にわたって同じ場所に停滞し、偏西風の正常な流れを妨げる高気圧。ブロッキング高気圧があると、同じような気象状態が続きやすく、冷夏や異常気象を招くことが多い。

■**平年値**《へいねんち》

気温や湿度、降水量などの気象に関する数値を、過去30年間の平均値にしたもの。10年ごとに更新され、現在の区分値は1971年から2000年までの30年間の値。地域や季節によって平年値は異なる。

●**偏西風の蛇行**《へんせいふうのだこう》 →Ⓟ94、115

偏西風は南北の温度差（気圧差）を減らそうと南北に波打つ性質がある。偏西風が気圧の高い場所を通るときは北から南へ、気圧の低い場所を通るときは南から北へと流れる。蛇行の小さな流れを東西流型（とうざいりゅうがた）、大きな流れを南北流型（なんぼくりゅうがた）という。南北流型の場合、偏西風が南に張り出しているところに強い寒気が南下して、地上では冷え込む。

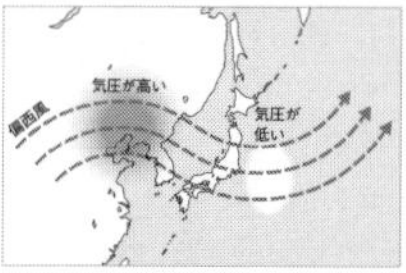

■**放射冷却**《ほうしゃれいきゃく》

地表面の熱が赤外線として放射され、冷えていくこと。雲のない晴れ間が多い五月晴れの時期は、この放射冷却によって地面が冷え込み、遅霜などが起こりやすい。くもっているときは雲が赤外線を吸収し、再び赤外線として放射するため冷え込みにくい。 ↓Ⓟ62 遅霜、逆転層

■飽和水蒸気量《ほうわすいじょうきりょう》 ↓Ⓟ90

空気中に含むことができる最大の水蒸気量のこと。この量を超えた水蒸気は、存在できず水になる。気温によって変化があり、高いほど水蒸気を多く含むことができるため、飽和水蒸気量も大きくなる。

ま

■枕崎台風《まくらざきたいふう》 ↓Ⓟ108

「昭和の三大台風」と呼ばれる台風のひとつ。1945（昭和20）年9月17日に鹿児島県の枕崎付近に上陸し、日本列島を縦断した大型台風。広島県では洪水や崖崩れなどが発生して2000人もの死者・行方不明者が出た。

■真夏日《まなつび》 ↓夏日、猛暑日

1日の最高気温が30℃以上の日。

■真冬日《まふゆび》 ↓冬日

1日の最高気温が0℃未満の日。

●みぞれ ↓Ⓟ99

雨と雪が混じって降ってくる現象。地上の気温が高い場合、降ってきた雪の一部が解けてみぞれになることがある。氷雨（ひょうう）と呼ぶこともあり、観測分類上では「雪」に含める。

●霧氷《むひょう》 ↓Ⓟ83 霜、過冷却、昇華

過冷却状態の水滴が樹木にぶつかったり、空気中の水蒸気が昇華したりして凍り付き成長する氷のこと。「樹霜（じゅそう）」「樹氷（じゅひょう）」「粗氷（そひょう）」の3つをまとめてこう呼ぶ。樹氷や粗氷は過冷却水滴がぶつかることで成長し、樹氷は白く不透明、粗氷は無色透明である。樹霜（写真）は空気中の水蒸気が昇華して、結晶が直接木などにぶつかって成長する現象。

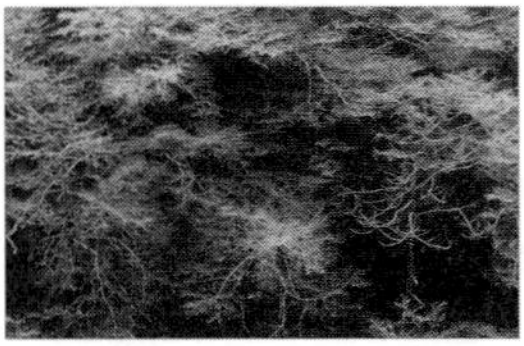

■室戸台風《むろとたいふう》 ↓Ⓟ108

1934（昭和9）年9月21日に高知県の室戸岬辺りから上陸、本州を横断した。風が非常に強い台風で、最低気圧912hPa、瞬間風速60m／秒を記録、大阪湾では高潮が起こるなどして大きな被害を与えた。死者・行方不明者は合計3036人で、「昭和の三大台風」のひとつに数えられている。

■猛暑日《もうしょび》 ↓夏日、真夏日

1日の最高気温が35℃以上の日。1990年代以降、気温が35℃を超えることが増えたため、気象庁が予報用語の見直しをし、2007年4月1日から新たに使用されることになった。

●もや ↓Ⓟ107

霧と同じく、空気中の水蒸気が飽和水蒸気量を超え、水滴となって集まったもの。霧よりも薄く、水平方面の見通し（視程）が1㎞以上の場合をもやと呼ぶ。霧は視程が1㎞未満のものを指し、視程100m以下の場合は濃霧と表現される。

や

●夜光雲《やこううん》 ↓Ⓟ92

地上約80㎞の中間圏界面付近という非常に高い場所で発生する特殊な雲。太陽が地平線付近にあるときでも、上空に射す太陽の光で白く光って見えることからこの名がついた。夏の北極や南極の夜間に見ることができる。地球温暖化が進むと、夜光雲が発生しやすくなるという説もある。

●やませ ↓Ⓟ94

オホーツク海高気圧の勢力が強いときに、北東から吹き付ける冷たく湿った風のこと。北海道や東北地方に冷たい北東風をもたらし、農作物に低温と日照不足による冷害を与える風として恐れられてきた。

●雄大積雲《ゆうだいせきうん》 ↓Ⓟ92

積雲の一種で、山のように高く盛り上がった雲のこと。できてから時間が経った積雲が発達することでできることが多く、さらに成長すると積乱雲となって雷や雨を発生させる。雄大雲ともいわれる。積雲と同じく、下層から上層にできる。

■余寒《よかん》 ↓Ⓟ57

立春（2月4日頃）を過ぎた後にも残る寒さのこと。

り

●流氷《りゅうひょう》

海の上を漂う氷のこと。凍った海の水が風や波などで割れてできたものを「海氷」、川の氷が凍ったものを「河川氷」、陸の上の雪が海に流れてできたものを「氷山」という。日本では北海道のオホーツク海沿岸で、1～4月頃に見ることができる。

索引

あ

秋雨前線……74
秋晴れ……76
秋冷え……78
アメダス……36
あられ……99
アルゴ計画……49
移動性高気圧……58,76,78
ウィンドプロファイラ……46
エルニーニョ現象……130
オゾン層……25,120
帯状高気圧……27,62
オホーツク海高気圧　64,70
おろし……81
温室効果（ガス）……118
温帯低気圧……28
温暖高気圧……26
温暖前線……23,28
温度湿度計……36,38

か

海風……95
海洋気象観測船……48
可視画像……43
下層雲……92
かなとこ雲……25,92
雷……100
空振り率……34
寒候期……19
観天望気……50,52
寒の戻り……11,60
寒波……11,82
環八雲……127
寒冷高気圧……26
寒冷前線……23,29
気圧……24,38
気圧の尾根（リッジ）……27
気圧の谷（トラフ）……27
気圧配置……23,27,77
気象庁……32,136
気象レーダー……44
季節風……81
気団……27
極軌道衛星……42
局地的豪雨……124
霧……107
警報……16
巻雲……92
巻積雲……92
巻層雲……92
光化学スモッグ……128
高気圧……23,26,58,62,64
黄砂……61
降水確率……12
高積雲……92
高層雲……92
光芒……103
木枯らし……77
小春日和……79

さ

彩雲……103
サクラ前線……61
五月晴れ……62
里雪……84
残暑……72
酸性雨……122
ジェット気流……64,67
紫外線……73,120
時系列予報……21
シベリア高気圧……83
16 方位……40
樹霜……83
10 種雲形……92
上層雲……92
蜃気楼……105
水蒸気画像……43
数値予報……33
盛夏……68
西高東低……77,80
静止気象衛星……42
成層圏……25
生物季節……55,86
積雲……92
赤外画像……43
積雪深計……36,41
積乱雲……25,92,100,106
前線……23,28
層雲……92
層積雲……92

た

大気……25,114
大気圏……25
大気の大循環……114
台風……108,110
台風の進路予報……110
太平洋高気圧……64,68,70
対流圏……25
高潮……111
竜巻……106
谷風……95
短期予報……20
暖候期……19
地球温暖化……118
注意報……16
中間圏……25
中期予報……21
中層雲……92
長期予報……21
梅雨（つゆ、ばいう）64,66,75
梅雨明け……67
梅雨入り……66
低気圧……23,26,28,63
停滞前線……23,28,66
適中率……34
天気記号……23
天気図……22
転倒ます型雨量計……36,41
等圧線……23
都市型水害……124

メイストーム ………… 63
猛暑 …………………… 71

や

山風 …………………… 95
山雪 …………………… 84
夕立 …………………… 71
UV インデックス …… 73

ら

ラジオゾンデ ………… 46
ラニーニャ現象 ………130
乱層雲 ………………… 92
陸風 …………………… 95
冷夏 …………………… 70
飛行機雲 ……………52,104
ひょう ………………63,99
風向 …………………… 23
風向風速計 …………36,40
風速 …………………14,23
フェーン現象 ………… 95
不快指数 ……………… 69
冬日 ……………………127
ブロッケン現象 ………103
フロン（ガス）………120
分布予報 ……………… 21
閉塞前線 ……………23,29
偏西風 ………………… 78
放射冷却 ……………… 76

ま

見逃し率 ……………… 34

な

南高北低 ……………… 69
虹 ………………………102
二十四節気 …………54,56
日照計 ………………… 36
日本海低気圧 ………… 60
熱圏 …………………… 25
熱帯低気圧 ………26,108
熱帯夜 …………………127

は

梅雨前線 ……………64,66
初雪 …………………… 82
春一番 ………………… 60
ハロ（暈）……………103
ヒートアイランド …… 126

写真・資料協力

気象庁、（財）気象業務支援センター、環境省、（財）日本気象協会、静岡県富士市役所、中谷宇吉郎雪の科学館、吉田和子、音羽電機工業（株）、魚津埋没林博物館、海上保安庁、NASA ホームページ、小山町観光協会、立山黒部貫光株式会社、東京都建設局（河川部管理課）、（財）日本環境衛生センター（酸性雨研究センター）、佐竹研一（立正大学 地球環境科学部環境システム学科 教授）、甲斐憲次（名古屋大学大学院 環境学研究科 教授）、株式会社ウェザーマップ、株式会社ウェザーニューズ、アイストック・フォトライブラリー、ペイレスイメージズ

参考資料

『気象年鑑』気象庁（気象業務支援センター）
『こんにちは！気象庁です！』『気象業務はいま 2008』『気象庁 2008』『気象庁ホームページ』（気象庁）
『理科年表 平成 21 年』国立天文台（丸善）
『気象・天気図の読み方・楽しみ方』木村龍治（成美堂出版）
『気象のしくみ・天気図の見方』木原実（主婦の友社）
『天気予報が楽しみになる本』渡辺博栄（数研出版）
『ずっと受けたかったお天気の授業』池田洋人（東京堂出版）
『天気の自由研究』武田康男（永岡書店）
『日本列島 驚異の自然現象』武田康男（昭文社）
『天気と気象』白鳥敬（学習研究社）
『楽しい気象観察図鑑』武田康男（草思社）
『天気のことがわかる本』田沢秀隆、土屋喬、繞村曜（新星出版社）
その他気象庁、環境省発表資料各種

天達武史（あまたつ　たけし）

1975年神奈川県横須賀市生まれ。気象予報士、天気キャスター。約9年間レストランに勤めるかたわらで気象予報士の資格取得を目指し、2002年度第1回試験で合格。2004年から（財）日本気象協会に所属。原稿執筆やラジオ出演などを経験し、現在に至る。2005年10月より、フジテレビ「情報プレゼンターとくダネ！」の天気コーナーに出演中。

装幀　石川直美（カメガイ デザイン オフィス）
撮影　清水亮一（アーク・フォト・ワークス）
写真協力　大沼英樹、濱田陽守
本文イラスト　上田惣子
図版制作　（株）アート工房
本文デザイン　吉澤泰治（スタジオ・ティースリー）
執筆協力　乙野隆彦
編集協力　金澤琴美　佐藤友彦（アーク・コミュニケーションズ）
編集　鈴木恵美（幻冬舎）

知識ゼロからの天気予報学入門

2010年２月10日　第１刷発行
2022年８月５日　第６刷発行

監修者　天達武史
発行人　見城　徹
編集人　福島広司

発行所　株式会社 幻冬舎
〒151-0051　東京都渋谷区千駄ヶ谷4-9-7
電話　03-5411-6211（編集）　03-5411-6222（営業）
公式HP：https://www.gentosha.co.jp/
印刷・製本所　株式会社 光邦

検印廃止

ISBN978-4-344-90179-7 C2095
Printed in Japan
この本に関するご意見・ご感想は、
下記またはQRコードのアンケートフォームからお寄せください。
https://www.gentosha.co.jp/e/